기후변화를 고려한 사회기반시설의
설계매뉴얼

기후변화를 고려한 사회기반시설의 설계매뉴얼

정상섬 외 공저

CLIMATE CHANGE-INDUCED
INFRASTRUCTURE DESIGN MANUAL

KSCE PRESS
KOREAN SOCIETY OF CIVIL ENGINEERS PRESS

발간사

21세기에 들어 전 지구적 기후변화로 인한 폭염과 한파, 폭우, 폭설 및 슈퍼태풍 등의 이상기후 현상의 빈번한 발생으로 인해, 사회의 안정과 발전에 중추적인 역할을 담당하는 사회기반시설에 막대한 피해가 발생하고 있습니다. 2011년 발생한 우면산 산사태와 같이 시민의 삶과 직접적으로 연관되어 있는 도심지에 발생한 피해사례로 인해 기후변화 피해방지 대책에 관한 사회적인 관심과 위기의식 또한 고조되고 있습니다. 이와 같은 사례가 향후 더욱 빈번하게 발생하며, 그 피해규모 또한 커질 것으로 예상되기 때문에 기후변화와 연관된 사회기반시설물별 요소기술 연구를 통한 확고한 대비책이 절실한 시점입니다.

그러나 국내에서는 기후변화 "적응 기술"에 대한 인식이 낮고, 특히 사회기반시설의 기후변화 적응 기술에 대한 전문인력의 경험과 지식이 매우 부족하고, 관련 연구를 수행할 수 있는 여건 또한 부족한 실정이었습니다. 또한 기후변화 관련 기술은 탄소배출 저감 방안, 재해방지 등 "대응 기술"에 치중되어 있어, 중장기적인 기후변화 "적응"에 관한 신뢰성 있는 기술이 전무한 상태입니다.

이에 GIT4CC(Green infrastructure Technology for Climate Change) 연구센터에서는 2011년 한국연구재단에서 선정한 ERC 기초연구단에 선정되었고, 총 7년간 다양한 사회기반시설의 기후변화 적응 요소기술 개발을 위한 연구여건을 조성하는 데에 온 힘을 쏟았습니다. 특히 각 분야별 전문인력이 참여하여 사회기반시설에 대한 기후변화 적응 기술 관련 연구 성과를 교류할 수 있는 전문세미나를 개최하고 공동연구 공간을 제공함으로써 전문분야에 대한 이해와 지식함양에 힘써왔습니다.

또한 우리 연구센터에서는 현재부터 먼 미래까지 발생 가능한 기후변화에 적응하며 국민의 안전과 생명, 고양된 삶의 질을 보장할 수 있는 사회기반시설 "적응 기술" 확보를 위해 노력해왔습니다. 이러한 노력에 힘입어, 2017년 11월에는 공공기관 기후변화 적응 보고를 위한 실무교육과정을 개최하여 공공기관의 기후변화 관련 실무자에 대한 교육을 실시하는 등 축적된 연구 성과를 사회에 환원하는 데에 일조하였습니다.

GIT4CC에서는 기후변화 적응형 사회기반시설 연구에 참여한 연구원들의 노력과 관심에 더불어 7년간 사회기반시설물에 대한 기후변화 적응 기술 연구를 수행하였습니다. 이를 바탕으로 공공기관 및 민간기업의 기후변화 실무자들이 업무에 활용할 수 있는 『기후변화를 고려한 사회기반시설의 설계매뉴얼』을 발간하게 되었습니다. 본 서가 앞으로 많은 기술자가 쉽게 참고할 수 있는 자료로 활용되었으면 하는 바람입니다.

본 간행물이 초석이 되어, 차세대 유망기술 분야인 사회기반시설에 대한 기후변화 적응 기술 분야의 지속적인 연구개발과 실무적용을 통해 향후 지속적으로 관련 책자가 발간될 수 있기를 기원합니다.

2019년 10월

연세대학교 기후변화 적응형 사회기반시설 연구센터

센터장 **정상섭**

Part_I
기후변화에 따른 사회기반시설물의 적응대책

Part_II
시설물별 기후변화 영향평가 방법

CHAPTER 03 콘크리트 · 강교량

김승억 (세종대) · 박선규 (성균관대) · 김장호 (연세대)

CHAPTER 04 투수성 보도블록 윤태섭 (연세대)

CHAPTER 05 투수성 아스팔트 포장 문성호 (서울과기대)

Part_Ⅲ
가치평가를 통한 적응지침 예제

CHAPTER 04 콘크리트 도로 김장호 (연세대)

CHAPTER 05 강교량 김승억 (세종대)

KSCE PRESS
KOREAN SOCIETY OF CIVIL ENGINEERS PRESS

Part _ I

기후변화에 따른 사회기반시설물의 적응대책

CLIMATE CHANGE-INDUCED
INFRASTRUCTURE DESIGN MANUAL

KSCE PRESS
KOREAN SOCIETY OF CIVIL ENGINEERS PRESS

기후변화의 이해

배덕효 (세종대)

01 기후변화의 이해

1.1 기후변화 개요 및 현황

1.1.1 기후변화 개요

(1) 기후변화는 자연적인 기후 변동성의 범위를 벗어나 더 이상 평균적인 상태로 돌아오지 않는 기후체계의 장기적인 변화로 정의할 수 있다.

(2) 기후변화의 발생원인은 태양에너지의 변화, 지구의 공전궤도 변화 등과 같은 자연적인 요인과 온실가스 농도 증가, 지표면의 변화와 같은 인위적 요인으로 구분할 수 있으며, 이러한 인위적인 온실가스 배출의 급속한 증가는 전 지구적인 온난화와 더불어 기후변화를 초래할 수 있다.

(3) 기후변화로 인한 이상 기상현상이 증가하고 대규모 자연재난 발생으로 인한 피해가 점차적으로 증가하고 있는 추세이다. IPCC AR5(The 5th Assessment Report, 제5차 평가보고서)는 기후시스템의 관측값과 기후모델을 이용한 분석결과를 근거로 전 지구적으로 발생하는 기후변화에 대한 증거와 예상되는 전망결과를 제시하고 있다. 그 결과에 의하면 이상기후에 따른 영향이 앞으로 계속될 것으로 전망하고 있다.

(4) 기후변화에 적극 대응하기 위하여 세계기상기구(WMO)와 UN환경계획(UNEP)은 1988년에 IPCC(Intergovernmental Panel on Climate Change, 기후변화에 관한 정부 간 협의체)를 설립하였으며, 기후변화에 대한 과학적 근거를 제공하고 기후변화 문제를 해결하기 위해 5~6년 간격으로 기후변화 현황과 미래기후를 예측한 평가보고서를 발간하고 있다.

1.1.2 기후변화 현황 및 전망

2013년에 발간한 IPCC AR5의 WGI(Working Group I) 보고서에서는 전 지구 기후변화 현황 및 전망결과를 제시하고 있다.

1.1.2.1 전 지구 기후변화

(1) 지구 대기의 평균 기온은 1850년 이래 지난 30년 동안이 가장 더웠고, 21세기의 첫 10년은 더 더웠던 것으로 나타나 지구온난화가 지속되고 있음을 확인하였다.

(2) 지구온난화로 인해 지난 133년간의 지구 평균 기온은 0.85℃(0.65~1.06℃) 상승하였으며 해양에서의 온난화(10년당 0.11(0.09~0.13)℃ 상승)로 지난 34년 동안 북극 해빙은 연평균 면적이 10년에 3.5~4.1% 감소하였다.

(3) 해빙면적이 증가함에 따라 지구의 평균 해수면은 112년간 19cm(17~21cm) 상승하였으며, 최근 상승 경향이 가속화되고 있다.

(4) 평균강수량은 1901년 이후 북반구 중위도 육지에서 강수량이 증가했으며, 공통적으로 집중호우, 태풍, 폭풍 등의 극한현상의 빈도와 강도가 증가하는 것으로 나타났다(IPCC WGI, 2013).

(5) 미래 기후는 과거의 인위적 온실가스 배출로 인해 초래된 온난화뿐만 아니라, 미래의 인위적 배출량과 기후의 내부변동성에 따라 결정된다.

(6) 현재와 같은 추세로 저감 없이 온실가스를 배출하는 경우, 21세기 말(2081~2100년) 지구의 평균 기온은 지난 30년에 비해 3.7℃ 증가하고 해수면은 63cm 상승할 것으로 전망된다. 한편, 온실가스 저감 정책이 상당히 실현되는 경우, 금세기 말 지구 평균 기온은 1.8℃, 해수면은 47cm 상승할 것으로 전망된다.

(7) 특히, 동아시아의 경우 21세기 말(2081~2100년)의 평균 기온이 지난 30년에 비해 2.4℃ 상승하고 강수량은 7% 증가할 것으로 전망된다.

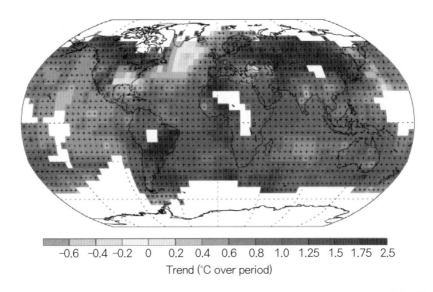

Trend (°C over period)

출처 : IPCC(2013)

그림 1.1.1 지난 112년간 전 지구 평균 기온 변화

1.1.2.2 한반도 기후변화

(1) 한반도는 전 지구적인 기후시스템의 변화와 더불어 급속한 경제성장으로 인한 온실가스 배출 증가에 따른 영향을 직간접적으로 받을 것으로 전망된다.

(2) 한반도에서 이산화탄소는 전 지구 평균치(2012년 기준 393.1ppm)보다 높게 나타났으며, 이는 전 지구 평균 증가율(2.0ppm/년)과 유사하다. 한반도의 지난 30년간 연평균 기온은 1.2°C 상승(0.41°C/10년) 추세로, 과거에 비해 온난화가 더욱 심화된 것을 알 수 있다.

(3) 한반도 미래 연평균 기온은 온실가스 증가에 의해 21세기 후반기까지도 지속적으로 상승할 것으로 전망된다(한반도 기후변화 전망보고서, 2012). 한반도의 평균 기온 상승폭은 동일한 기간(2071~2100년) 내 전 지구 평균 기온 상승 경향의 1.2배, 동아시아 지역 평균 기온 상승 경향의 1.4배 수준으로 나타났다.

(4) 기후변화를 완화하기 위한 노력 없이 현재 추세대로 온실가스를 계속 배출한다면(RCP 8.5), 21세기 말(2071~2100년)에 현재보다 평균 기온은 5.7°C 상승하고 강수량은 18% 증가가 예상된다. 해수면 상승은 남해안과 서해안이 65cm, 동해안 99cm 상승할 것으로 전망된다.

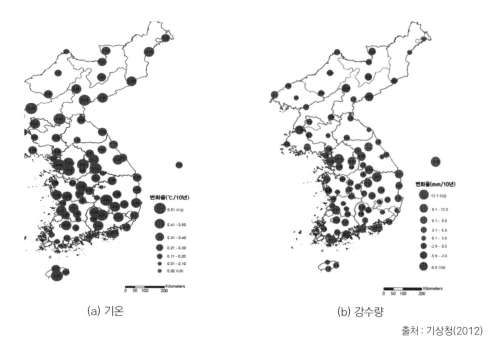

(a) 기온   (b) 강수량

출처 : 기상청(2012)

그림 1.1.2 지난 30년간 한반도 기온 및 강수량 변화율 공간분포

1.2 미래 기후변화 시나리오 현황

1.2.1 기후변화 시나리오 현황

1.2.1.1 기후변화 시나리오 개요

(1) 기후변화 시나리오란 온실가스, 에어로졸, 토지이용 상태 등의 변화와 같이 인간활동에 따른 인위적인 원인에 의한 기후변화가 언제, 어디서, 어떻게 일어날지를 예측하기 위해 기후변화 예측모델(지구시스템 모델)을 이용하여 계산한 미래기후(기온, 강수, 습도, 바람 등)에 대한 예측정보를 뜻한다.

(2) 인위적인 요인으로 인한 기후시스템의 변화는 전 지구기후모형(Global Circulation Model, GCM)을 이용하여 모의할 수 있다(IPCC, 2001).

(3) 일반적으로 전 세계적으로 사용하고 있는 기후변화 시나리오는 IPCC 평가보고서에 근거하고, 미래 기후변화 전망을 개선하기 위한 국제연구사업인 CMIP(Coupled Model Intercomparison

Project)을 통해 생산 및 평가되어 관련 Database가 제공된다.

(4) 현재 2013년 제5차 기후변화 평가보고서가 발간된 이후로 전 세계적으로 AR5(Fifth Assessment Report) 기반의 기후변화 시나리오가 주로 활용되고 있다.

1.2.1.2 대표농도경로(RCP) 시나리오

(1) 미래 기후를 예측하기 위해서는 기후에 영향을 미치는 온실가스 배출 시나리오가 필요하며, AR5에서는 대표농도경로(Representative Concentration Pathway, RCP) 시나리오 전망결과를 활용하였다.

(2) 하나의 대표적인 복사강제력에 대해 사회-경제 시나리오는 여러 가지가 될 수 있다는 의미에서 '대표(Representative)'라는 표현을 사용하였다. 그리고 온실가스 배출 시나리오의 시간에 따른 변화를 강조하기 위해 '경로(Pathways)'라는 의미를 포함한다. 여기서, 복사강제력이란 지구 대기로 들어오는 에너지와 나가는 에너지 균형의 변화 정도를 측량하는 척도로서, 양의 강제력은 지표를 데우는 경향을 나타낸다.

(3) RCP 시나리오는 최근의 온실가스 농도 변화 경향을 반영하여 4가지 대표 온실가스 농도(RCP 2.6, RCP 4.5, RCP 6.0, RCP 8.5)를 사용하였다. 농도별 4개 시나리오는 온실가스(CO_2, CH_4, N_2O, HGCs, PFCs, CFCs, SF_6)와 에어로졸(O_3, Aerosols, N deposition, S deposition), 사회·경제 지표(인구, GDP, 에너지 소비, 석유 소비량) 시나리오를 가정하고, 토지 이용 및 피복도를 고려하여 산정되었다.

(4) 각 시나리오는 온실기체가 상승, 안정화, 하강하는 특징을 갖고 있다(그림 1.2.1).

표 1.2.1 RCP 시나리오 종류 및 특성

이름	가정	경로 모양
RCP 8.5	현재 추세(저감 없이)로 온실가스가 배출되는 경우	상승
RCP 6.0	온실가스 저감 정책이 어느 정도 실현되는 경우	안정화
RCP 4.5	온실가스 저감 정책이 상당히 실현되는 경우	안정화
RCP 2.6	인간 활동에 의한 영향을 지구 스스로가 회복 가능한 경우	절정, 하향

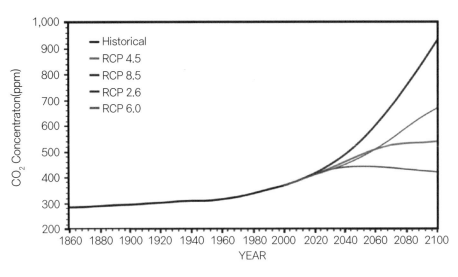

출처 : IPCC(2013)

그림 1.2.1 대표적인 농도 변화(Representative Concentration Pathways)

1.2.1.3 CMIP5

(1) 기후변화 시나리오 개발 전략에 따라 기후모델링 커뮤니티는 전 지구 규모 기후변화 시나리 오를 개발하여 비교·검증을 수행하고 있다. 한국(기상청 국립기상연구소)과 G7을 포함한 14개국 21개 기관이 참여하고 있는 이 사업은 세계기후연구프로그램(WCRP) 사업의 일환으 로 5단계 결합모델 상호비교 프로젝트를 기획하여 진행 중에 있다(기상청, 2012).

(2) CMIP5 (Coupled Model Intercomparison Project Phase 5)에서는 다양한 전 지구기후모델(GCM) 에 대한 평가, 미래기후변화 전망자료 제공, 참여모델별 기후변화 전망결과 차이의 원인 이 해를 주목표로 하고 있다.

(3) 평가실험 구분

① CMIP5는 그림 1.2.2와 같이 실험의 종류를 기간에 따라 Near-term(단기, 약 2035년까지)과 Long-term(장기, 2100년 이상) 실험으로 구분하였으며, 각 실험에 따라 핵심(core) 모의실험 과 Tier 1과 Tier 2 실험으로 구성된다.

② 핵심 모의실험은 월(Monthly), 계절(Seasonal) 단위 정보, Tier 1 실험은 일(Day) 단위 지표면 및 대기 정보, Tier 2 실험은 Sub-daily 단위 정보를 활용하여 수행될 수 있다.

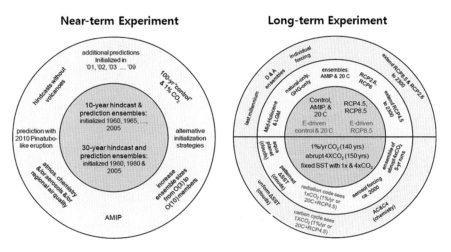

그림 1.2.2 CMIP5 실험계획

③ 이 중, 핵심실험은 60개 GCM 자료를 이용하여 진행되며, 참여 GCM 종류 및 특성은 표 1.2.2
와 같다.

표 1.2.2 CMIP5 참여 GCM 종류 및 특성

모형	모의기관	모의국가	해상도 (경도×위도)	일단위 자료 가용시나리오 현황
ACCESS1-0	CSIRO-BOM	Australia	192×145	RCP 4.5, 8.5
ACCESS1-3	CSIRO-BOM	Australia	192×145	RCP 4.5, 8.5
bcc-csm1-1	BCC	China		RCP 2.6, 4.5, 6, 8.5
bcc-csm1-1-m	BCC	China	320×160	RCP 2.6, 4.5, 6, 8.5
BNU-ESM	BNU	China	128×64	RCP 2.6, 4.5, 8.5
CanAM4	CCCma	Canada		-
CanCM4	CCCma	Canada		RCP 4.5
CanESM2	CCCma	Canada	128×64	RCP 2.6, 4.5, 8.5
CCSM4	NCAR	USA	288×192	RCP 2.6, 4.5, 6, 8.5
CESM1-BGC	NSF-DOE-NCAR	USA	288×192	RCP 4.5, 8.5
CESM1-CAM5	NSF-DOE-NCAR	USA	288×192	RCP 2.6, 4.5, 6, 8.5
CESM1-CAM5-1-FV2	NSF-DOE-NCAR	USA		-
CESM1-FASTCHEM	NSF-DOE-NCAR	USA		-
CESM1-WACCM	NSF-DOE-NCAR	USA		-
CFSv2-2011	COLA-CFS	USA		-
CFSv2-2011	NOAA-NCEP	USA		-
CMCC-CESM	CMCC	Italy	480×240	RCP 4.5

표 1.2.2 CMIP5 참여 GCM 종류 및 특성(계속)

모형	모의기관	모의국가	해상도 (경도×위도)	일단위 자료 가용시나리오 현황
CMCC-CM	CMCC	Italy		RCP 4.5, 8.5
CMCC-CMS	CMCC	Italy		RCP 4.5, 8.5
CNRM-CM5	CNRM-CERFACS	France	256×128	RCP 2.6, 4.5, 8.5
CNRM-CM5-2	CNRM-CERFACS	France		-
CSIRO-Mk3-6-0	CSIRO-QCCCE	Australia	192×96	RCP 2.6, 4.5, 6, 8.5
EC-EARTH	ICHEC	Netherland		RCP 4.5, 8.5
FGOALS-g2	LASG-CESS	China	128×60	RCP 2.6, 4.5, 8.5
FGOALS-gl	LASG-IAP	China		-
FGOALS-s2	LASG-IAP	China	128×108	-
GEOS-5	NASA-GMAO	USA		-
GISS-E2-H	NASA-GISS	USA		-
GISS-E2-H-CC	NASA-GISS	USA		-
GISS-E2-R	NASA-GISS	USA	144×90	-
GISS-E2-R-CC	NASA-GISS	USA		-
GFDL-CM3	NOAA GFDL	USA		RCP 2.6, 4.5, 6, 8.5
GFDL-ESM2G	NOAA GFDL	USA		RCP 2.6, 4.5, 6, 8.5
GFDL-ESM2M	NOAA GFDL	USA		RCP 4.5, 6, 8.5
GFDL-HIRAM-C180	NOAA GFDL	USA		-
HadGEM2-AO	NIMR-KMA	Korea	192×145	RCP 2.6, 4.5, 6, 8.5
HadCM3	MOHC	UK		RCP 4.5
HadCM3Q	MOHC	UK		-
HadGEM2-A	MOHC	UK		
HadGEM2-CC	MOHC	UK	192×145	RCP 4.5, 8.5
HadGEM2-ES	MOHC	UK	192×145	RCP 2.6, 4.5, 6, 8.5
INM-CM4	INM	Russia	180×120	RCP 4.5, 8.5
IPSL-CM5A-LR	IPSL	France	96×96	RCP 2.6, 4.5, 6, 8.5
IPSL-CM5A-MR	IPSL	France	144×142	RCP 2.6, 4.5, 6, 8.5
IPSL-CM5B-LR	IPSL	France	96×96	RCP 4.5, 8.5
MIROC4h	MIROC	Japan		RCP 4.5
MIROC5	MIROC	Japan	256×128	RCP 2.6, 4.5, 6, 8.5
MIROC-ESM	MIROC	Japan	128×64	RCP 2.6, 4.5, 6, 8.5
MIROC-ESM-CHEM	MIROC	Japan	128×64	RCP 2.6, 4.5, 6, 8.5
MPI-ESM-LR	MPI-M	Germany	192×96	RCP 2.6, 4.5, 8.5
MPI-ESM-MR	MPI-M	Germany	192×96	RCP 2.6, 4.5, 8.5
MPI-ESM-P	MPI-M	Germany		-
MRI-AGCM3-2H	MRI	Japan		-
MRI-AGCM3-2S	MRI	Japan		-

표 1.2.2 CMIP5 참여 GCM 종류 및 특성(계속)

모형	모의기관	모의국가	해상도 (경도×위도)	일단위 자료 가용시나리오 현황
MRI-AGCM3-2S	MRI	Japan		-
MRI-CGCM3	MRI	Japan	320×160	RCP 2.6, 4.5, 8.5
MRI-ESM1	MRI	Japan		RCP 8.5
NICAM-09	NICAM	Japan		-
NorESM1-M	NCC	Norway	144×96	RCP 2.6, 4.5, 6, 8.5
NorESM1-ME	NCC	Norway		-

(4) 자료수집

① 핵심실험은 60개 GCM 자료를 월단위로 제공하고 있다. 월단위 이하의 시간 스케일에 대해서는 일단위 51개, 6시간단위 39개, 3시간단위 38개 GCM이 제공되고 있다.

② GCM을 통해 산출되는 기상변수는 크게 Aerosol, Atmospheric daily, Land daily, Land ice, Ocean, Sea ice 등으로 구성되며 총 54개이다. 모델에 따라 제공되는 변수들은 다소 상이하지만 공통적으로 표 1.2.3과 같은 변수들을 제공하고 있다. 제공자료 기간은 1951～2100년으로 총 150년이다.

표 1.2.3 CMIP5 제공 주요 기상변수

구분	기상변수
Aerosol	Aerosol number concentration, Concentration of aerosol(Dust, NH_4, NO_3, SO_4, etc), Deposition rate, Emission rate, Load of aerosol
Atmospheric daily	Near-Surface Specific Humidity, Daily Minimum Near-Surface Air Temperature, Daily Maximum Near-Surface Air Temperature, Near-Surface Air Temperature, Precipitation, Sea Level Pressure, Daily-Mean Near-Surface Wind Speed, Square of Sea Surface Temperature, Near-Surface Relative Humidity, Surface Daily Minimum Relative Humidity, Surface Daily Maximum Relative Humidity, Total Cloud Fraction, Convective Precipitation, Snowfall Flux, Eastward Near-Surface Wind, Northward Near-Surface Wind, Daily Maximum Near-Surface Wind Speed, Surface Upward Latent Heat Flux, Surface Upward Sensible Heat Flux, Surface Downwelling Longwave Radiation, Surface Upwelling Longwave Radiation, Surface Downwelling Shortwave Radiation, Surface Upwelling Shortwave Radiation, TOA Outgoing Longwave Radiation
Land daily	Moisture in Upper Portion of Soil Column, Snow Area Fraction, Surface Temperature Where Land or Sea Ice, Surface Snow Amount, Total Runoff
Land ice	Heat Flux, Liquid Water Content of Snow Layer, Snow Area Fraction, Snow Depth, Snow Internal Temperature, Soil Frozen Water Content, Surface Snow Amount, Surface Snow Melt

표 1.2.3 CMIP5 제공 주요 기상변수(계속)

구분	기상변수
Ocean	Sea Water Potential Temperature, Sea Water Salinity, Heat Flux Correction, Shortwave Radiation, Heat Transport, Heat Diffusivity, Salt Diffusivity, Sea Area Fraction, Sea Floor Depth, Sea Surface Temperature, Sea Water Mass, Potential Density, Potential Temperature, Sea Water Pressure, Latent Heat Flux, Sensible Heat Flux, Tendency of Ocean Potential Energy Content, Sea Water Velocity, Water Evaporation Flux, Global Average Sea Level Change
Sea ice	Sea Ice Velocity, Sea Ice Transport, Age of Sea Ice, Shortwave, Longwave, Ocean Stress, Sea Ice Growth, Sea Ice Area Fraction, Sea Ice Heat Content, Snow Amount, Sea Ice Thickness, Snow Depth, Snow Melt, Rainfall Rate, Temperature, Water Evaporation Flux

1.2.1.4 CORDEX

(1) CORDEX (COordinated Regional climate Downscaling Experiment)는 AR5에 전 세계 각 지역의 상세 기후변화 예측정보를 포함시키기 위한 국제상호비교 프로젝트로, 지역기후모형(Reginal Climate Model, RCM)을 통해 생산된 지역기후 시나리오의 비교·검증을 위한 실험을 일컫는다.

(2) 상세화 기법을 통해 생산된 기후예측 결과 평가 기술을 향상시키기 위한 프레임워크 개발, IPCC AR5 평가보고서에 고해상도 기후변화 평가 결과 반영 및 제시, 미래 기후변화 영향 및 적응 활동을 위한 커뮤니티와 사용자 연계를 주목적으로 하였다.

(3) 실험구분

① 실험종류는 평가지역에 따라 구분되며, 북아메리카, 중앙아메리카, 남아메리카, 유럽, 아프리카, 동아시아, 호주 등 총 13개 영역에 대해 실험되고 있다(그림 1.2.3 참조).

② 우리나라는 동아시아를 대상으로 하는 CORDEX-East Asia 실험을 수행하고 있다.

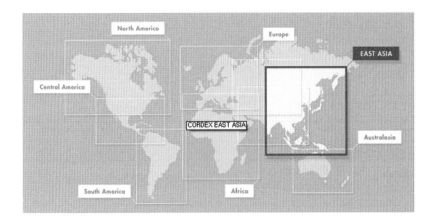

그림 1.2.3 CORDEX 도메인 및 East Asia 도메인 기준

(4) CORDEX-East Asia

① 동아시아 지역에 대해서는 우리나라가 주도적으로 실험을 진행하고 있으며, 영국 기상청 해들리 센터(United Kingdom Met Office Hadley Center)가 개발한 HadGEM2-AO 전 지구 기후모델결과를 RCM에 적용하여 동아시아 지역에 대해 상세화된 기후시나리오를 생산하였다.

② RCM의 종류는 기상청(HadGEM3-RA), 공주대(RegCM4), 서울대(SNU-MM5, SNU-WRF), 연세대(YSU-RSM), 총 4개 기관의 5개 모형 결과가 제공되고 있다.

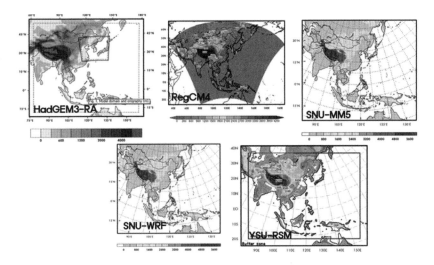

그림 1.2.4 CORDEX-East Asia 제공 RCM

(5) 기상변수는 크게 기온, 강수량, 해수면기압, 일조시간 등 54개 변수가 있으며, 변수정보는 표 1.2.4와 같다.

표 1.2.4 CORDEX 기상자료 변수정보

	Variable	Long Name	Standard Name	Unit
1	tas	Near-Surface Air Temperature	air_temperature	K
2	tasmax	Daily Maximum Near-Surface Air Temperature	air_temperature	K
3	tasmin	Daily Minimum Near-Surface Air Temperature	air_temperature	K
4	pr	Precipitation	precipitation_flux	$kg\ m^{-2}\ s^{-1}$
5	psl	Sea Level Pressure	air_pressure_at_sea_level	Pa
6	ps	Surface Air Pressure	surface_air_pressure	Pa
7	huss	Near-Surface Specific Humidity	specific_humidity	1
8	sfcWind	Near-Surface Wind Speed	wind_speed	$m\ s^{-1}$
9	sfcWindmax	Daily Maximum Near-Surface Wind Speed	wind_speed	$m\ s^{-1}$
10	clt	Total Cloud Fraction	cloud_area_fraction	%
11	sund	Duration Of Sunshine	duration_of_sunshine	s
12	rsds	Surface Downwelling Shortwave Radiation	surface_downwelling_shortwave_flux_in_air	$W\ m^{-2}$
13	rlds	Surface Downwelling Longwave Radiation	surface_downwelling_longwave_flux_in_air	$W\ m^{-2}$
14	hfls	Surface Downwelling Longwave Radiation	surface_upward_latent_heat_flux	$W\ m^{-2}$
15	hfss	Surface Upward Sensible Heat Flux	surface_upward_sensible_heat_flux	$W\ m^{-2}$
16	rsus	Surface Upward Sensible Heat Flux	surface_upwelling_shortwave_flux_in_air	$W\ m^{-2}$
17	rlus	Surface Upwelling Longwave Radiation	surface_upwelling_longwave_flux_in_air	$W\ m^{-2}$
18	evspsbl	Evaporation	water_evaporation_flux	$kg\ m^{-2}\ s^{-1}$
19	mrfso	Soil Frozen Water Content	soil_frozen_water_content	$kg\ m^{-2}$
20	mrros	Surface Runoff	surface_runoff_flux	$kg\ m^{-2}\ s^{-1}$
21	mrro	Total Runoff	runoff_flux	$kg\ m^{-2}\ s^{-1}$
22	mrso	Total Soil Moisture Content	soil_moisture_content	$kg\ m^{-2}$
23	snw	Snow Amount	surface_snow_amount	$kg\ m^{-2}$
24	prhmax	Daily Maximum Hourly Precipitation Rate	precipitation_flux	$kg\ m^{-2}\ s^{-1}$
25	prc	Convective Precipitation	convective_precipitation_flux	$kg\ m^{-2}\ s^{-1}$
26	rlut	TOA Outgoing Longwave Radiation	toa_outgoing_longwave_flux	$W\ m^{-2}$

표 1.2.4 CORDEX 기상자료 변수정보(계속)

	Variable	Long Name	Standard Name	Unit
27	rsdt	TOA Incident Shortwave Radiation	toa_incoming_shortwave_flux	$W\,m^{-2}$
28	rsut	TOA Outgoing Shortwave Radiation	toa_outgoing_shortwave_flux	$W\,m^{-2}$
29	uas	Eastward Near-Surface Wind Velocity	eastward_wind	$m\,s^{-1}$
30	vas	Northward Near-Surface Wind Velocity	northward_wind	$m\,s^{-1}$
31	wsgsmax	Northward Near-Surface Wind Velocity	wind_speed_of_gust	$m\,s^{-1}$
32	ts	Surface Temperature	surface_temperature	K
33	zmla	Height Of Boundary Layer	atmosphere_boundary_layer_thickness	m
34	prw	Water Vapor Path	atmosphere_water_vapor_content	$kg\,m^{-2}$
35	clwvi	Condensed Water Path	atmosphere_cloud_condensed_water_content	$kg\,m^{-2}$
36	clivi	Ice Water Path	atmosphere_cloud_ice_content	$kg\,m^{-2}$
37	ua200, 500, 850	Eastward Wind	eastward_wind	$m\,s^{-1}$
38	va200, 500, 850	Northward Wind	northward_wind	$m\,s^{-1}$
39	ta200, 500, 850	Northward Wind	air_temperature	K
40	hus850	Specific Humidity	specific_humidity	1
41	zg200,500	Geopotential Height	geopotential_height	M
42	snm	Surface Snow Melt	surface_snow_melt_flux	$kg\,m^{-2}\,s^{-1}$
43	snc	Snow Area Fraction	surface_snow_area_fraction	%
44	tauu	Surface Downward Eastward Wind Stress	surface_downward_eastward_stress	Pa
45	tauv	Surface Downward Northward Wind Stress	surface_downward_northward_stress	Pa
46	snd	Snow Depth	surface_snow_thickness	m
47	cll	Low Cloud Cover	cloud_area_fraction_in_atmosphere_layer	%
48	clm	Medium Cloud Cover	cloud_area_fraction_in_atmosphere_layer	%
49	clh	High Cloud Cover	cloud_area_fraction_in_atmosphere_layer	%
50	sftlf	Land Area Fraction	land_area_fraction	%
51	orog	Surface Altitude	surface_altitude	m
52	sic	Sea Ice Area Fraction	sea_ice_fraction	%
53	prsn	Snowfall Flux	snowfall_flux	$kg\,m^{-2}\,s^{-1}$
54	evspsblpot	Potential Evapotranspiration	potential_water_evaporation_flux	$kg\,m^{-2}\,s^{-1}$

1.2.2 상세화 기법

1.2.2.1 상세화 기법 개요

(1) 전구기후모델(GCM)은 인위적 요인에 의한 복사강제력의 변화에 따른 지구 기후시스템의 변화를 모의하거나 전망하는 데 유용한 도구이다. 다만, GCM의 공간해상도는 보통 100∼300km 정도로 해상도가 낮아, 국지 규모의 다양한 기후 특성이 나타나는 지역에 그대로 활용하기엔 한계가 있다.

(2) 이를 위해, 상세화 기법을 적용하게 되며 크게 역학적 상세화, 통계적 상세화, 경험적 상세화 기법으로 구분된다. 이 중 역학적 및 통계적 상세화 기법이 주로 활용된다. 역학적 상세화 기법은 일반적으로 RCM을 이용하여 고해상도 기후시나리오를 생산하는 방법이며, 통계적 상세화 기법은 GCM에서 생산되는 결과를 직접적으로 활용하는 방법이다.

1.2.2.2 상세화 기법 종류 및 특징

(1) 역학적 상세화

① 역학적 상세화는 일반적으로 RCM을 이용하여 고해상도 기후시나리오를 생산하는 방법으로 지역적인 기후모의에 주로 활용된다. GCM에서 생산된 모의자료를 RCM의 경계조건

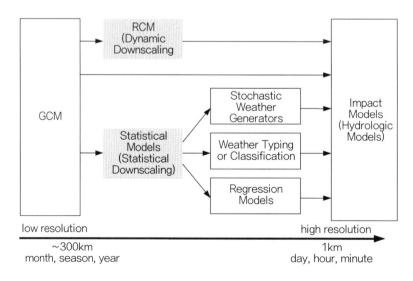

출처 : 인천국제공항공사, 세종대학교(2017)

그림 1.2.5 전구기후시나리오의 상세화 기법

으로 입력하여 상세화함으로써 대상지역에 대해 공간적으로 수~수십 km의 자세한 정보를 얻을 수 있다.

② 모의 결과를 물리적으로 생산하기 때문에 비선형적 예측이 가능하며, 비정상성을 기초로 자료를 생산할 수 있어 급격히 변화될 기후모의가 가능하다. 그러나 자료를 생산하는 데 많은 시간 및 비용이 발생하는 단점이 있어 앙상블 자료를 구축하기 쉽지 않으며, RCM의 구조적 제약 및 모수화 과정 등의 한계로 인해 편의가 발생하는 단점이 있다.

③ RCM 결과는 GCM에 비해 상세화된 지형효과를 고려하여 기후를 재모의하더라도 RCM에서도 통계적 편의(bias)가 발생하기 때문에 이를 보정하는 후처리 과정이 필요하다.

(2) 통계적 상세화

① 통계적 상세화는 GCM에서 생산된 결과를 직접적으로 활용하는 방법으로 예측변수(predictor variables)의 GCM 결과와 관측자료 사이의 통계적 관계를 이용하여 기후모델 결과의 편의를 보정하는 기법이다. 통상 일기도 분류법, 전이함수법, 일기상발생기법의 3가지 방법으로 구분된다.

② 통계적 상세화를 통해 기후시나리오를 생산하는 과정에서는 과정 내의 불확실성 등에 의하여 관측자료와 모의자료 사이에 통계적 편의(bias)가 나타나게 된다. 이러한 기후모형에서 발생한 편의를 보정할 수 있는 통계적인 보정기법이 적용된다.

1.3 기후변화 시나리오 생산

1.3.1 기후변화 시나리오 생산방법

(1) GCM에 상세화 기법(역학적, 통계적 상세화)을 적용하여 공간적으로 고해상도의 시나리오를 생산할 수 있다. 역학적 상세화는 RCM을 이용하여 공간적 상세화하며, 통계적 상세화는 GCM의 결과를 공간적 상세화 기법(Spatial Downscaling; SD)을 적용하여 통계적으로 상세화하게 된다.

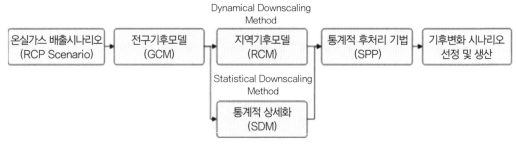

그림 1.3.1 전구기후시나리오의 상세화 기법

(2) 역학적 및 통계적 상세화에 대하여 통계적 후처리 기법(Statistical Post-Processing; SPP)을 선정하여 상세화 과정에서 발생하는 편의를 보정함으로써 기후변화 시나리오를 생산하게 된다.

1.3.2 공간적 상세화 기법

(1) GCM 모형을 통해 생산되는 전 지구 기후변화 시나리오는 해상도가 낮기 때문에 기후변화 영향평가에 직접적으로 적용하기 위해서는 공간적 상세화가 요구된다.

(2) 기후변화 영향평가 시 일반적으로 이중선형보간법, 최근린법, 역거리가중법, 면적가중치법 등과 같은 보간기법을 사용하고 있다.

(3) 이중선형보간법(Bilinear Interpolation Method, BIM)

① 이중선형보간법(Singh, 1996)은 격자의 네 끝점에 값이 주어졌을 때, 식(1.3.1)을 통해 격자 내부의 임의 점에서의 값을 추정하는 데 주로 사용되는 방법이다.

$$P_x = \frac{P_1 A_1 + P_2 A_2 + P_3 A_3 + P_4 A_4}{\sum A_i}$$
식 (1.3.1)

여기서, P_i는 기온 또는 강수량 값, A_i는 격자 내부의 임의 점과 격자의 끝점으로 만들어진 사각형의 면적이다.

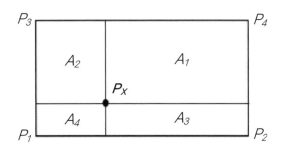

출처 : 이문환(2016)

그림 1.3.2 이중선형보간법에 따른 공간적 상세화 방법

(4) 역거리가중법(Inverse Distance Weighting Method, IDWM)

① 역거리가중법은 가까이 있는 실측 값(point)에 더 큰 가중값을 주어 보간하는 방법이다. 식 (1.3.2)와 같이 거리의 반비례에 가중치를 부여하므로 거리가 가까울수록 높은 가중값이 적 용된다.

$$P_x = \frac{\sum_{i=1}^{n} \frac{1}{d_i} p_i}{\sum_{i=1}^{n} \frac{1}{d_i}}$$

식 (1.3.2)

여기서, n은 총 지점수, i는 지점명, d_i는 보간지점과 관측지점상 거리, p_i는 기온 및 강수 량 값이다.

(5) 최근린법(Nearest Neighbor Method, NNM)

① 가장 가까운 거리에 있는 점의 값을 보간 점의 값으로 정하는 방법이다. 가장 간단한 방법 이며, 가장 가까운 지점의 값이 가장 정확한 값이라고 가정할 때 많이 활용된다.

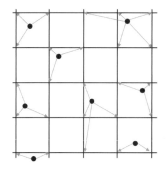

출처 : 이문환(2016)

그림 1.3.3 최근린법에 따른 보간기법

1.3.3 통계적 후처리 기법

(1) 통계적 후처리 기법이란 편의가 있는 기후모의 결과를 관측자료의 특성을 고려하여 현재 관측되고 있는 기후조건으로 보정시켜주는 방법이다.

(2) 다양한 방법들이 존재하지만 크게 2가지 방법으로 구분된다. 하나는 관측치와 모의자료를 비교하여 편의를 산정한 후 편의를 시나리오에 적용하는 방법이며, 다른 하나는 미래 시나리오 자료와 과거 모의자료의 기후변화율을 산정하여 이를 관측자료에 적용하는 방법이다.

(3) 첫 번째 방법은 시나리오에서 발생하는 패턴을 유지시켜줄 수 있다는 장점을 가지고 있으나, 발생하는 모든 종류의 편의를 반영할 수 없기 때문에 일부 부정확한 값들이 발견될 수 있다. 두 번째 방법은 관측자료 기반의 시나리오 자료가 생산되어 기후 발생 패턴이 관측자료와 동일하기 때문에 영향평가 모형에 적합한 결과를 산출할 수 있는 특징이 있다. 그러나 관측자료의 동일한 패턴이 반복되기 때문에 기후의 비정상적 변화를 고려하지 못하는 한계가 있다.

(4) 선형보정기법(Linear Scaling Method, LSM)

① 선형보정기법은 기후변화 시나리오에서 가장 많이 쓰이는 보편적인 방법이다. 이 기법은 기준기간에 관측치와 모의치의 월별 편차를 계산하여 미래기간에도 같은 편차가 발생한다고 가정하여 미래기간의 모의치에 적용하는 방법으로 기후시나리오 모의치와 관측치의 차이(기온은 차이, 강수량은 비율)를 월별로 산정하여 미래기간의 기후시나리오 자료에 적용하였다.

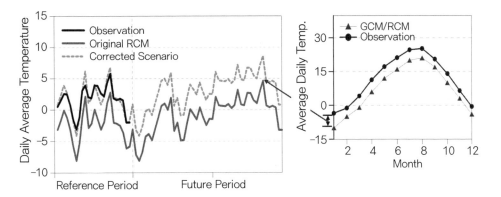

출처 : 인천국제공항공사, 세종대학교(2017)

그림 1.3.4 선형보정기법의 개념도

$$T_{fut,i.k} = T_{s.fut,i,k} + \left(\sum_{i=1}^{m} T_{obs,i,k} - \sum_{i=1}^{m} T_{s.ref,i,k} \right)$$ 식 (1.3.3)

$$P_{fut,i,k} = P_{s,fut,i,k} \times \frac{\sum\limits_{i=1}^{m} P_{obs,i,k}}{\sum\limits_{i=1}^{m} P_{ref,i,k}}$$ 식 (1.3.4)

여기서, k는 각 월, i는 기상자료의 시계열, $T_{obs,i,k}$와 $P_{obs,i,k}$는 기온과 강수량의 관측치이며, $T_{s.ref,i,k}$와 $T_{s.fut,i,k}$는 시나리오를 통해 모의된 과거기간 및 미래기간의 기온이고, $P_{ref,i,k}$과 $P_{s.fut,i,k}$는 모의된 과거기간과 미래기간의 강수량을 의미한다. 최종 보정된 기온과 강수량은 $T_{fut,i,k}$, $P_{fut,i,k}$이다.

(5) 분산보정기법(Variance Scaling Method, VSM)

① 분산보정기법은 월별 평균 및 표준편차를 이용하여 보정하는 방법이다. 이 기법은 식 (1.3.5)와 같이 두 변수(α_k, b_k)로 구성된다. b_k는 관측치와 모의치의 변동계수를 보정해주는 매개변수로써, 모의치에 대입하여 변동계수를 산정하였을 때 관측치의 변동계수(CV)와 가장 동일한 b_k를 찾는다. 이후, 결정된 매개변수 b_k를 적용하여 산정된 월별 평균(mean) 강수량과 관측치와의 차이를 보정하기 위해 α_k를 이용한다.

$$P_{fut,i,k} = \alpha_k \times (P_{s,fut,i,k})^{b_k} \qquad \text{식 (1.3.5)}$$

$$CV(P_{obs,i,k}) = CV(P_{ref,i,k}{}^{b_k}) \qquad \text{식 (1.3.6)}$$

$$mean(P_{obs,i,k}) = \alpha_k \times mean(P_{ref,i,k}{}^{b_k}) \qquad \text{식 (1.3.7)}$$

여기서, k는 각 월, i는 기상자료의 시계열, $P_{fut,i,k}$는 보정된 미래 기후시나리오, $P_{s,fut,i,k}$는 미래 기후시나리오 원자료, $P_{obs,i,k}$는 관측 강수량, $P_{ref,i,k}$ 기준기간의 기후시나리오를 의미한다.

(6) 분위사상법(Quantile Mapping Method, QMM)

① 비초과확률을 기반으로 한 일단위 강수량의 편의보정 기법이다. 여기서 비초과확률이란, 특정값보다 같거나 이보다 작은 사상(event)이 발생할 확률을 의미한다.

② 일단위 강수량과 관측자료의 일단위 관측 강수량을 이용하여 확률분포의 누가밀도함수(CDF)를 추정한다. 추정된 CDF에서 일반적으로 GCM은 강수량을 모의하는 것이 아니라 강수 발생량을 추정하기 때문에 현실에 비해 매우 작은 강수량이 과다하게 발생하는 경향이 있다. 관측자료에서 강수가 발생하는 비초과확률 지점을 교정임계치(calibrated threshold)라고 하여 그 확률 아래에서는 무강수로 가정하게 된다. 그림 1.3.5와 같이 GCM의 임의 강수량(X_i)은 식 (1.3.8)을 거쳐 X'_i로 보정한다.

$$X'_i = F_{obs}^{-1}(F_{GCM}(X_i)) \qquad \text{식 (1.3.8)}$$

여기서, X_i는 보정 전 모의값, X_i'는 보정 후 모의값, F_{GCM}은 기존 모의값의 누가확률분포, F_{obs}^{-1}은 사상의 목표가 되는 관측값의 누가확률분포이다.

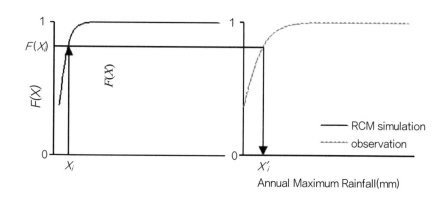

그림 1.3.5 분위사상법의 보정방법 개념도

기후변화와 사회기반시설

김형관 (연세대)

CHAPTER

02 기후변화와 사회기반시설

2.1 사회기반시설

2.1.1 정의

(1) 사회기반시설은 '사회기반시설에 대한 민간투자법'에 근거하여 '각종 생산활동의 기반이 되는 시설, 해당 시설의 효용을 증진시키거나 이용자의 편의를 도모하는 시설 및 국민생활의 편익을 증진시키는 시설'로 정의할 수 있다.

(2) 도시기반시설, 상·하수도시설, 교통시설, 에너지시설과 같은 다양한 시설물을 포함하며, 현행법에 따라 50개 이상의 시설로 세분화할 수 있다.

(3) 본 매뉴얼에서는 기후변화 적응형 설계를 위한 주요 시설물들을 선정하고 각 분야별 시설물에 대한 세부사항을 명시하였다.

2.1.2 적용범위

본 매뉴얼에서 선정·제시한 분야별 주요 시설물은 다음 표 2.1.1과 같다.

표 2.1.1 분야별로 선정한 주요 시설물

분야	주요 시설물
지반분야	얕은기초·깊은기초
	비탈면
교량분야	콘크리트·강교량
도로 및 포장분야	보도블럭
	아스팔트 포장
	투수성 보도블럭
상하수도 분야	하수관거
	미생물 유해성 평가
제방분야	직립식 제방
	수평제방

2.2 기후변화가 사회기반시설에 미치는 영향

2.2.1 국내 이상기후 현상

(1) 이전에 볼 수 없었던 다양한 이상기후 현상은 국내 사회기반시설에 많은 영향을 미치고 있으며, 이에 따른 사회·경제적 피해를 야기하고 있다.

(2) 특히, 1916년 이래 기상재해에 따른 연간 재산피해액이 가장 컸던 10번 중 6번이 2001년 이후에 발생하였을 정도로 기상재해에 따른 피해액이 급증하는 추세이다.

(3) '2013년 소방방재 통계연보'에 따르면 2004년부터 2013년까지 10년간 발생한 자연재해로 인해 7조 3,199억 원의 피해가 발생했으며, 이는 태풍과 호우, 대설이 주원인이었다. 호우가 3조 7,347억 원으로 가장 많았고, 태풍 2조 498억 원, 대설 1조 3,988억 원, 풍랑 703억 원, 강풍 662억 원 등의 순으로 나타났다(소방방재청, 2013).

(4) 국내 이상기후에 따른 기반시설의 지난 5년(2010~2014년)에 대한 주요 피해사례는 표 2.2.1과 같다. 이상기후는 한파 및 대설, 이상기온, 가뭄, 폭염 및 산불, 집중호우 및 홍수로 구분하였다.

(5) 주요 피해사례들은 대체로 극치강수 및 강설과 관련된 이상기후의 발생 증가와 관련되며, 봄/가을철 가뭄, 여름철 폭염, 겨울철 한파 등 전 계절에서의 피해가 발생했음을 알 수 있다.

표 2.2.1 국내 이상기후 주요 피해사례(2010~2014년)

항목	연도	사례
한파 및 대설	2010년	• 1월 서울에서 1937년 관측 이래 최심신적설 기록을 갱신
	2011년	• 1월 남부지방에 한파로 인해 96년 만의 가장 낮은 기온을 기록함 • 2월 강원도 동해시에 대설로 최심적설 102.9cm를 기록함
	2012년	• 2월 북극의 찬 공기로 인하여 기록적인 한파 발생
	2013년	• 1~2월 전국 평균 기온이 평년보다 9℃ 정도 낮은 한파 발생
	2014년	• 2월 동풍의 영향을 받아 103년 만에 최장기간 폭설 발생 • 12월 최고기온이 1973년 이후 최저 5위를 기록하는 한파 발생
이상 기온	2010년	• 봄철 평균 기온이 1973년 이래 가장 낮은 이상저온 현상 발생 • 봄철 일조시간은 508.7시간으로 평년보다 153.6시간 적어 1973년 이래 가장 적음
	2011년	• 3월 평균 기온이 낮은 이상저온 현상 발생 • 10~11월 따뜻한 이동성 고기압의 영향으로 이상고온 현상 발생
	2014년	• 봄철 낮에 강한 일사와 남쪽의 따뜻한 공기로 인해 1973년 이후 평균 기온 최고 2위를 기록 • 5월 상층 한기가 유입되어 이상저온 현상 발생

표 2.2.1 국내 이상기후 주요 피해사례(2010~2014년)(계속)

항목	연도	사례
가뭄, 폭염 및 산불	2010년	• 폭염과 열대야 일수가 2000년 이래 가장 많은 이상기온 현상 발생
	2011년	• 여름철 열대야 일수가 증가하는 이상고온 현상 발생 • 9월 남부지방에서 폭염이 발생하는 등 고온 현상 발생
	2012년	• 5~6월 누적강수량이 최근 32년 이래 가장 적었으며, 전국적으로 가뭄 발생 • 7~8월 폭염과 열대야 현상이 자주 발생
	2013년	• 7~8월 전국에 걸쳐 폭염과 열대야 현상이 자주 발생하고, 가뭄현상 발생 • 7~8월 남부지방과 제주도에서 열대야일수가 1973년 이후 1위를 기록
	2014년	• 5~7월 전국적으로 평년의 절반 수준의 강수량을 기록하여, 일부 가뭄피해 발생
집중 호우 및 홍수	2010년	• 봄철 강수량이 325.2mm로 평년보다 많고 강수일수는 1973년 이래 가장 많았음 • 8월 강수일수가 1973년 이래 1위를 기록함 • 9월 수도권 지역에서 집중호우로 1908년 관측 시작 이래 강수량이 2위를 기록함
	2011년	• 7월에 발생한 집중호우로 일강수량 최다와 1시간 최대강수량 기록 갱신
	2012년	• 8월 중서부지방에 집중호우가 발생 • 1962년 이후 50년 만에 한 해에 4개의 태풍이 상륙 • 3개의 태풍이 연달아 우리나라에 상륙한 최초의 사례
	2013년	• 장마기간 동안 강수량의 남북편차가 매우 크게 발생 • 태풍발생 개수가 31개로 평년보다 5.5개 많으며, 1998년 이후 15년 만에 우리나라에 10월에 영향을 준 태풍 발생
	2014년	• 남부, 중부지방에서 평년보다 늦은 장마가 시작, 전국에서 강수량은 평년대비 40% 내외로 기록

(6) 동일기간의 이상기후로 인한 국내 사회기반시설의 주요 피해사례를 표 2.2.2와 같이 수집하였으며, 도로, 공항, 철도, 방파제 등 다양한 시설물에서 매년 피해가 발생했음을 알 수 있다.

(7) 피해의 주요인은 극한 강수현상들에 의해 유발된 홍수나 강설현상으로 여름철에는 태풍 및 집중호우로 인한 침수피해, 겨울철에는 대설현상으로 인한 피해이다.

표 2.2.2 국내 이상기후로 인한 사회기반시설 주요 피해사례(2010~2014년)

연도	사례
2010년	• 황사로 인하여 인천국제공항, 김포공항, 제주공항 등 공항기상 경보 발생 • 9월 집중호우로 인해 서울 시내 2만여 침수피해 발생 • 폭설로 인해 수도권 전동열차 운행 중단 및 지연 • 태풍으로 인해 수도권 전철 등 운행 중단 사례 발생 • 집중호우로 인해 경인선, 경부선, 중앙선 및 태백선 등 운행 중단 • 태풍에 의해 부산항 방파제 안전난간 훼손, 2억 7천만 원 피해액 발생 • 태풍에 의해 홍도항 방파제, 부잔교시설 피해, 12억 5천만 원 피해액 발생

표 2.2.2 국내 이상기후로 인한 사회기반시설 주요 피해사례(2010~2014년)(계속)

연도	사례
2011년	• 1~2월 폭설로 도로, 교통사고 2차적 피해로 2조 5천억 원의 경제적 손실 발생 • 하수처리장 침수로 인한 생활하수 처리 및 수질관리 부분 영향 • 한파 및 폭설로 수도권 전동열차 차량고장 발생 • 1월 한파나 폭설로 인한 항공기 지연 및 피해 발생 • 여름철 집중호우 및 태풍으로 인해 철도 피해 발생 • 7월 폭우로 인한 우면산 일대 산사태로 인한 인명 및 재산 피해
2012년	• 여름철 크게 영향을 미친 4개의 태풍으로 인해 침수 피해 및 낙석 등으로 인한 도로 통제 피해 발생 • 여름철 집중호우로 안산, 시흥, 부산 등의 도로가 침수
2013년	• 연초 폭설로 인해 광주·전남 및 강원 영동지역에서의 교통대란 초래 • 7월 서울에서 집중호우로 인해 일부 도로 통행 제한, 지하철 일부가 침수 • 태풍으로 인해 제주 기점 국제선과 국내선이 결항하고, 해상운항 중단
2014년	• 8월 제주도에서 태풍으로 인해 도로 유실, 정전, 도로·항공·운항로의 교통통제 피해 • 7월 호우로 인한 송도 유류관리시설 피해 • 2월 동해시에 대설로 인해 도로 및 항공교통 통제 • 8월 김포공항에서 집중호우로 김포공항 국내선 결항
	• 마른장마 등 부족한 강수량으로 전국 다목적댐 평균 저수율 하락으로 인한 용수공급능력 확보 문제 대두 • 태풍으로 인해 도로 유실, 인천국제공항 항공기 6편, 제주공항 항공기 411편이 결항되었고, 운항 통제 및 어선 유실 등의 피해 발생

2.2.2 기후변화 영향

(1) 기후변화가 사회기반시설물에 미치는 영향은 기후변화로 인해 야기되는 위험 혹은 피해의 정도로 나타낼 수 있다.

(2) 위험 혹은 피해는 붕괴, 파손, 파괴, 부식, 노화, 변형 등과 같은 1차적 피해와 이로 인해 야기되는 내구연한 감소에 따른 경제적 부담증가, 교통사고 등과 같은 2차적 피해를 포함한다.

(3) 각 기반시설에 대해 영향을 미치는 주요인자는 다르므로 각 시설물별로 검토해야 한다. 각 시설물별 기후변화 영향인자에 대한 세부내용은 Part II의 '시설물별 기후변화 영향평가 방법'에서 제시하였다.

(4) 사회기반시설별 기후변화 영향에 따른 위험도는 표 2.2.3을 참고할 수 있다.

(5) 건물 및 시설물은 다양한 기후변화 영향을 받으며 공항, 교량, 항만시설에도 다양한 영향을 미치는 것을 알 수 있다.

(6) 이 외에도 각 시설물에 영향을 미치는 다른 인자가 포함될 수 있으므로, 설계조건 및 특성을 고려한 판단이 필요하다.

표 2.2.3 사회기반시설별 기후변화 영향

기후변화 영향	사회기반시설										
	교량	우수 처리 시설	철도	도로	하수 시설	사면 및 지반	해안 도로 및 철도	항만	공항	수도	건물 및 시설물
온도변동	○	△	○	○	△	△	○	○	○	△	○
강수변동	○	○	○	○	○	○	○	○	○	○	○
강풍	○	△	△	△	△	△	△	○	○	○	○
집중호우 증가	○	○	○	○	○	○	○	○	○	○	○
해수면 상승	○	△	△	△	△	△	○	○	○	○	○
태양복사 열 증가	○	△	△	○	△	△	△	△	○	△	○
우·건기 변동성 증가	△	○	△	○	○	○	○	△	○	○	○

○ 위험수준 높음
△ 위험수준 낮음

Part _ Ⅱ
시설물별 기후변화 영향평가 방법

CLIMATE CHANGE-INDUCED
INFRASTRUCTURE DESIGN MANUAL

KSCE PRESS
KOREAN SOCIETY OF CIVIL ENGINEERS PRESS

얕은기초 / 깊은기초

이준환 (연세대)

01 얕은기초 / 깊은기초

1.1 일반사항

1.1.1 적용범위

(1) 이 장의 규정들은 얕은기초, 깊은기초의 설계에 적용한다. 이 장에서 규정하지 않는 얕은기초와 깊은기초의 설계규정은 도로교설계기준(한계상태설계법), KDS 11 50 10 얕은기초 설계기준, KDS 11 50 20 깊은기초 설계기준을 따르는 것으로 한다.

(2) 얕은기초의 규정은 양질의 지지층이 지표면 가까운 곳에 존재하여 얕은기초 형식으로 지지층에 직접 지지되는 구조물 기초공사와, 상부구조로부터의 하중을 기초로 전달하는 구체의 시공에 적용한다.

(3) 깊은기초의 규정은 기초가 지지하는 구조물의 저면으로부터 구조물을 지지하는 지지층까지의 깊이가 기초의 최소폭에 비하여 비교적 큰 기초형식인 말뚝기초, 케이슨기초 등에 적용한다.

1.1.2 참고기준

1.1.2.1 관련 법규

(1) 건설기술 진흥법

1.1.2.2 관련 기준

(1) KDS 11 50 10 얕은기초 설계기준(한계상태설계법)

(2) KDS 11 50 20 깊은기초 설계기준(한계상태설계법)

(3) 도로교 설계기준(한계상태설계법)

(4) 구조물기초 설계기준

(5) 콘크리트구조 설계기준

(6) 도로공사 표준시방서

(7) 토목공사 표준일반시방서

(8) 콘크리트 표준시방서

(9) KS F 2310 도로의 평판 재하 시험 방법

(10) KS F 2311 현장에서 모래 치환법에 의한 흙의 단위중량 시험 방법

(11) KS F 2312 흙의 다짐 시험 방법

(12) KS F 2320 노상토 지지력비(CBR) 시험 방법

(13) KS F 2345 비점성토의 상대 밀도 시험 방법

(14) KS F 2444 확대기초에서 정적하중에 대한 흙의 지지력 시험 방법

1.1.3 용어

(1) 구체 : 구조물 하부의 기초를 제외한 몸체

(2) 기준변위량 : 상부구조물에 위해나 손상이 발생하지 않는 기초의 제 기능을 발휘하기 위한 기초의 변위량

(3) 기초 : 상부구조물의 하중을 지반에 전달하여 구조물의 안정성과 기능성을 갖게 하는 하부구조물

(4) 얕은기초 : 구조체를 지지하기에 적당한 지지층이 지표면 가까운 곳에 존재하여 구조체 하중을 푸팅(footing)에 의해 지반에 직접 전달되도록 설치하는 기초형식

(5) 깊은기초 : 얕은기초 형식으로 불가능한 지층에 적용하는 기초형식으로 지표면 가까운 곳에 지지층이 존재하지 않을 때 말뚝이나 케이슨 등으로 구조체의 하중을 깊은 곳의 지지층까지 도달되게 하여 안전하게 지지되게 하는 기초형식

(6) 설계지반면 : 현 지반면에 대하여 장래 지반이 변하는 상태를 고려하여 정한 설계상의 지반면

(7) 양질의 지지층 : 기초로부터의 하중을 안전하게 지지할 수 있는 양질의 지반(암반층, N값이 약 30 이상인 사질토층, N값이 약 20 이상인 점성토층 등으로 충분한 층두께를 갖는 지반)

(8) 허용변위량 : 상·하부구조의 기능성과 안전성이 손상되지 않는 범위 내에서 하부구조가 허용할 수 있는 변위량

(9) 연직저항력 : 극한지지력에 소정의 저항계수를 곱한 지지력과 허용변위량으로부터 정하여지는 지지력 중 작은 값

(10) 유효응력(effective stress) : 흙에 하중이 작용할 때 서로 접하는 흙입자 사이에 발생하는 평균적인 수직 응력. 내부 마찰을 일으키는 데 유효한 응력

(11) 저항계수 : 1보다 작은 값을 가지는 계수로서, 공칭지지력 및 활동에 곱하여 기초의 불확실성과 안정성을 고려하기 위한 계수

(12) 하중조합 : 기초의 설계에서 검토대상이 되며, 동시에 작용하는 하중군

(13) 하중계수 : 1보다 큰 값을 가지는 계수로서, 해석상의 불확실성, 환경 작용 등의 변동을 고려하기 위한 일종의 안전계수

(14) RCP 4.5 : 전 지구적 온실가스 저감 정책이 상당히 실현되는 경우의 시나리오

(15) RCP 8.5 : 현재 추세로 온실가스가 계속 배출되는 경우의 시나리오

(16) 강우이동평균 : 관측 강우데이터로 이동평균을 산출한 값으로써 선행강우를 고려하기 위한 방법으로 빈번히 사용되는 시계열 데이터

(17) 극한지지력 : 구조물을 지지할 수 있는 지반의 최대 저항력

(18) 허용지지력 : 구조물의 중요성, 설계지반정수의 정확도, 흙의 특성을 고려하여 지반의 극한지지력을 적정의 안전율로 나눈 값

(19) 말뚝기초 : 말뚝을 지중에 삽입하여 하중을 지반 속 깊은 곳의 지지층으로 전달하는 깊은기초의 대표적인 기초형식

(20) 무리말뚝 : 두 개 이상의 말뚝을 인접 시공하여 하나의 기초를 구성하는 말뚝의 설치 형태

(21) 주면마찰력 : 말뚝의 표면과 지반과의 마찰력에 의해 발현되는 저항력

(22) 선단지지력 : 깊은기초의 선단부 지반의 전단저항력에 의해 발현되는 지지력

(23) 부마찰력 : 말뚝 침하량보다 큰 지반 침하가 발생하는 구간에서 말뚝 주면에 발생하는 하향의 마찰력

(24) 케이슨기초 : 지상에서 제작하거나 지반을 굴착하고 원위치에서 제작한 콘크리트통에 속채움을 하는 깊은기초 형식

(25) 현장타설 콘크리트말뚝 : 지반에 천공하고 콘크리트를 타설하여 완성하는 말뚝

(26) 기성 콘크리트말뚝 : 공장에서 제작된 콘크리트말뚝

(27) 전면기초 : 상부구조물의 여러 개의 기둥을 하나의 넓은 기초 슬래브로 지지시킨 기초형식

(28) 줄기초 : 벽체를 자중으로 연장한 기초로서 길이 방향으로 긴 기초

(29) 확대기초 : 기초 저면의 단면을 확대한 기초형식

(30) 강성기초 : 기초지반에 비하여 기초판의 강성이 커서 균등한 침하가 발생하는 기초로서 기초의 변위 및 안정 계산 시 기초 자체의 탄성변형을 무시할 수 있는 기초형식

(31) 연성기초 : 지반강성에 비하여 기초판의 강성이 상대적으로 작아서 지반 반력이 등분포로 작용하는 기초

(32) 국부전단파괴 : 기초지반에 전체적인 활동 파괴면이 발생하지 않고, 지반응력이 파괴응력에 도달한 부분에서 국부적으로 전단파괴가 발생하는 지반의 파괴형태

(33) 전반전단파괴 : 기초지반 전체에 걸쳐 뚜렷한 전단 파괴면을 형성하면서 파괴되는 파괴형태

1.2 기후변화 영향

1.2.1 일반사항

(1) 얕은기초는 기초지반이 전단파괴에 대해 안전하도록, 전체침하나 부등침하가 허용값을 초과하지 않도록 하고 있으며, 기후변화로 인한 지반과 지하수위의 상태변화를 고려하여야 한다.

(2) 깊은기초는 작용하중에 대한 충분한 안전율을 확보하여야 하며, 변위는 상부구조물에 유해한 영향을 주지 않도록 하고 있으며, 기후변화로 인한 풍하중, 하천 및 해수면의 수위 변화에 의한 기초 작용하중과 지반의 상태변화를 고려하여 한다.

(3) 하천이나 해상에 설치되는 경우 기초가 침식과 세굴에 저항할 수 있는지를 고려하여야 한다.

1.2.2 하중

(1) 기초구조물에 작용하는 하중은 그 지속시간에 따라 지속하중과 일시하중으로 구분하고 있

으며, 각각의 하중은 지반조건 및 구조물 특성에 따라 기초에 각기 다르게 적용하도록 한다. 설계대상 기초구조물에 작용하는 하중은 다음과 같다.

① 지속하중 : 기초의 공용기간 중 기초에 지속적으로 작용하는 하중을 의미하며, 구조물의 자중, 지속적으로 작용하는 토압과 수압(정수압, 유수압, 침투압 포함) 등을 포함한다.

② 일시하중 : 구조물에 일시적으로 작용하는 하중을 의미하며 변화가 가능한 토압, 수압, 빙압 등을 포함한다. 여기서, 빙압은 기온이 낮아져 물이 얼음으로 변할 때 발생하는 부피팽창에 의해 구조물에 작용하는 압력을 의미한다.

③ 시공 중 발생하는 하중이나 재하중의 변화 또는 지하수위 강하에 의해 발생되는 하중은 기초의 공용기간, 중요도 및 하중지속시간에 따라 지속하중 또는 일시하중으로 구분한다.

(2) 기초의 안정성 평가를 위해서 상기 언급된 하중들에 의한 지반의 전단파괴, 침하, 활동, 비탈면 활동 및 기초 본체에 대하여 검토해야 하며, 각 검토항목에 대해 소정의 안전율 및 허용기준을 만족해야 한다. 지반의 전단파괴는 기초에 과도한 하중이 작용하여 지중 전단응력이 지반의 전단강도보다 클 때 발생하는 파괴로 정의하고 있으며, 기초의 폭, 근입깊이, 경사, 지반의 전단강도, 하중의 경사, 편심, 지하수위 등을 고려하여 안정성을 고려해야 한다. 기초에 과도한 침하나 부등침하가 발생하여 구조물이 손상되지 않도록 침하에 대한 안전성을 검토한다.

(3) 한계상태설계법으로서 기초는 저항계수를 곱한 지지력이 하중계수를 곱한 하중보다 작지 않도록 설계하며, 기초 종류에 따른 극한한계상태의 저항계수는 지역적으로 규정된 값이 없는 한 KDS 11 50 10과 KDS 11 50 20에 제시된 값을 사용하며, 하중계수는 KDS 24 12 11과 KDS 24 12 21에 규정된 계수를 사용하여 설계한다.

(4) 기후변화 및 계절적 요인으로 인하여 기초구조물이 놓이는 지반의 응력상태가 변할 수 있다. 대표적으로 강우 및 지하수위는 해당 지역의 수문 및 지질·지형적 특성에 영향을 받아 계절적 주기성을 가지고 변동하며, 그 변동 특성은 인위적 요인을 배제할 경우 기후변화에 의하여 점진적 또는 급진적으로 변화할 수 있다. 이러한 변화는 기초구조물의 지지력감소 및 지반의 추가적인 침하를 일으킴으로 전체 구조물의 안정성 및 사용성에 영향을 미칠 수 있으므로, 기후변화를 고려한 강우 및 지하수위 조건을 바탕으로 기초의 지지력 및 침하량을 평가한다.

(5) 수문조건은 기초에 작용하는 하중과 세굴에 대한 안정성을 결정짓는 직접적인 조건이므로, 기후변화를 고려한 수문조건을 바탕으로 하천 및 해상에 설치된 기초의 안정성을 평가한다.

표 1.2.1 설계에 필요한 지반물성 및 수문·지질학적 인자

지반정수 및 수문·지질학적 인자	시험종류
최대단위중량, 최소단위중량	상대밀도시험, 현장들밀도시험
지반의 실내실험 물성	삼축압축시험, 직접전단시험, 일축압축시험
지반의 현장실험 물성	SPT, CPT 등
투수계수	투수시험
함수특성곡선(SWCC)	현장 및 실내실험
지반의 현장 물성	SPT, CPT 등
지하수위 변동 특성	관측
강우량 관측 자료	관측
하천수위 변동 특성	관측
해수면 변동 특성	관측

(6) 기초의 안정성 평가에서 기후변화에 의한 강우 및 수문조건의 변화는 RCP 4.5, 8.5와 같은 기후변화 시나리오를 적용하여 고려한다.

1.2.3 적용방법

(1) 지하수위의 주기적·계절적 변동과 기후변화에 의한 점진적·급진적인 영향을 고려하기 위해서 일반적으로 수치해석에 의한 침투해석과 축적된 데이터를 이용한 통계적 방법을 사용한다.

(2) 기상청 기후변화정보센터 등에서 제공되는 기후변화 시나리오는 강우량, 기온, 습도, 풍속 등이며, 지하수위는 필요한 수문학적 인자들을 기후변화 시나리오에서 제공되는 기상학적 자료를 바탕으로 재차 산정한다.

(3) 하천 수위 및 해수면은 기후변화를 고려한 수문분석 결과로부터 얻을 수 있으며, 변화된 수위 조건으로부터 유수압 및 유속 등 기초에 작용하는 하중조건을 재산정한다.

(4) 지하수위 산정을 위해 유한요소법이나 유한차분법과 같은 수치해석을 이용하여 물의 흐름 방정식을 계산하는 방법을 적용할 수 있으며, 대상지역의 수문조건, 지형, 지반 침투 특성값 등을 고려하여 산정한다.

(5) 통계적 방법은 물의 흐름에 대한 역학적·이론적 이해가 필요치 않으며, 수문 및 기상학적 데이터를 기반으로 회귀분석 및 인공신경망 등의 방법을 이용한 데이터분석을 통해 지하수위

를 산정한다. 얕은기초 및 깊은기초의 기후변화 영향을 고려하기 위하여 강우이동평균법을 적용하여 지하수위의 변화를 산정한다.

1.3 취약성 평가 및 적응대책 수립

1.3.1 일반사항

(1) 기존 구조물은 취약성 평가를 통해 기후변화로 인하여 발생할 수 있는 기초지지력, 침하, 부재손상 및 세굴 등 기초에 문제가 발생하여 발생될 수 있는 손실을 평가한다.

(2) 신설 구조물은 기후변화를 고려한 설계를 하여 기후변화에 대한 적응이 필요하다.

1.3.2 취약성 분석

(1) 기후변화의 불확실성에 따른 기존 구조물의 취약성을 고려하여 설계기준을 초과하는 기후영향요소에 대한 적응대책을 수립한다(그림 1.3.1).

(2) 기후변화에 따른 기초의 취약성 평가는 구조물의 하중, 기초의 형식, 침하 및 기울임 등 기초문제발생 이력과 같은 붕괴위험성과 주변 환경 및 공공시설과의 거리와 같은 사회적 영향을 고려하여 수행해야 하며, 이에 따라 기후변화 취약시설을 선정한다.

(3) 또한 기후노출, 민감도 분석 및 적응능력 평가를 수행해야 하며, 기후노출은 강우에 의한 지하수의 변동을 반영하고, 민감도 분석을 통해 기초의 취약성을 산정하며, 적응능력 평가는 구조물의 기후변화에 대한 사회 · 경제적인 적응능력을 반영하여 평가한다.

1.3.3 안정성 평가

(1) 기초의 안정성 평가는 지반의 전단파괴, 침하, 전도, 활동, 비탈면 활동 및 본체에 대하여 사용성한계상태와 극한한계상태를 검토하여야 하며, 각 검토항목에 대해 적합한 저항계수 및 하중계수를 고려하여 설계한다.

(2) 기초종류, 지지력산정 방법, 흙의 종류 등에 대한 저항계수 및 하중계수는 KDS 11 50 10, KDS 11

50 20, KDS 24 12 11과 KDS 24 12 21에 제시된 값을 사용한다. 예로써, KDS 11 50 10의 얕은기초와 축하중을 받는 타입말뚝의 극한한계상태에 대한 저항계수는 표 1.3.1과 1.3.2에 표시되어 있다.

(3) 지하수위 분포는 강우와 이에 따른 수문조건의 지배를 받고, 기초의 안전율 및 침하는 지하수와 조건에 큰 영향을 받으므로 안정성 평가 시 이를 고려하여야 한다.

(4) 하천과 해상에 설치되는 말뚝기초는 수문조건(수위, 유수압, 유속)에 큰 영향을 받으므로 수평변위, 본체 및 세굴 검토 시 이를 고려하여야 한다.

(5) 하천과 해상의 수위는 수문분석 자료로부터 얻을 수 있으며 지형, 지질, 기상조건 등을 모두 고려하여야 하므로 반드시 수문전문가가 분석한 결과를 사용한다.

(6) 기후변화를 적용한 기초의 안정성 평가 및 설계는 다음과 같은 순서로 수행한다. 기초구조물에 주 영향인자로 지하수위가 고려되었고, 이에 대한 평가는 그림 1.3.1의 흐름도를 따른다.

① 기후변화 시나리오를 산정하고, 지하수위 변동에 대한 영향인자를 산정한다. 이를 적용하여 시간에 따른 지하수위 변동을 예측을 하고, 지하수위 변동에 대한 평가를 실시한다.

② 지하수위 변동에 대한 평가를 통해 기초구조물 안정성 및 사용성에 대한 해석을 실시한다.

③ 기초구조물의 지하수위 상승 또는 하강에 대한 얕은기초 구조물의 지지력을 검토한다. 이때, 지반 내의 유효응력의 변화 등을 고려한다.

④ 조건에 따른 변동 양상을 고려하여 기초구조물의 침하, 융기 등에 대한 검토를 실시한다.

(7) 기초의 안정성 평가를 위한 지하수위 산정은 광역 지하수 해석 그림 1.3.2의 강우이동평균법과 같은 통계적 기법을 사용한다.

표 1.3.1 얕은기초의 측한한계상태에 대한 저항계수(KDS 11 50 10)

		방법 / 흙 / 조건	저항계수
지지력	ϕ_b	이론적 방법(Munfack et al., 2001), 점성토	0.50
		이론적 방법(Munfakh et al., 2001), 사질토, CPT 사용	0.50
		이론적 방법(Munfakh et al., 2001), 사질토, SPT 사용	0.45
		반경험적 방법(Meyerhof, 1957), 모든 지반	0.45
		암반 위에 설치된 기초	0.45
		평판재하시험	0.55
활동	ϕ_τ	사질토 위에 설치된 프리캐스트 콘크리트	0.90
		사질토 위에 설치된 현장타설 콘크리트	0.80
		점성토 위에 설치된 프리캐스트 콘크리트 또는 현장타설 콘크리트	0.85
		흙 위에 흙이 존대하는 경우	0.90
	ϕ_{ep}	활동에 저항하는 수동토압	0.50

표 1.3.2 축하중을 받는 타입말뚝의 극한한계상태에 대한 저항계수(KDS 11 50 10)

		방법 / 흙 / 조건	저항계수
외말뚝의 연직합축저항 – 동역학적 해석법과 정재하시험	ϕ_{dyn}	정재하시험에 의해 항타관리기준이 검증된 경우. 동재하시험이나 보정된 파동방정식 또는 재하시험에 사용된 해머의 최소 항타저항으로서 항타관리를 수행함	KDS 11 50 10 참조
		교각당 한 개 이상 또는 KDS 11 50 10의 표 2.5-4에서 제시된 횟수 이상의 말뚝에 대하여 초기 재항타 시 동재하시험의 결과를 신호분석해석을 이용하여 항타관리 기준을 설정한 경우. 잔여 말뚝은 상기 설정된 항타관리 기준이나 동재하시험으로 항타관리를 수행함	0.65
		말뚝의 응력파 측정 없이 파동방정식해석	0.40
		FHWA 수정 Gates 공식	0.40
		Engineering News Record 공식	0.10
외말뚝의 연직압축저항력 – 정역학적해석법과 정재하시험	ϕ_{stat}	주면마찰력과 선단지지 : 점성토와 혼합토 α방법(Tomlinson, 1987; Skempton, 1951) β방법(Esrig과 Kirby, 1979; Skempton, 1951) λ방법(Vijayvergiya와 Focht, 1972; Skempton, 1951)	0.35 0.25 0.40
		주면마찰력과 선단지지 : 사질토 Nordlund/Thurman 방법(Hannigan et al., 2005) SPT 방법(Meyerhof)	0.45 0.30
		CPT 방법(Schmertmann) 암반에 선단근입된 경우(Canadian Geotech. Society, 1985)	0.50 0.45
블록파괴	ϕ_{bl}	점성토	0.60
외말뚝의 인발저항력	ϕ_{u}	Nordlund 방법 α방법 β방법 λ방법 SPT 방법 CPT 방법 재하시험	0.35 0.25 0.20 0.30 0.25 0.40 0.60
무리말뚝의 인발 저항력	ϕ_{ug}	사질토와 점성토	0.50
외말뚝 또는 무리말뚝의 횡방향 저항		모든 토질과 암반	1.0

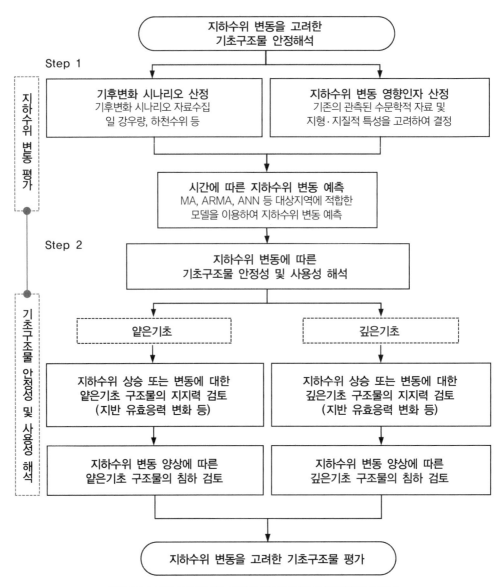

지하수위 변동을 고려한
기초구조물 안정해석

Step 1

지하수위 변동 평가

기후변화 시나리오 산정
기후변화 시나리오 자료수집
일 강우량, 하천수위 등

지하수위 변동 영향인자 산정
기존의 관측된 수문학적 자료 및
지형·지질적 특성을 고려하여 결정

시간에 따른 지하수위 변동 예측
MA, ARMA, ANN 등 대상지역에 적합한
모델을 이용하여 지하수위 변동 예측

Step 2

지하수위 변동에 따른
기초구조물 안정성 및 사용성 해석

기초구조물 안정성 및 사용성 해석

얕은기초

깊은기초

지하수위 상승 또는 변동에 대한
얕은기초 구조물의 지지력 검토
(지반 유효응력 변화 등)

지하수위 상승 또는 변동에 대한
깊은기초 구조물의 지지력 검토
(지반 유효응력 변화 등)

지하수위 변동 양상에 따른
얕은기초 구조물의 침하 검토

지하수위 변동 양상에 따른
깊은기초 구조물의 침하 검토

지하수위 변동을 고려한 기초구조물 평가

그림 1.3.1 지하수위 변동을 고려한 기초구조물의 안정성 평가 방법

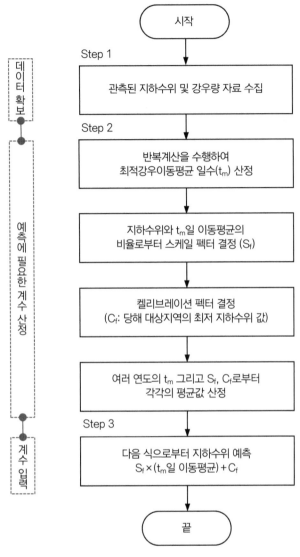

그림 1.3.2 지하수위 변동 평가를 위한 이동평균 모델

1.4 적응대책

1.4.1 일반사항

(1) 가치평가를 수행하여 투자 우선순위와 대책수립 시기를 결정하고 적절한 규모의 대비 시설
을 구축한다.

(2) 가치평가는 대책시설물 건설로 인해 미래에 발생하는 피해 저감 편익과 대책시설물의 수명 변화로 인한 유지관리 비용 변화를 고려하여 수행한다.

1.4.2 구조적 대책

기후변화 적응을 위해 다음과 같은 공법을 적용한다.

(1) 기초 크기 확대

① 얕은기초의 지지력을 증가시키기 위해서나 말뚝기초를 추가로 설치하기 위한 기초폭 확대는 사전에 미리 지하수위 가능변동 범위를 조사하여, 기존의 지반조사 시 관측된 고정 지하수위를 변동 지하수위로 수정한 후 기초폭을 산정하여 설계한다.

② 기초의 단면을 확대하기 위해서는 기초의 두께를 증가시키거나 기초와 지반이 접촉하는 면적을 증가시켜야 하며, 두 가지 모두를 적용할 수도 있다. 단면의 확대를 결정할 때에는 확대하려고 하는 기초의 단면이 지지력, 미끄러짐, 전도 등에 안전하면서도 기초 자체가 하중을 견딜 수 있는지를 검토한다.

(2) 지반보강 공법

① 기초의 지지력을 확보하기 위하여 약액주입공법, 흙-시멘트 교반공법, 고압분사공법 등의 지반개량공법으로 지반을 보강할 수 있다. 지반개량공법의 간격과 심도는 기초의 지지력과 침하량을 만족할 수 있도록 산정되어야 한다.

② 이미 구조물이 설치되어 있는 경우 마이크로파일을 설치하여 지반개량과 기초보강효과를 동시에 고려할 수 있으며, 예상되는 지지력감소와 침하증가가 허용범위 내에 들어오도록 보강한다.

1.4.3 비구조적 대책

(1) 상시계측관리

① 기초의 지지력 저하가 예상되는 연약지반 등 위험지역에 설치된 기초구조물의 전단파괴,

지반침하, 융기 등에 따른 위치변화를 사전에 감지하기 위하여 필요하다고 판단되는 경우에는 지속적인 계측 및 자료 관리는 급경사지 계측표준시방서에 따라 계측기기를 설치하고 자료를 관리한다.

② 상시계측관리는 해당 붕괴위험지역 지정이 해제될 때까지 보존·관리한다.

(2) 위험표지의 설치

기초의 지지력 저하, 기초지반의 침하 발생 위험지역에는 위험을 알리는 표지를 설치한다.

(3) 재해정보 지도 제작

연약지반 등 기초의 지지력 저하가 예상되는 위험지역의 정보에 대한 DB를 구축하여 지반의 상태, 기초의 종류 등을 입력하여 체계적인 관리를 수행한다.

비탈면

정상섭 (연세대)

02 비탈면

2.1 일반사항

2.1.1 적용범위

자연 비탈면 붕괴, 산사태, 토석류와 도로, 철도, 택지, 단지 등의 건설공사 시 만들어지는 쌓기 또는 깎기 비탈면의 설계에 적용한다.

2.1.2 참고기준

2.1.2.1 관련 법규

(1) 급경사지 재해예방에 관한 법률(법률 제14749호, 2017)

(2) 급경사지 재해예방에 관한 법률 시행령(대통령령 제28140호, 2017)

(3) 급경사지 재해예방에 관한 법률 시행규칙(총리령 제1402호, 2017)

(4) 저탄소 녹색성장 기본법(법률 제14811호, 2017)

(5) 저탄소 녹생성장 기본법 시행령(대통령령 제28636호, 2016)

2.1.2.2 관련 기준

(1) KDS 11 70 05 비탈면 쌓기 · 깎기 설계기준

(2) KDS 11 70 10 비탈면 보호공법 설계기준

(3) KDS 11 70 15 비탈면 보강공법 설계기준

(4) KDS 11 70 25 비탈면배수시설 설계기준

(5) 건설공사 비탈면설계기준, 2016

(6) 도로교설계기준, 2016

(7) 철도 설계기준-노반편, 2016

(8) 하천 설계기준(국토해양부, 2009)

2.1.3 용어

(1) 자연 비탈면(natural slope) : 자연적으로 형성된 깎기 작업을 하기 전의 비탈면

(2) 산사태 : 자연적 또는 인위적인 원인으로 산지가 일시에 붕괴되는 현상

(3) 토석류 : 산지 또는 계곡에서 토석·나무 등이 물과 섞여 빠른 속도로 유출되는 현상

(4) 비탈면 : 지반 깎기 또는 쌓기 등으로 인공적으로 만들어진 경사 지형으로, 깎기 비탈면은 원지반을 깎아서 만들어진 것을 말하며, 쌓기 비탈면은 기존 지반 위에 흙 또는 유사재료를 쌓아서 만들어진 비탈면

(5) 급경사지 : 지표면으로부터 높이가 5미터 이상이고, 경사도가 34도 이상이며 길이가 20미터 이상인 인공 비탈면, 지면으로부터 높이가 50미터 이상이고 경사도가 34도 이상인 자연 비탈면, 그 밖에 관리기관이나 특별자치시장·시장·군수 또는 구청장이 재해예방을 위하여 관리가 필요하다고 인정하는 인공 비탈면, 자연 비탈면 또는 산지

(6) 붕괴위험지역 : 붕괴·낙석 등으로 국민의 생명과 재산의 피해가 우려되는 급경사지와 그 주변지역

(7) 재해 : 「재난 및 안전관리 기본법」 제3조 제1호 가목의 자연재난으로 급경사지에서 발생하는 피해

(8) 재해위험도평가 : 급경사지의 붕괴 등과 관련하여 사회적·지리적 여건, 붕괴위험요인 및 피해예상 규모, 재해 발생 이력 등을 분석하기 위하여 경험과 기술을 갖춘 자가 육안 또는 기구 등으로 검사를 실시하고 정량(定量)·정성(定性)적으로 위험도를 분석·예측하는 과정

(9) 지표수(run off) : 강우 또는 표면용수로 인해 비탈면 표면을 흐르는 물

(10) 파괴(failure) : 지반 내부의 응력상태가 지반의 강도를 초과할 때 발생하며, 공학적으로는 파괴기준을 초과하는 응력상태를 말한다. 물리적으로는 지반의 균열이나 과도한 변형상태가

발생한 때를 파괴로 간주한다.

(11) 강도정수(strength parameter) : 지반의 강도(強度)를 공학적으로 표현하기 위한 값이며, 파괴
기준에 따라 강도정수에 대한 정의가 달라진다. 지반공학에서 강도정수는 일반적으로
Mohr-Coulomb의 파괴기준을 적용하며, 점착력(cohesion)과 내부마찰각(internal friction
angle)으로 표현된다.

(12) 함수특성곡선(soil water characteristic curve) : 모관흡수력의 변화를 체적함수비의 함수로 나
타낸 곡선을 말한다.

(13) 불포화토의 투수계수 : 모관흡수력에 따른 투수계수의 관계를 이용하여 불포화층의 침투
속도를 계산한다.

2.2 기후변화 영향

2.2.1 일반사항

(1) 비탈면은 유지관리단계에서 강우, 지진, 장기적인 기상변화 등 재해요인이 발생하더라도 주
구조물의 안정성을 직접적으로 저해하거나 주구조물의 기능을 마비시키는 붕괴가 발생하
지 않도록 한다.

(2) 붕괴위험지역에 대하여는 5년 단위의 붕괴위험지역 정비 중기계획(이하 "중기계획"이라 한
다)을 수립하여야 하며, 이때 기후변화의 영향을 고려하여야 한다.

(3) 붕괴위험지역은 재해영향평가를 통해 지정할 수 있으며, 재해영향평가는 인공비탈면의 파
괴뿐 아니라, 사회기반시설과 인접한 자연 비탈면의 산사태 및 토석류에 대해서도 수행하여
야 한다.

2.2.2 하중

(1) 비탈면의 설계에서는 흙의 자중, 비탈면 표면 및 상부에서 작용하는 상재하중, 비탈면 내부
의 침투수 및 지하수에 의해 유발되는 간극수압, 옹벽과 같은 구조물에 작용하는 토압, 지진

시 발생하는 지진하중, 비탈면에 설치한 구조물에 의해 작용하는 외력 및 시공 중과 후에 발생하는 일시적인 활하중 등을 고려하여야 한다.

(2) 강우는 비탈면 붕괴를 직접적으로 발생시키는 외력으로, 기후변화를 고려한 강우조건을 바탕으로 중장기적인 비탈면 재해를 평가할 수 있어야 한다.

(3) 강우의 침투를 고려한 안정해석을 실시하는 경우에는 현장 지반조사 결과, 지형조건, 배수조건과 강우특성을 고려하여 안정해석을 실시한다.

(4) 강우특성을 나타내는 주요소로는 강우량, 지속기간, 강우강도 및 시·공간적 분포 등이며, 이들은 주로 통계적 처리를 통해 해석 및 설계에 사용되고 있다. 비탈면을 설계하는 단계에서는 미래의 실시간 강우를 적용하기에는 불확실성이 매우 크기 때문에, 일반적으로 확률강우량도를 이용하여 설계를 수행한다.

(5) 비탈면의 안정성 평가는 기후변화에 의한 강우조건의 변화를 고려하여야 한다.

(6) 비탈면의 안정성 평가에서 기후변화에 의한 강우조건의 변화는 RCP 4.5, 8.5와 같은 기후변화 시나리오를 적용한 미래기간의 확률강우량으로 고려할 수 있다.

2.2.3 적용방법

(1) 지반은 비선형 특성을 나타내며, 자연지반의 상태와 종류에 따라 매우 다양한 특성을 나타내며 포화, 불포화 및 하중의 재하조건에 따라서도 다양한 강도특성을 나타내므로 이를 반영한 분석을 수행하여야 한다.

(2) 비탈면의 설계에는 표 2.2.1에 나타낸 지반정수들이 필요하며 이는 지반조사, 현장시험, 실내시험, 경험적으로 얻어진 관계식을 이용한 추산값, 기존의 유사한 지반조건에 대한 도표, 현장계측 및 관측결과 등을 이용하여 결정할 수 있다.

(3) 비탈면 설계에는 지하수 조건과 토심을 지반조사 결과 및 지형조건 등을 종합적으로 고려하여 결정하여 안정해석을 실시하여야 한다.

(4) 비탈면 설계에는 강우침투로 인해 형성되는 일시적인 지하수위에 따른 얕은파괴와 원지하수위 상승에 따른 깊은파괴를 모두 고려해야 하며, 강우침투에 의한 지반의 강도 감소를 고려하여야 한다.

표 2.2.1 설계에 필요한 지반정수

지반정수	시험종류
최대단위중량, 최소단위중량	상대밀도시험, 현장들밀도시험
전단강도	삼축압축시험, 직접전단시험, 일축압축시험
포화투수계수	투수시험
불포화투수계수	지표투수시험
함수비	함수비시험
불포화함수특성	함수특성곡선시험
모관흡수력	장력계시험
입도분포	체분석
애터버그한계	액성한계시험, 소성한계시험

(5) 강우침투로 인한 일시적인 지하수위는 일반적으로 습윤대라 하며, 습윤대 깊이를 따라 발생하는 비탈면 파괴를 얕은파괴라 한다. 습윤대 깊이는 침투해석으로부터 산정할 수 있으며, 침투해석에서는 강우강도, 지속시간, 지반의 포화·불포화 투수계수 및 함수특성을 고려하여야 한다.

(6) 원지하수위의 상승은 침투수가 지하수로 함양되어 발생하며, 침투수의 지하수위 도달시간, 함양량 및 지하수 흐름을 고려하여 계산할 수 있다. 지하수 해석은 침투해석과 연계하여 수행되고 토심 및 경사와 같은 지형정보를 고려하여 수행한다.

(7) 기후변화를 고려한 비탈면 설계 방법은 먼저 1) 비탈면의 내구연한 및 재현주기를 고려하여 평가기간을 결정하고, 2) 평가기간에 대한 설계확률강우를 정의한 후, 3) 기후변화 시나리오를 선정하고 설계확률강우를 적용하여 설계를 수행한다.

(8) 기후변화 시나리오에 따른 설계확률강우는 과거 30년 이상의 강우자료를 이용하여 산정할 수 있다. 산정 방법은 1) 연 최대치 강우량 산정, 2) 빈도해석 수행, 3) 빈도해석 결과 및 연 최대치 강우자료를 이용하여 과거기간의 확률강우 계산, 4) 과거강우자료의 확률분포함수 추정, 5) 기후변화 시나리오로부터 통계적 상세화를 통해 일단위 기후변화 시나리오 생산, 6) 미래기간 선정 및 미래기간의 확률강우 산정과 같고, 일반적으로 기존에 제안된 기후변화 시나리오에 따른 확률강우량 및 확률강우강도를 사용할 수 있다.

(9) 설계확률강우는 해당 지역의 과거 붕괴이력, 강우량 및 시간분포 자료 등을 분석하여 결정하여야 한다. 주 시설물이 있는 경우 주 시설물의 설계수명과 동일한 기간에 대한 시간자료를

활용할 수 있으며, 해당 지역에 대한 별도의 자료가 없는 경우에는 설계계획빈도 100년, 강우
지속시간 24시간에 대한 강우강도를 고려하여 안정해석을 실시하여야 한다.

2.3 취약성 평가

2.3.1 일반사항

(1) 기존 구조물은 취약성 평가를 통해 기후변화로 인하여 발생할 수 있는 비탈면 붕괴, 산사태
및 토석류가 유발할 수 있는 손실을 평가해야 한다.

(2) 신설 구조물은 기후변화를 고려한 설계를 하여 기후변화에 대한 적응이 필요하다.

2.3.2 취약성 분석

(1) 기후변화의 불확실성에 따른 기존 구조물의 취약성을 고려하여 설계기준을 초과하는 기후
영향요소에 대한 적응대책을 수립하여야 한다(그림 2.3.1).

(2) IPCC (2007) 기후변화 취약성 분석을 기반으로 기후노출과 민감도를 고려하면서 공간범위
에 대한 상대평가를 통해 재해취약지점을 도출하여 기후변화에 따른 재해 취약성 분석을 수
행할 수 있다.

(3) IPCC (2007) 기후변화 취약성 분석은 분석 방법에 따라 외부적 요인과 내부적 요인을 포함한
다. 외부적 요인은 기후변화에 대한 민감도를 고려한 기후인자의 특성, 규모 및 속도와 같은
기후노출 정도를 말한다. 내부적 요인은 기후변화에 대한 적응능력을 의미한다.

(4) 기후변화에 따른 비탈면의 취약성 평가는 비탈면의 높이, 경사도, 붕괴이력 등과 같은 붕괴
위험성과 주변 환경 및 공공시설과의 거리와 같은 사회적 영향을 고려하여 수행해야 하며,
이에 따라 기후변화 취약시설을 선정할 수 있다.

(5) 또한 기후노출, 민감도 분석 및 적응능력 평가를 수행해야 하며, 기후노출은 집중호우를 반
영하고, 민감도 분석을 통해 산사태 발생률을 산정하며, 적응능력 평가는 구조물의 기후변화
에 대한 사회·경제적인 적응능력을 반영하여 평가한다.

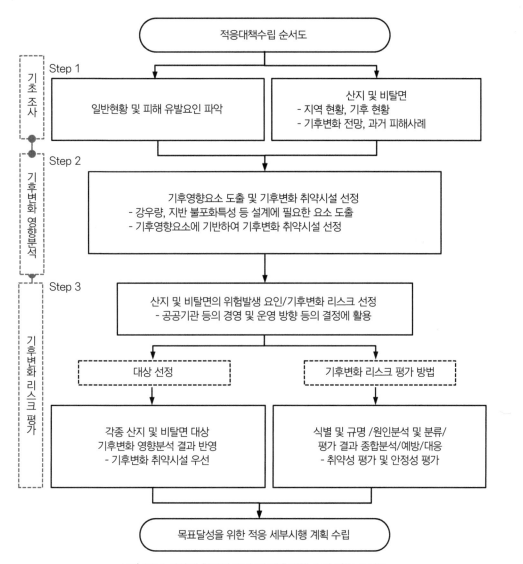

그림 2.3.1 산사태 취약성 평가 및 적응대책 수립 방법 순서도

2.3.3 안정성 평가

(1) 비탈면의 안정성 평가는 예상되는 파괴면에 가해지는 실제 작용하중과 저항력을 계산하여 이들 값의 비율인 안전율을 계산하고 기준안전율과 비교하여 비탈면의 안정성을 평가한다.

(2) 최소 안전율은 3.1.2의 법령 및 설계에 적용된 안전율을 따른다.

(3) 지반의 초기간극수압과 지하수위 분포는 선행강우에 지배받고, 침투는 초기간극수압에 영향을 받으며, 비탈면 안전율은 강우의 침투 결과에 큰 영향을 받으므로 안정성 평가 시 이를

고려해야 한다.

(4) 침투해석에서 선행 강우의 영향은 현장계측을 통한 지반의 초기 모관흡수력으로 파악할 수 있으며, 현장계측 결과가 없는 경우 실시간 강우자료를 이용한 침투해석을 통해 초기 모관흡수력 분포를 산정할 수 있다.

(5) 기후변화를 적용한 비탈면 취약성 평가 및 설계는 다음과 같은 순서로 수행한다.

① 비탈면 설계 지역의 지반조사를 통해 기본물성 및 불포화 특성을 산정한다. 지반조사 결과에는 지층분포, 입도분포, 함수비, 밀도, 지반강도정수 등이 있으며, 불포화 특성에는 현장 모관흡수력, 함수특성곡선(SWCC), 지하수위, 불포화 투수계수가 있다.

② 극한강우조건에 기후변화 시나리오를 적용하여 입력강우량과 지속시간을 결정한다. 기후변화 시나리오는 대표적으로 RCP 4.5, 8.5를 적용할 수 있다. 산정된 기후변화 시나리오에 따른 확률강우로부터 구조물의 내구연한을 고려하여 재현빈도를 결정하고 해당되는 강우지속시간 및 강우강도를 안정성 평가에 사용한다.

③ 초기 모관흡수력 및 선행강우 효과를 고려하기 위해 현장 모관흡수력 계측을 수행한다. 현장계측자료가 없는 경우, 1차원 침투모델(총 3단계)을 이용하여 습윤대 깊이를 결정하고, 1차원 침투모델과 2차원 침투해석을 이용하여 간극수압분포를 결정한다.

④ 1차원 침투모델과 비탈면 침투해석을 통해 산정된 간극수압분포를 비탈면 안정해석의 초 깃값으로 설정한 후, 안정해석을 수행한다(그림 2.3.1).

(6) 산사태의 안정성 평가는 실제 작용하중과 저항력을 계산하여 이들 값의 비율인 안전율을 계산하여 평가하고, 이때 강우침투에 의한 모관흡수력 변화와 지하수위 변화를 고려해야 한다. 지하수위분석과 안정성 평가는 유역단위 이상의 광역적 범위에서 수행되어야 하며, 상세한 절차는 그림 2.3.1의 방법을 준용하여 수행할 수 있다.

(7) 산사태 발생이후 유하부로 흘러내리는 토석류의 평가는 유하부에 도달하는 토석류의 체적과 도달속도로 평가할 수 있으며 정확한 피해 영향을 확인하기 위해서는 토석류 흐름에 의해 발생하는 지반의 침식과 연행작용을 고려해야 한다(그림 2.3.2).

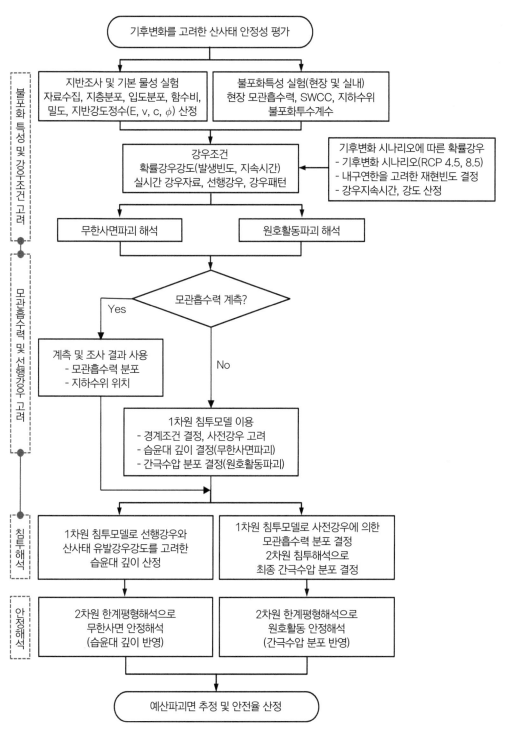

그림 2.3.2 산사태 안정성 평가 방법 순서도

2.4 적응대책

2.4.1 일반사항

(1) 가치평가를 수행하여 투자 우선순위와 대책수립 시기를 결정하고 적절한 규모의 대비 시설을 구축하여야 한다.

(2) 가치평가는 대책시설물 건설로 인해 미래에 발생하는 피해 저감 편익과 대책시설물의 수명 변화로 인한 유지관리 비용 변화를 고려하여 수행하여야 한다.

(3) 가치평가에 관한 사항은 Part III. 가치평가를 통한 적응지침 예제 − 제3장 비탈면을 참고하여 수행하여야 한다.

2.4.2 구조적 대책

기후변화 적응을 위해 다음과 같은 공법을 적용할 수 있다.

(1) 앵커

① 앵커는 비탈면 표면에서 경사지게 천공하고 앵커체를 삽입한 후 그라우트를 주입하여 양생시킨 다음 비탈면 표면에 반력부재를 설치하고 긴장력을 가하는 공법으로 앵커로 보강된 비탈면은 설계수명기간 동안 비탈면의 변형, 앵커 구성요소 등의 파손이 발생하지 않도록 하여야 한다.

② 앵커의 간격과 길이는 앵커로 고정되는 비탈면의 전체적인 안정성을 고려하여 결정하며, 적절하게 분산 배치하여 지반에 고른 저항력이 발휘되도록 하여야 한다. 앵커를 설치하는 지반 내에 구조물, 말뚝, 또는 지중시설이 있는 경우에는 이들 시설물의 위치를 고려하여 앵커를 배치하여야 하며 앵커설치로 인한 영향을 고려하여야 한다.

(2) 네일

① 비탈면의 안정성을 증가시키기 위해 적용하는 네일의 형태는 지반을 천공하고 금속재료 등의 보강재를 삽입한 후 시멘트 그라우트를 넣어 형성하며, 네일을 보강한 후 비탈면 표면

에는 콘크리트 뿜어 붙이기 전면벽체, 녹화 등의 표면을 보호하는 공법과 조합하여 실시할 수 있다.

② 네일의 간격과 길이는 네일로 보강되는 비탈면의 전체적인 안정성을 고려하여 결정하며, 적절하게 분산 배치하여 지반에 고른 저항력이 발휘되도록 하여야 한다.

(3) 록볼트

① 비탈면 보강을 위한 록볼트는 소규모의 암괴 또는 쐐기구간을 보강하기 위해 적용하며 암괴의 초기변형을 억제하고 암반을 보다 일체화시킬 수 있다.

② 록볼트로 보강된 암반비탈면의 장기적인 파괴에 대한 안정성이 확보되어야 하며 설계수명기간 동안 비탈면의 파괴, 변형, 록볼트 구성요소의 파손이 발생하지 않아야 한다.

(4) 억지말뚝

① 억지말뚝은 대규모의 활동력을 일렬로 설치한 말뚝의 수평저항력으로 저항하는 공법으로 파괴구간 내부에 일정한 간격으로 무리말뚝의 형태로 설치된다.

② 억지말뚝은 설계수명기간 동안 보강된 비탈면의 파괴, 변형 및 억지말뚝 구성요소의 파손이 발생하지 않아야 한다.

(5) 사방댐

① 토석류로 인한 시설물의 피해를 방지 또는 저감시키기 위한 시설물로 토석류가 발생하여 피해가 예상되는 시설물의 인근에 대해서 수립하며, 토석류 가능성과 시설물의 피해 가능성을 고려하여 합리적이고 효과적인 대책이 되도록 한다.

② 대책시설 계획 수립 시 대상지역의 지형, 지질, 수리 및 수문특성에 대한 조사를 토대로 토석류 발생특성, 대책시설의 적용 용이성, 효과 그리고 향후 유지관리의 용이성, 친환경성 등을 종합적으로 고려해야 한다.

2.4.3 비구조적 대책

(1) 상시계측관리

비탈면 붕괴, 산사태 및 토석류발생 위험지역의 침하·활동·전도(顚倒) 및 붕괴 등으로 위치변화를 사전에 감지하기 위하여 지속적인 계측 및 자료 관리가 필요하다고 판단되는 경우에는 급경사지 계측표준시방서에 따라 계측기기를 설치하고 자료를 관리하여야 한다. 상시계측관리는 해당 붕괴위험지역 지정이 해제될 때까지 보존·관리하여야 한다.

(2) 위험표지의 설치

비탈면 붕괴, 산사태 및 토석류 발생 위험지역에는 위험을 알리는 표지를 설치하여야 한다.

(3) 산사태 위험지역에 대한 DB구축

위험지역의 정보에 대한 DB를 구축하여 현황사진, 과거 피해 정도, 위험지역 관리 담당자 정보 등을 입력하여 체계적인 관리를 수행하여야 한다.

콘크리트 · 강교량

김승억 (세종대)
박선규 (성균관대)
김장호 (연세대)

03 콘크리트·강교량

3.1 일반사항

3.1.1 적용범위

　도로교량, 철도교량, 보도교량 및 항만구조물 등 사회기반시설의 설계에 적용한다.

3.1.2 참고기준

3.1.2.1 관련 법규

(1) 건축물의 구조기준 등에 관한 규칙

　　① 제3장 제5절 콘크리트구조

　　② 제48조 콘크리트의 배합

(2) 시설물 안전관리에 관한 특별법

3.1.2.2 관련 기준

(1) KS F 2584 콘크리트의 촉진 탄산화 시험 방법

(2) NT Build 492 비정상 상태에서의 염화물 확산계수 측정 방법

(3) KS F 2456 급속 동결 융해에 대한 콘크리트의 저항 시험 방법

(4) KDS 24 10 11 교량설계 일반사항(한계상태설계법)

(5) 건설공사 교량설계기준, 2016

(6) 도로교 설계기준, 2016

(7) 강구조 설계기준(하중저항계수설계법), 2016

(8) 안전점검 및 정밀안전진단 세부지침, 2010

(9) 콘크리트표준시방서, 2016

(10) 콘크리트구조설계기준, 2007

(11) KDS 14 20 40 콘크리트구조 내구성 설계기준, 2016

(12) KDS 24 14 21 콘크리트교 설계기준(한계상태설계법), 2016

(13) 철도설계기준－노반편, 2016

(14) 콘크리트구조기준, 2012

3.1.3 용어

(1) 콘크리트 교량 : 무근콘크리트, 철근콘크리트와 프리스트레스트 콘크리트 구조로 설계된 교량

(2) 강교량 : 압연강재, 탄소 강관 등 구조용 강재를 사용하여, 강구조로 설계된 교량

(3) 설계하중(design load) : 한계상태설계법의 하중조합에 따라 결정되는 적용하중

(4) 하중계수(load factor) : 하중효과에 곱하는 통계에 기반을 둔 계수이며, 일차적으로 하중의 가변성, 해석 정확도의 결여 및 서로 다른 하중의 동시 작용 확률을 고려하며, 계수 보정과정을 통하여 저항의 통계와도 연관되어 있다.

(5) 계수하중(factored load) : 하중 특성 값에 하중계수를 곱하여 구한 하중 크기

(6) 하중수정계수(load modifying factor) : 교량의 연성, 여용성 및 중요도를 고려한 계수

(7) 지속하중조합(sustained loads, or permanent combination) : 설계수명 동안 항상 작용하는 하중들의 합

(8) 직접하중 : 하중의 일종으로서, 구조물에 직접적으로 작용하는 힘 또는 힘의 집단

(9) 하중영향(influence of load) : 구조 부재에 나타나는 힘 또는 변형 하중의 영향으로, 내(부)력, 휨모멘트, 응력, 변형률이거나 또는 구조물 전체의 처짐 및 변형

(10) 하중조합(combination of actions) : 서로 다른 하중이 동시에 작용하고 있을 때, 한계상태의 구조적 신뢰성을 검증하는 데 적용하는 하중의 조합

(11) 극단상황한계상태(Extreme Event Limit State) : 교량의 설계수명을 초과하는 재현주기를 갖

는 지진, 유빙하중, 차량과 선박의 충돌 등과 같은 사건과 관련한 한계상태

(12) 극한한계상태(Ultimate(Strength) Limit State) : 설계수명 동안 강도, 안정성 등 붕괴 또는 이 와 유사한 형태의 구조적인 파괴에 대한 한계상태

(13) 긴장재 : 단독 또는 몇 개의 다발로 사용되는 프리스트레싱 강재(강선, 강봉, 강연선)

(14) 사용수명 : 교량이 사용될 것으로 기대되는 기간

(15) 사용한계상태(Serviceability Limit State) : 균열, 처짐, 피로 등의 사용성에 관한 한계상태로서, 일반적으로 구조물 또는 부재의 특정한 사용 성능에 해당하는 상태

(16) 설계수명 : 통행 하중의 통계적 산출 근거 기간으로 이 설계기준의 경우 100년

(17) 재료계수(재료저항계수) : 재료 설계값을 구하기 위하여 재료 기준값에 곱하는 부분안전계수

(18) 재료 공칭값(nominal value of material) : 보통 재료 기준값으로 사용하는 값으로, 한국산업규격 또는 제품제작회사에서 기준으로 설정한 값

(19) 재료 설계값(design value of material) : 재료 기준값에 재료계수를 곱하여 구한 값, 또는 특수한 조건에서 직접정한 값

(20) 재료 기준값(characteristic value of material) : 재료의 특정 성질(강도)에 대해 실험으로 구한 많은 자료의 통계적 분포 곡선으로부터 결정한 재료 특성값. 어떤 경우에서는 공칭값(강도)을 기준값(강도)으로 사용

(21) 콘크리트 유효 압축강도 : 콘크리트가 충분히 양생된 상태가 아닌 경우이거나, 또는 1축 - 응력 상태가 아닌 다축 - 응력을 받는 상태일 때의 콘크리트 압축강도

(22) 트러스모델 : 2축 - 응력이 작용하는 철근콘크리트 면요소에서 균열이 발생한 이후의 하중 저항 메커니즘을 단순화한 이론으로, 사인장 균열로 구획된 콘크리트 경사 압축재와 수평 및 수직 철근으로 트러스를 형성하여 하중에 저항한다고 하는 모델이다.

(23) 브레이싱(bracing) : 사각의 구면에 대각선으로 넣은 사재, 구면이 나란히꼴로 변형하는 것을 막고, 지진력과 풍압력 등에 저항하는 부재

(24) 표피철근(skin reinforcement) : 주철근이 단면의 일부에 집중 배치된 경우일 때 부재의 측면에 발생 가능한 균열을 제어하기 위한 목적으로 주철근 위치에서부터 중립축까지의 표면 근처에 배치하는 철근

(25) 프리스트레스 : 프리스트레싱은 강재를 긴장하여 콘크리트에 힘을 미리 가하는 것을 의미한다. 프리스트레스는 이 프리스트레싱에 의한 효과로 단면에 발생하는 내(부)력과 변형을 일컫는다.

(26) 프리캐스트 구조물 : 프리캐스트 구조물은 최종 위치에서가 아닌 다른 장소 또는 공장에서 제작되는 구조 부재로 구성된다. 조립된 구조물에서는 구조적인 일체성을 확보하도록 각 부재들을 연결한다.

(27) 피로와 파단한계상태(Fatigue and Fracture Limit State) : 반복적인 차량하중에 의한 피로파괴 및 파단에 관한 한계상태

(28) 한계상태(Limit State) : 교량 또는 구성요소가 사용성, 안전성, 내구성의 설계규정을 만족하는 최소한의 상태로서, 이 상태를 벗어나면 관련 성능을 만족하지 못하는 한계

(29) 내구성 : 콘크리트가 설계 조건에서 시간경과에 따른 내구적 성능 저하로부터 요구되는 성능의 수준을 지속시킬 수 있는 성질

(30) 내구성 평가 : 구조물의 목표내구수명 기간 동안에 내구성능을 확보하는가를 판단하기 위하여 수행하는 평가

(31) 탄산화 : 이산화탄소에 의하여 시멘트 경화체 내의 수산화칼슘이 탄산칼슘으로 변화되어 콘크리트의 알칼리성이 저하되는 현상

(32) 목표내구수명 : 해당 콘크리트 · 강구조물의 중요도, 규모, 종류, 사용기간, 유지관리 수준 및 경제성 등을 고려하여 설정된 구조물이 내구성능을 유지해야 하는 기간

3.2 기후변화 영향

3.2.1 일반사항

(1) 콘크리트 · 강교량은 목표하는 수명 동안 사용 중 발생 가능한 모든 하중과 환경에 견딜 수 있는 구조적 저항 성능을 가져야 하며, 사용 용도에 부합하는 적합한 재료의 선정, 적절한 설계 및 상세, 엄격한 시공 관리를 통해 사용성과 내구성을 만족하도록 설계하여야 한다.

(2) 콘크리트·강교량의 설계는 의도하는 용도에 적합한 조합 하중에 근거하여야 하며, 재료 및 구조물 치수에 대한 적절한 설계값을 선택한 후 합리적인 거동 이론을 적용하여 구한 구조 성능이 요구되는 한계 기준을 만족한다는 것을 검증하여야 한다.

(3) 콘크리트·강교량은 유지관리단계에서 강풍, 해수의 유입, 장마, 혹서, 혹한 등의 다양하고 장기적인 기후변화가 발생하더라도 구조물의 안정성이 현저히 저하되거나 그 기능이 마비되지 않도록 설계하여야 한다.

(4) 교량설계 시 기후변화의 영향으로 인하여 하중이 증가된다. 증가되는 하중은 유수압, 파압, 풍하중, 온도, 설하중 등이 있다.

(5) 피로한계상태는 규칙적으로 반복되는 하중이 작용하는 부재를 구성하고 있는 철근과 콘크리트에 대해서 각각 수행하여야 한다.

3.2.2 하중

(1) 교량의 설계는 도로교 설계기준에 따라 고정하중, 활하중, 충격하중, 토압, 정수압, 유수압, 부력, 파압, 풍하중, 온도, 지진, 설하중, 빙하중, 원심하중, 제동하중, 가설 시 하중, 충돌하중 등을 고려하여야 한다.

(2) 콘크리트·강교량의 설계에서는 일반적인 하중을 포함하여 기후변화 하중 또한 고려하여야 한다.

(3) 콘크리트 구조물의 설계에서 기후변화 하중은 온도, 습도, 풍속, 일조시간 등과 같은 장기적인 기후변화 요인과 이로 인하여 발생하는 탄산화에 의한 부식, 염화물에 의한 부식, 동결융해에 의한 손상, 해수에 의한 부식, 기타 화학적 침식 등의 콘크리트 교량 내구성을 고려하여야 한다.

(4) 콘크리트 구조물에 장기적인 기후변화 요인과 탄산화 또는 염화물의 침투 및 동결융해 등의 외부적 손상 요인이 발생할 시, 콘크리트의 재료적 손상과 철근의 부식을 야기할 수 있으므로 콘크리트의 밀도와 품질, 피복두께 등을 고려하여 콘크리트 교량의 안정성을 평가하여야 한다.

① 콘크리트 구조물이 복합 성능 저하가 지배적인 특수한 환경에 시공되는 경우, 각각의 성능 저하 인자에 대하여 내구성 평가를 수행하여 가장 지배적인 성능 저하 인자에 대한 내구성

평가 결과를 적용하여야 한다.

② 기후변화 요인에 따른 콘크리트 내구성 평가 시 기존 3.1.2.2에 나와 있는 콘크리트 표준시방서의 내구성 평가 부분을 따른다.

③ 콘크리트 교량의 기후변화 요인에 따른 평가 방법은 3.1.2에 나와 있는 KS F 2584 콘크리트의 촉진 탄산화 시험 방법, NT Build 492 Chloride Migration Coefficient from Non-steady-state Migration Experiments, KS F 2456 급속 동결 융해에 대한 콘크리트의 저항 시험 방법을 따른다.

(5) 기후변화의 영향을 고려해야 하는 하중은 유수압, 파압, 풍하중, 온도, 설하중 등이 있다.

(6) 유수압은 기후변화를 고려한 설계홍수 시의 설계유속(m/s)을 사용하여 설계를 수행한다.

(7) 파압은 상당한 파력이 발생하는 지역에서 파랑에 노출된 교량 구조물에 대해서는 기후변화에 의한 영향을 고려하여야 한다.

(8) 풍하중에서 풍속은 기본 풍속을 사용하는데 이는 재현기간 100년에 해당하는 개활지에서의 지상 10m의 10분 평균 풍속이며 기후변화를 고려한 지역별 기본 풍속을 이용하여 설계를 수행한다.

(9) 온도는 기후변화를 고려한 설계 시 기준으로 택했던 온도와 온도의 최저 혹은 최고 온도와의 차이값을 사용하여 설계를 수행한다.

(10) 설하중 및 빙하중은 고려할 필요가 있는 지방에서는 기후변화를 고려하여 가설지점의 실제 상황에 따라 하중을 산정하여 설계를 수행한다.

3.2.3 적용방법

(1) 도로교 설계기준(한계상태설계법)에 따라 하중계수를 고려한 총 설계하중은 다음과 같이 결정된다.

$$Q = \sum \eta_i \gamma_i q_i \qquad \text{식 (3.2.1)}$$

여기서, η_i = 하중수정계수

γ_i = 하중 또는 하중효과

q_i＝하중계수

교량의 부재들과 연결부들은 각 한계상태에서 규정된 극한하중효과의 조합들에 대하여 식
(3.2.1)에 의해 검토하여야 한다.

(2) 하중조합들에 적용되는 하중계수는 표 3.2.2와 같으며, 설계 시 적절한 모든 하중조합들에 대
한 검토가 이루어져야 한다.

(3) 기후변화에 의해 증가된 하중을 고려해야 하는 하중은 WA(수압), WP(파랑하중), WS(구조
물에 작용하는 풍하중), WL(활하중에 작용하는 풍하중), TU, TG(온도변화의 영향), IC(설하
중 및 빙하중)이다.

(4) 설계에 사용하는 재료의 성질에 관한 기준값은 적절한 시험 방법에 의해 획득한 실제 실험자
료의 통계적 분포에서 특정한 분위수에 해당하는 값으로 정해야 한다. 이 설계기준에서 따로
정의하지 않는 경우에는 재료의 성질을 나타내는 값은 표준값을 사용한다.

(5) 재료의 공칭값을 기준값으로 사용할 수 있다. 이 공칭값은 한국산업규격에서 정해진 값 또는
이와 동등한 자격을 갖춘 시험 기관이나 제조 회사에서 제공하는 자료로 정할 수 있다.

(6) 콘크리트 재료의 설계값은 재료 기준값에 재료계수를 곱하여 결정한 값이다.

① 재료계수는 설계상황을 반영하는 각 하중조합에 대해 표 3.2.1에서 주어진 값을 적용하여
야 한다.

② 충분한 품질관리에 의해 보증할 수 있다면, 표 3.2.1에서 주어진 재료계수를 증가시킬 수 있다.

(7) 설계에 사용하는 재료의 기후변화에 따른 성질은 주어진 실험 결과를 바탕으로 만족도 곡선
을 적용하여 콘크리트 배합 및 강도설정 등을 하여야 한다.

표 3.2.1 재료계수

하중조합	콘크리트 ϕ_c	철근 또는 프리스트레싱 강재 ϕ_s
극한하중조합-I, -II, -III, -IV, -V	0.65	0.90
극단상황하중조합-I, -II	1.0	1
사용하중조합-I, -III, -IV, -V	1.0	1
피로하중조합	1.0	1

(8) 하중영향과 저항성능을 산정하는 데 사용하는 구조물 치수에 관련한 설계값은 공칭값으로 나타낼 수 있으며, 하중조합의 설명에 대한 내용을 (14)에 정리하였다.

(9) 구조물의 치수에 관련된 오차가 해당 구조물의 신뢰성에 현저한 영향을 미칠 경우에 치수의 설계값은 공칭값에 변동 편차를 고려하여 결정하여야 한다.

(10) 기후변화 하중에 따른 저항성능 및 구조물의 안정성을 평가하여야 하므로 피복두께, 콘크리트 품질 등을 바탕으로 만족도 곡선을 통한 구조물 치수에 관련된 성능중심 설계를 하여야 한다.

(11) 구조물 또는 부재의 설계 강도는 충분히 정확한 역학적 거동 모델에 재료의 설계 강도, 구조물의 공칭치수를 적용하여 산정하여야 한다.

(12) 특수한 상황에서 구조물의 설계 강도를 실험에 의하여 결정할 수 있다.

(13) 콘크리트 구조물의 목표내구수명은 구조물을 특별한 유지관리 없이 일상적으로 유지관리할 때 내구적 한계상태에 도달하기까지의 기간으로 정하여야 한다.

(14) 하중조합

• 극한한계상태 하중조합 I : 일반적인 차량통행을 고려한 기본하중조합. 이때 풍하중은 고려하지 않는다.

• 극한한계상태 하중조합 II : 발주자가 규정하는 특수차량이나 통행허가차량을 고려한 하중조합. 풍하중은 고려하지 않는다.

• 극한한계상태 하중조합 III : 거더 높이에서의 풍속 25 m/s를 초과하는 설계 풍하중을 고려하는 하중조합

• 극한한계상태 하중조합 IV : 활하중에 비하여 고정하중이 매우 큰 경우에 적용하는 하중조합

• 극한한계상태 하중조합 V : 차량 통행이 가능한 최대 풍속과 일상적인 차량통행에 의한 하중효과를 고려한 하중조합

• 극단상황한계상태 하중조합 I : 지진하중을 고려하는 하중조합

• 극단상황한계상태 하중조합 II : 빙하중, 선박 또는 차량의 충돌하중 및 감소된 활하중을 포함한 수리학적 사건에 관계된 하중조합. 이때 차량충돌하중 CT의 일부분인 활하중은 제외된다.

- 사용한계상태 하중조합 I : 교량의 정상 운용 상태에서 발생 가능한 모든 하중의 표준값과 25 m/s 의 풍하중을 조합한 하중상태이며, 교량의 설계수명 동안 발생 확률이 매우 적은하중조합이다. 이 하중조합은 철근콘크리트의 사용성 검증에 사용할 수 있다. 또한 옹벽과 사면의 안정성 검증, 매설된 금속 구조물, 터널라이닝판과 열가소성 파이프에서의 변형제어에도 적용한다.

- 사용한계상태 하중조합 II : 차량하중에 의한 강구조물의 항복과 마찰이음부의 미끄러짐에 대한 하중조합

- 사용한계상태 하중조합 III : 교량의 정상 운용 상태에서 설계수명 동안 종종 발생 가능한 하중조합이다. 이 조합은 부착된 프리스트레스 강재가 배치된 상부구조의 균열폭과 인장응력 크기를 검증하는 데 사용한다.

- 사용한계상태 하중조합 IV : 설계수명 동안 종종 발생 가능한 하중조합으로 교량 특성상 하부구조는 연직하중보다 수평하중에 노출될 때 더 위험하기 때문에 연직 활하중 대신에 수평 풍하중을 고려한 하중조합이다. 따라서 이 조합은 부착된 프리스트레스 강재가 배치된 하부구조의 사용성 검증에 사용해야 한다. 물론 하부구조는 사용하중조합 III에서의 사용성 요구조건도 동시에 만족하도록 설계하여야 한다.

- 사용한계상태 하중조합 V : 설계수명 동안 작용하는 고정하중과 수명의 약 50% 기간 동안 지속하여 작용하는 하중을 고려한 하중조합이다.

- 피로한계상태 하중조합 : 3.6.2에 규정되어 있는 피로설계트럭하중을 이용하여 반복적인 차량하중과 동적응답에 의한 피로파괴를 검토하기 위한 하중조합

- 극한한계상태 하중조합 I : 일반적인 차량통행을 고려한 기본하중조합. 이때 풍하중은 고려하지 않는다.

- 극한한계상태 하중조합 II : 발주자가 규정하는 특수차량이나 통행허가차량을 고려한 하중조합. 풍하중은 고려하지 않는다.

- 극한한계상태 하중조합 III : 거더 높이에서의 풍속 25 m/s를 초과하는 설계 풍하중을 고려하는 하중조합

- 극한한계상태 하중조합 IV : 활하중에 비하여 고정하중이 매우 큰 경우에 적용하는 하중조합

- 극한한계상태 하중조합 V : 차량 통행이 가능한 최대 풍속과 일상적인 차량통행에 의한 하중

효과를 고려한 하중조합

- 극단상황한계상태 하중조합 I : 지진하중을 고려하는 하중조합
- 극단상황한계상태 하중조합 II : 빙하중, 선박 또는 차량의 충돌하중 및 감소된 활하중을 포함한 수리학적 사건에 관계된 하중조합. 이때 차량충돌하중 CT의 일부분인 활하중은 제외된다.
- 사용한계상태 하중조합 I : 교량의 정상 운용 상태에서 발생 가능한 모든 하중의 표준값과 25m/s의 풍하중을 조합한 하중상태이며, 교량의 설계수명 동안 발생 확률이 매우 적은 하중조합이다. 이 하중조합은 철근콘크리트의 사용성 검증에 사용할 수 있다. 또한 옹벽과 사면의 안정성 검증, 매설된 금속 구조물, 터널라이닝판과 열가소성 파이프에서의 변형제어에도 적용한다.
- 사용한계상태 하중조합 II : 차량하중에 의한 강구조물의 항복과 마찰이음부의 미끄러짐에 대한 하중조합
- 사용한계상태 하중조합 III : 교량의 정상 운용 상태에서 설계수명 동안 종종 발생 가능한 하중조합이다. 이 조합은 부착된 프리스트레스 강재가 배치된 상부구조의 균열폭과 인장응력 크기를 검증하는 데 사용한다.
- 사용한계상태 하중조합 IV : 설계수명 동안 종종 발생 가능한 하중조합으로 교량 특성상 하부구조는 연직하중보다 수평하중에 노출될 때 더 위험하기 때문에 연직 활하중 대신에 수평 풍하중을 고려한 하중조합이다. 따라서 이 조합은 부착된 프리스트레스 강재가 배치된 하부구조의 사용성 검증에 사용해야 한다. 물론 하부구조는 사용하중조합 III에서의 사용성 요구조건도 동시에 만족하도록 설계하여야 한다.
- 사용한계상태 하중조합 V : 설계수명 동안 작용하는 고정하중과 수명의 약 50% 기간 동안 지속하여 작용하는 하중을 고려한 하중조합이다.
- 피로한계상태 하중조합 : 3.6.2에 규정되어 있는 피로설계트럭하중을 이용하여 반복적인 차량하중과 동적응답에 의한 피로파괴를 검토하기 위한 하중조합

표 3.2.2 하중조합과 하중계수

하중 / 한계상태 하중조합	DC DD DW EH EV ES EL PS CR SH	LL IM BR PL LS CF	WA BP WP	WS	WL	FR	TU	TG	GD SD	이 하중들은 한 번에 한 가지만 고려 EQ	IC	CT	CV
극한 I	γ_P	1.80	1.00	-	-	1.00	0.50/1.20	γ_{TG}	γ_{SD}	-	-	-	-
극한 II	γ_P	1.40	1.00	-	-	1.00	0.50/1.20	γ_{TG}	γ_{SD}	-	-	-	-
극한 III	γ_P	-	1.00	1.40	-	1.00	0.50/1.20	γ_{TG}	γ_{SD}	-	-	-	-
극한 IV-EH, EV, ES, DW, DC만 고려	γ_P	-	1.00	-	-	1.00	0.50/1.20	-	-	-	-	-	-
극한 V	γ_P	1.40	1.00	0.40	1.0	1.00	0.50/1.20	γ_{TG}	γ_{SD}	-	-	-	-
극단상황 I	γ_P	γ_{EQ}	1.00	-	-	1.00	-	-	-	1.00	-	-	-
극단상황 II	γ_P	0.50	1.00	-	-	1.00	-	-	-	-	1.00	1.00	1.00
사용 I	1.00	1.00	1.00	0.30	1.0	1.00	1.00/1.20	γ_{TG}	γ_{SD}	-	-	-	-
사용 II	1.00	1.30	1.00	-	-	1.00	1.00/1.20	-	-	-	-	-	-
사용 III	1.00	0.80	1.00	-	-	1.00	1.00/1.20	γ_{TG}	γ_{SD}	-	-	-	-
사용 IV	1.00	-	1.00	0.70	-	1.00	1.00/1.20	-	1.0	-	-	-	-
사용 V	1.00	-	-	-	-	-	0.50	-	-	-	-	-	-
피로-LL, IM& CF만 고려	-	0.75	-	-	-	-	-	-	-	-	-	-	-

여기서, DC : 포장 자중을 제외한 고정하중
EL : 시공 중 발생하는 구속응력
WA : 수압
WS : 구조물에 작용하는 풍하중
FR : 마찰력
SD : 지점 이동의 영향
CV : 충돌하중

DW : 포장 자중
LL : 활하중
WP : 파랑하중
WL : 활하중에 작용하는 풍하중
TU, TG : 온도변화의 영향
EQ : 지진의 영향
IC : 설하중 및 빙하중

출처 : 도로교 설계기준 2016

3.3 취약성 평가

3.3.1 일반사항

(1) 기존 구조물은 취약성 평가를 통해 기후변화로 인하여 발생할 수 있는 콘크리트·강교량의 균열, 붕괴 등의 각종 손상이 유발할 수 있는 손실을 평가해야 한다. 또한 기후변화로 인하여 발생할 수 있는 시설물 기능 및 성능 저하, 상태 등을 조사·평가하고, 그에 대한 적정한 안전 조치를 취하여야 한다.

(2) 신설 교량은 기후변화를 고려한 설계를 진행하여 기후변화에 대한 적응이 필요하다.

3.3.2 취약성 분석

3.3.2.1 취약성 평가

(1) 기후변화에 따른 하중증가를 고려하여 강도 및 변위를 검토하여야 한다.

(2) 기후변화 요소로 인하여 발생할 수 있는 콘크리트·강 부재의 성능변화를 반영하여야 한다.

(3) 기후변화에 따른 콘크리트·강교량의 내구성능은 고려되어야 한다. 특히 탄산화, 염해, 동결 융해에 대한 부식 및 손상은 구조물의 성능을 현저히 저하시킬 수 있으므로 취약성 평가 시 중요 요인으로 반영하여야 한다.

(4) 콘크리트 구조설계 시 콘크리트의 피복 두께는 3.1.2의 콘크리트 구조 설계에 적용된 철근 상세 방법을 따른다.

3.3.2.2 환경 조건에 따른 취약분류

(1) 환경 조건에 따른 콘크리트 교량의 취약분류는 다음과 같이 분류한다.

(2) E0 : 부식 또는 침투 위험 없음

(3) EC : 탄산화에 의한 부식

(4) ED : 염화물에 의한 부식

(5) EF : 동결융해에 의한 손상

(6) ES : 해수에 의한 부식

(7) EA : 기타 화학적 침식

(8) 각 환경에 따른 취약분류별로 숫자를 부여하여 등급을 부여한다. 이를 표 3.3.1에 나타내었다.

표 3.3.1 환경조건에 따른 취약분류

노출등급	환경조건	환경조건에 따른 취약사례
E0 : 부식 또는 침투 위험 없음		
E0	철근이나 매입금속이 없는 콘크리트 동결/융해, 마모나 화학적 침투가 있는 곳을 제외한 모든 노출 철근이나 매입금속이 있는 콘크리트 매우 건조	공기 중 습도가 매우 낮은 건물 내부의 콘크리트
EC : 탄산화에 의한 부식		
EC1	건조 또는 영구적으로 습윤한 상태	• 공기 중 습도가 낮은 건물의 내부 콘크리트 • 영구적 수중 콘크리트
EC2	습윤, 드물게 건조한 상태	• 장기간 물과 접촉한 콘크리트 표면 • 대다수의 기초
EC3	보통의 습도인 상태	• 공기 중 습도가 보통이거나 높은 건물의 내부 콘크리트 • 비를 맞지 않는 외부 콘크리트
EC4	주기적인 습윤과 건조 상태	EC2 노출등급에 포함되지 않는 물과 접촉한 콘크리트 표면
ED : 염화물에 의한 부식		
ED1	보통의 습도	공기 중의 염화물에 노출된 콘크리트 표면
ED2	습윤, 드물게 건조한 상태	염화물을 함유한 물에 노출된 콘크리트 부재
ED3	주기적인 습윤과 건조 상태	염화물을 함유한 물보라에 노출된 교량 부위 포장
EF : 동결융해에 의한 손상		
EF1	제빙화학제가 없는 부분포화상태	비와 동결에 노출된 수직 콘크리트 표면
EF2	제빙화학제가 있는 부분포화상태	• 동결과 공기 중 제빙화학제에 노출된 도로 구조 • 물의 수직 콘크리트 표면
EF3	제빙화학제가 없는 완전포화상태	비와 동결에 노출된 수평 콘크리트 표면
EF4	제빙화학제나 해수에 접한 완전포화상태	• 제빙화학제에 노출된 도로와 교량 바닥판 • 제빙화학제를 함유한 비말대와 동결에 직접 노출된 콘크리트 표면 • 동결에 노출된 해양 구조물의 물보라 지역
ES : 해수에 의한 부식		
ES1	해수의 직접적인 접촉 없이 공기 중의 염분에 노출된 해상대기 중	해안 근처에 있거나 해안가에 있는 구조물
ES2	영구적으로 침수된 해중	해양 구조물의 부위
ES3	간만대 혹은 물보라 지역	해양 구조물의 부위
EA : 기타 화학적 침식		
EA1	조금 유해한 화학환경	
EA2	보통의 유해한 화학환경	천연 토양과 지하수
EA3	매우 유해한 화학환경	

3.3.3 안전성 평가

(1) 교량설계 시 하중은 3.2.2에서 제시한 기후변화를 고려한 하중을 사용해야 한다.

(2) 하중조합은 여러 조건과 구조에 따라 적절하게 선정하여야 하며, 표 3.2.1의 하중조합 및 하중계수를 사용한다.

(3) 강도검토 및 사용성검토는 '도로교 설계기준'을 따른다.

① 극한한계상태에 대한 휨강도

모멘트 및 응력으로 표시되는 설계휨강도는 다음과 같다.

$$M_u \leq M_r = \phi_f M_n \qquad\qquad 식\,(3.3.1)$$

$$F_u \leq F_r = \phi_f F_n \qquad\qquad 식\,(3.3.2)$$

여기서, M_u = 설계휨모멘트 F_u = 설계휨응력

M_r = 설계휨모멘트강도 F_r = 설계휨응력강도

ϕ_f = 휨에 대한 저항계수 F_n = 공칭휨응력강도

M_n = 공칭휨모멘트강도

② 전단저항강도

휨강도를 만족하는 단면에 대해 전단강도에 대한 다음 식 (3.3.4)를 적용하여 검토하여야 한다.

$$V_u \leq V_r = \phi_v V_n \qquad\qquad 식\,(3.3.3)$$

여기서, V_u = 설계전단력

V_r = 설계전단강도

ϕ_v = 전단에 대한 저항계수

V_n = 공칭전단강도

③ 사용성검토

사용한계상태에서는 바닥구조와 바닥틀을 전체 탄성 구조로 해석하고 도로교 설계기준의 제5장 콘크리트교, 제6장 강교의 조항을 만족하도록 설계해야 한다.

바닥판의 과도한 변형과 처짐을 설계 시 고려해야 한다. 충격계수를 고려한 설계트럭하중 작용 시 바닥판의 허용처짐량은 다음과 같다.

L/800 : 보도부가 없는 바닥판

L/1000 : 보도부가 있는 바닥판

L/1200 : 보도부가 매우 중요한 바닥판

여기서, L＝바닥판 지지부재의 중심 간 거리

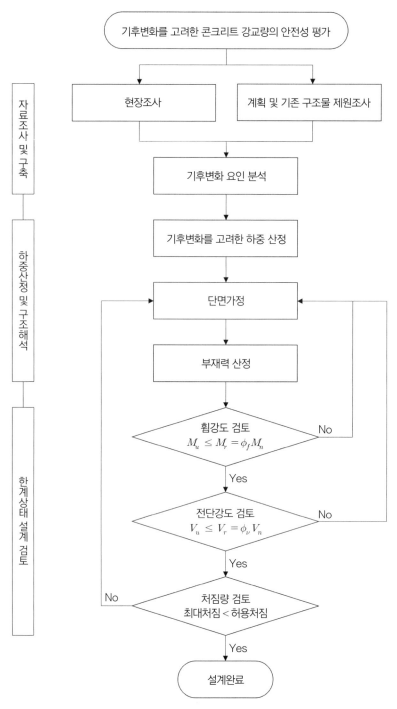

그림 3.3.1 기후변화를 고려한 강교량의 설계 순서도

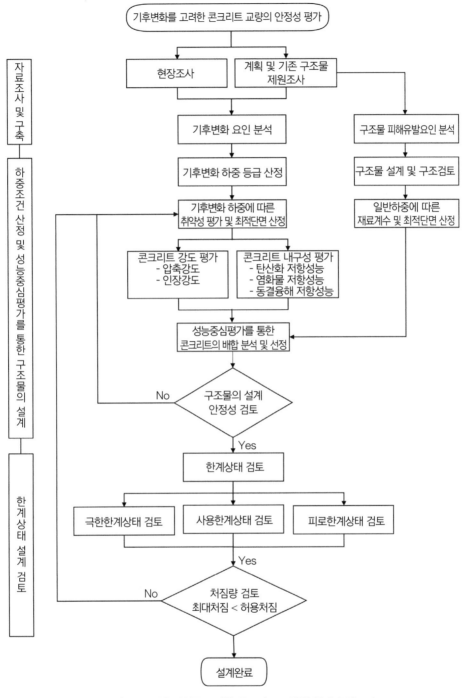

그림 3.3.2 기후변화를 고려한 콘크리트 교량의 설계 순서도

3.4 적응대책

3.4.1 일반사항

(1) 기후변화의 영향으로 취약해진 구조물에 대해 적절한 대책을 수행하여야 한다.

(2) 가치평가를 수행하여 투자 우선순위와 대책수립 시기를 결정하고 적절한 규모의 대비 시설의 구축 및 보수·보강, 적응대책을 마련하여야 한다.

(3) 가치평가는 대책시설물 건설로 인해 미래에 발생하는 피해 저감 편익과 대책시설물의 수명 변화로 인한 유지관리 비용 변화를 고려하여 수행하여야 한다.

(3) 콘크리트·강교량의 장기적인 기후변화 또는 내구성 대책을 고려하였을 때, 콘크리트·강 부재의 성능중심평가를 활용하여 설계에 반영하여야 한다.

3.4.2 구조적 대책

(1) 단면보강

기후변화의 영향으로 하중이 증가하면, 구조단면을 증대시킴으로써 구조물의 안전을 확보할 수 있다.

(2) 구조시스템 보강

바람이나 유수압 등 횡방향의 하중을 지지하고, 하중 분배의 역할을 하는 브레이싱을 설치하여 구조물의 강도를 증가시킬 수 있다.

3.4.3 비구조적 대책

(1) 상시계측관리

① 교량 유지관리 자동화 계측 시스템을 따라 교량의 주요상태에 대해 원격지에서 실시간으로 모니터링을 실시한다.

② 콘크리트교의 경우, 계측장비를 통해 온도 – 습도 양생조건에 따른 압축강도와 인장강도 평가를 실시하고 이러한 실험적 결과를 바탕으로 성능중심평가를 실시한다. 또한 풍속 –

일조시간 양생조건에 따른 압축강도와 할렬인장강도 평가를 실시하고 실험적 결과를 바탕으로 탄산화 평가와 동결융해 저항성능, 염화물 확산계수 평가를 실시한다.

(2) 위험표지의 설치

위험이 우려되는 교량에 대해 위험 정도를 알리는 표지를 설치하여야 한다.

(3) 위험지역 교량에 대한 DB구축

위험이 우려되는 교량에 대한 DB를 구축하여 시설물 현황, 해당 교량 관리 담당자 정보 등을 기입하여 체계적인 관리를 수행하여야 한다.

CHAPTER 04

투수성 보도블록

윤태섭 (연세대)

04 투수성 보도블록

4.1 일반사항

4.1.1 적용범위

본 매뉴얼의 투수성 노반시스템은 보행자의 통행을 위해 설치하는 도로의 일부분에 해당하며 기후변화 시나리오 내의 모든 강우강도에 저항할 수 있는 안정성을 확보하였다. 본 장의 모든 내용은 제시하려는 투수성 노반시스템의 성능과 설치에 관한 것이다.

4.1.2 참고기준

4.1.2.1 관련 기준

(1) 보도공사 설계시공 매뉴얼(서울특별시 도시안전실 보도환경개선과)

(2) 지속가능한 친환경(투수성) 보도포장 기준(안)

(3) 보도 설치 및 관리 지침(국토교통부)

(4) 투수 블록 포장 설계, 시공 및 유지관리 기준(서울특별시 도시안전실 보도환경개선과)

(5) 보도공사 설계시공 매뉴얼(서울특별시 도시안전실 보도환경개선과)

(6) 건설기준코드(KDS 34 60 10)

(7) KS F 4419 (보차도용 콘크리트 인터로킹 블록)

(8) KS F 2502 (굵은 골재 및 잔골재의 체가름 시험 방법)

(9) KS F 2394 (투수성 포장체의 현장투수시험 방법)

(10) KS F 2422 (흙의 투수시험 방법)

(11) KS F 2505 (골재의 단위 용적 질량 및 실적률 시험 방법)

(12) KS F 2311 (모래 치환법에 의한 흙의 밀도 시험 방법)

(13) KS F 2405 (콘크리트 압축 강도 시험 방법)

(14) KS K 2630 (토목용 부직포 섬유)

(15) ASTM C 1701 (투수성 콘크리트 현장 침투능 시험 방법)

4.1.3 용어

(1) 보도 : 사람의 통행에만 사용하는 목적으로 설치되는 도로의 일부분으로, 일반적으로 차도 등 다른 구조물로부터 연석 혹은 방호울타리 등의 공작물을 이용하여 물리적으로 분리되어 있거나, 노면 표시 등으로 차도와 분리된 부분

(2) 줄눈 모래 : 줄눈이란 벽돌·블록·석재 등을 쌓을 때 생기는 줄 모양의 이음매를 뜻하며 줄눈 모래는 줄눈 틈새에 살포한 모래

(3) 투수성 노반시스템 : 투수성 보도블록 설치 시 상재하중의 분산을 목적으로 시스템의 하부에 설치되는 기층 및 모래 안정층과 더불어 상부의 투수성 보도블록을 총칭한다.

(4) 기층 : 상부의 하중을 원지반으로 분산 및 전달하는 역할을 한다. 특히 투수 블록포장에 사용되는 기층은 빗물의 침투 및 빗물 저장공간을 제공해야 하며 지반의 지지력을 확보하는 역할을 수행하여야 한다.

(5) 모래 안정층 : 줄눈 모래와 블록의 평탄성을 확보하고, 하중을 균일하게 분산하는 역할을 하는 노반시스템의 일부분을 말한다.

(6) 연석(경계석) : 보도와 차도를 구분하기 위해 보도와 차도의 경계부에 설치하는 것으로 운전자의 시선유도나 차도를 벗어난 자동차가 보도로 진입하는 것을 억제해주는 효과가 있다.

(7) 침투율(Infiltration rate) : 침투율이란 우수가 지반 내지 특정 환경의 매질에 침투하는 속도를 의미한다. 침투율의 단위는 특정 시간당 강우량으로 15mm/hour란 1시간당 15mm의 강우량이 매질로 침투하였다는 것을 말한다.

(8) 강우강도(Rainfall Intensity) : 강우강도란, 단위 시간당 강우량을 의미한다. 재현빈도가 동일하고 강우량이 일정할 때, 강우강도가 클수록 그 강우가 지속되는 기간은 짧다고 볼 수 있다.

(9) 표면유출(Runoff) : 표면유출이란 특정 구조물 내지 지반환경에 강우가 발생할 경우, 우수가 구조물 내지 지반에 침투하지 못한 채 그대로 유출되는 현상을 말한다. 표면유출의 단위 역시 단위 시간당 강우량으로 표현된다.

(10) 공극막힘(Clogging) : 투수성 매질 내 빈 공간이 이물질로 막히는 현상을 의미한다.

(11) 모세관압(Capillary Pressure) : 상(Phase)이 다른 두 유체가 한 공극에 존재할 경우, 두 유체의 계면에서 계면장력(Interfacial tension)이 발생한다. 한 유체가 흐르기 위해서는 계면장력에 의해 발생하는 두 유체 사이의 압력의 차이를 극복할 때의 압력 차이를 모세관압으로 정의한다.

(12) 함수특성곡선(Soil-water characteristic curve) : 불포화토 내 포화도 변화에 따른 물의 침투에 필요한 압력의 변화를 나타내는 곡선으로, 불포화토에서 물의 흐름을 파악하는 데 유용하다.

4.2 기후변화 영향

4.2.1 일반사항

(1) 보도포장의 재질은 불투수성과 투수성으로 분류된다. 기존의 불투수포장(아스팔트, 화강판석 등)으로 인한 도시환경문제를 극복하기 위하여 서울특별시에서는 2009년 '지속가능한 친환경(투수성) 보도포장 기준(안), 행정2부시장방침 제 477(2009.9.16.)호'를 통하여 개선방침을 공시한 바 있으며 '투수 블록 포장 설계, 시공 및 유지관리 기준'을 마련하여 시행하고 있다.

(2) 국토교통부에 따르면 불투수면 감소를 통하여 빗물의 표면유출을 줄이고 빗물의 토양침투를 증대시켜 물 순환을 개선하고 오염을 저감하는 '분산형 빗물관리시스템'이 2016년 신도시 조성공사에 채택되었으며 그 일환으로 투수성 보도블록 설치가 활용되었다. 해당 설계지침은 '보도공사 설계시공 매뉴얼(시설관리공단)' 및 '보도설치 및 관리지침(국토교통부)에서 확인할 수 있다. 그러나 기후변화에 의한 극한 강우하에서는 일부 개선이 필요한 것으로 판단되며, 이에 따라 본 장에서는 현행 관리지침을 기준으로 하여 기후변화 적응을 위한 권고사항 및 가이드라인을 제시하였다.

(3) 불투수성 보도블록의 설치 및 관리지침은 국토교통부의 '보도설치 및 관리지침'에 근거하도록 한다.

(4) 보도 시설물은 크게 보도(보차혼용도로 포함)와 경계석 및 경계블록으로 구성되어 있다. 일반적인 보도블록 포장은 '인터로킹(Interlocking) 블록 포장'을 의미하며, 이는 블록 사이의 틈새에 모래를 넣고, 블록 상부에 하중이 가해졌을 때 인접한 블록과의 맞물림에 의한 하중분산 효과가 발생하는 것을 이용한 포장 방법을 의미한다. 투수성 보도블록 포장도 이에 해당되며, 투수성 노반시스템은 그림 4.2.1과 같이 구성된다.

(5) 건설기준코드(KDS 34 60 10)의 적용범위는 지표면과 보행동선의 선형을 유지하기 위한 포장 및 경계블록 등의 설계이며, 보도공사 설계시공 매뉴얼의 경우 도로법 제11조(특별시도, 광역시도) 및 제15조(구도)에서 정의하고 있는 도로에 적용함을 원칙으로 하되 기타 도로에도 준용할 수 있음을 명시하고 있다. 그 외 참조 규격은 본 매뉴얼 4.1.2.2 의 (7)-(15)를 준용한다.

(6) 다음은 RCP 시나리오에 따른 기후영향요소의 변화에 관한 일반사항이다. 다음 사항에 충분히 적응할 수 있는 보도 시스템의 시공 계획을 수립하여야 한다.

① 국내 61개 관측소 강우량 분석 결과 최근 10년(2001~2010년)간 평균 연 강수량은 약 1,412mm로 지난 30년 평균 연 강수량에 비해 약 7.4% 증가하였다.

② 기후변화 시나리오에 따르면, 동아시아의 경우 21세기 말경 평균 강수량은 7% 증가할 것으로 전망된다.

③ RCP 4.5 시나리오에서 한반도의 현재 기후 대비 21세기 전반기 +6.2%, 중반기 +10.5%, 후반기 +16.0%의 강우량 증가를 전망하였다.

④ RCP 8.5 시나리오에서 현재 대비 21세기 전반기 +3.3%, 중반기 +15.5%, 후반기 +17.6%의 강우량 증가를 전망하였다.

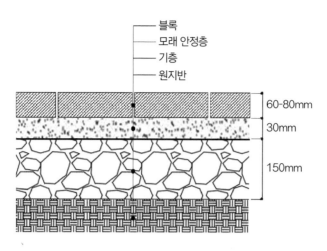

출처 : 서형석 등(2017)

그림 4.2.1 투수성 노반시스템 구조

4.2.2 하중

(1) 지반은 비선형 특성을 나타내며, 자연지반의 상태와 종류에 따라 매우 다양한 특성을 나타내며 포화상태 및 하중의 재하조건에 따라서도 다양한 강도특성을 나타내므로 다각적인 분석을 통해 결정한다.

(2) 투수성 보도블록 시스템의 설계에 사용되는 지반 물성치는 지반조사, 현장시험, 실내시험을 통하여 결정한다. 표 4.2.1과 같은 지반정수들이 설계에 필요하다.

(3) 투수성 노반시스템 시공에 영향을 미치는 기후영향요소

① 기존 불투수성 강우량과 강우강도(시간 강우 및 일 강우) : 투수성 보도블럭 노반시스템 설계 시 하중인자를 강우량으로 설정한다. 또한, 기후변화의 영향으로 투수성 보도블록 노반시스템의 허용침투율을 초과하는 극한강우가 발생할 경우, 강우량의 상당 부분이 표면유출을 통해 도심지 내 배수시스템에 노출될 것이다. 배수시스템에 노출되는 표면유출량이

표 4.2.1 설계 지반 물성치

지반정수	시험종류
포화투수계수	투수시험
입도분포	체분석
강도	압축강도시험, 휨강도시험

과다해지면 도심지 내 침수가 발생할 가능성이 증가하기 때문에 강우량뿐만 아니라 강우강도 역시 투수성 노반시스템의 설계에 반영하여야 한다.

② 강우 반복성(시간 강우 및 일 강우) : 반복적인 강우에 노출된 경우, 전후 강우 사이의 시간 동안 투수성 보도블록 시스템에 공기가 유입된다. 따라서 반복적인 강우는 지반환경을 불포화상태로 만드는 요인이 된다. 불포화상태로 인한 투수성 보도블록의 투수성 감소는 시스템의 허용 침투율을 저하시켜 표면유출량을 증가시키기 때문에 같은 투수성 보도블록 시스템이라 하더라도 포화도에 따라 표면유출 정도가 상이해진다. 따라서 강우 반복성으로 인한 투수성 보도블록 시스템의 침투 양상 변화를 설계에 반영하여야 한다.

③ 강우지속시간(일 강우) : 강우량과 강우강도는 강우지속시간에 의해 연관된다. 강우량이 크더라도 지속시간이 길면 강우강도가 감소하므로 정상적인 침투가 진행되어 표면유출이 발생하지 않을 수 있다. 따라서 노반시스템의 안전성 및 표면유출, 지하함양 평가를 위해 강우량과 강우강도가 동시에 고려된 전체 강우지속시간을 고려해야 한다.

④ 온도(일 최저/최고 온도, 월 최저/최고 온도) : 일일 최저/최대 온도 및 월 최저/최대 온도는 강우발생 후 투수성 보도블록 및 모래 안정층의 증발에 영향을 미쳐 불포화상태의 변화를 야기할 수 있다. 불포화상태의 변화는 함수특성곡선상 절대투수계수의 변화와 관련이 있어 추가적인 강우 발생 시 표면유출 및 허용 침투율을 변화시킨다. 따라서 온도인자 역시 투수성 보도블록 시스템의 시공 최적화를 위해 고려하여야 한다.

⑤ 기타 기상변수인 습도, 풍속 등은 허용 침투율 및 표면유출에 직접적인 연관성이 낮다.

4.2.3 적용방법

(1) 기존 불투수성 강우량과 강우강도(시간 강우 및 일 강우) : 투수성 보도블럭 노반시스템 설계 시 하중인자를 강우량으로 설정하며, 기후변화에 대한 적응성 평가를 위해 RCP 8.5 시나리오의 21세기 후반 평균 강우량 예상 증가율인 +17.6%를 극한 하중으로 가정하도록 한다.

(2) 강우 반복성(시간 강우 및 일 강우) : 반복되는 강우는 투수성 보도블록 시스템의 포화도를 변화시킨다. 같은 투수성 보도블록 시스템이라 하더라도 포화도에 따라 표면유출 정도가 상이하기 때문에 투수성 노반시스템의 성능평가 시에는 그림 4.2.1의 예시와 같이 노반시스템을

구성하는 투수성 보도블록, 모래 안정층, 기층 각각의 함수특성곡선을 획득하여 평가사항에 반영한다.

(3) 강우지속시간(일 강우) : 강우량과 강우강도는 강우지속시간에 의해 연관되는 관계이다. RCP 4.5 및 8.5 시나리오의 강우량과 강우강도의 비교를 통해 적합한 강우지속시간 및 강우 반복성 양상을 도출할 수 있다. 강우량, 강우강도 및 강우 반복성의 다양한 하중조합에 따라 투수성 보도블록 시스템의 기후 적응능력에 대한 다각적인 평가를 수행하여야 한다.

(4) 온도(일 최저/최고 온도, 월 최저/최고 온도) : RCP 시나리오의 21세기 후반 한반도 온도변화 양상을 적용할 수 있다.

4.3 취약성 평가

4.3.1 일반사항

(1) 기존 불투수성 보도 시스템은 취약성 평가를 통해 기후변화로 인하여 발생할 수 있는 도심지 침수가 유발할 수 있는 손실을 평가해야 한다.

(2) 신설 구조물은 기후영향요소를 고려하여 설계하며 기후변화에 대한 적용이 필요하다.

4.3.2 취약성 분석

(1) 기후변화에 따른 불확실성을 고려하여 설계기준을 초과하는 기후영향요소 적용대책을 수립하여야 한다.

(2) 기후변화 재해 취약성 분석은 IPCC(2007) 기후변화 취약성 분석의 골격을 유지하면서 기후노출과 민감도를 고려하며, 공간범위에 대한 상대평가를 통해 재해취약지점을 도출할 수 있다.

(3) 기후변화 취약성 평가는 기존 불투수성 보도 시스템 주위의 배수시스템 분포 상태와 배수시스템의 성능 평가를 통하여 극한 강우 시 도심지 침수가 미치는 사회적 영향의 정도에 따라 기후변화 취약시설을 선정할 수 있다.

(4) 기후변화 침수 취약성 평가는 기후노출, 적응능력 평가를 통해 수행할 수 있다. 기후노출은

집중호우를 반영할 수 있는 강우량의 집중을 보여줄 수 있어야 한다. 적응능력 평가는 기존 구조물이 극한강우 시 침수를 유발하는 경우 수반되는 사회·경제적 비용과 투수성 보도 시스템을 설치하여 원지반의 우수 저장능력을 통해 기후에 적응하는 경우 수반되는 총 비용을 비교하여 전자가 후자보다 클수록 적응능력이 낮다고 평가할 수 있다.

4.3.3 안정성 평가

(1) 안정성 평가에 앞서 취약성 분석을 통해 도출한 투수성 보도블록에 대한 위험요소로 작용하는 선행강우에 의한 침투와 극한 강우 시 수반되는 침수에 대하여 분석을 실시한다. 이에 대해 그림 4.3.1의 순서도를 따라 투수성 보도블록 시스템에 대한 안정성을 충분히 확보하고, 이에 대한 평가를 수행한다.

(2) 기후변화를 적용한 투수성 보도 시스템을 신설하거나 기존 불투수성 보도 시스템을 대체하게 되는 경우 극한강우 시 원지반에 우수가 급격히 유입되어 지반의 강도손실을 유발할 수 있다. 이에 따라 원지반의 지반 물성치 조사를 통한 안정성 평가를 수행하여야 한다.

(3) 투수성 보도 시스템을 시공할 경우, 투수성 보도 시스템을 통해 유입된 우수가 인접한 차도 하부의 노반 및 원지반까지 침투하면서 안정성에 영향을 미칠 수 있다. 이에 따라 인접한 차도 하부의 노반 및 원지반에 대한 안정성 평가가 고려되어야 한다.

(4) 자체 투수블록 선정 시에는 공극 막힘으로 인한 투수성능 저하 등을 예방하기 위해 투수성능 지속성 검증시험 및 주기적인 투수성능 회복작업을 진행해야 한다. 자체 투수블록의 경우 블록표면 고압 진공흡입 청소작업을 사용할 수 있다. 또한 청소 후 유실된 줄눈재는 재충전하도록 한다.

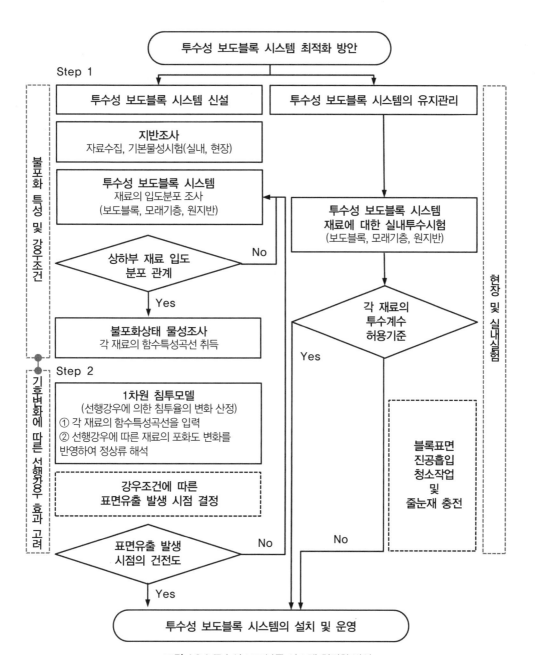

그림 4.3.1 투수성 보도블록 시스템 최적화 방안

4.4 적응대책

4.4.1 일반사항

(1) 본 매뉴얼은 기존 보도블록 시스템 설계 매뉴얼에 상기 기후변화에 따른 기후영향요소를 반영한 내용으로 구성되어 있다. RCP 8.5 시나리오에 따르면 21세기 후반 평균 강우량의 증가치는 +17.6% 수준으로 예상된다. 투수성 보도블록 설계의 하중인자를 강우량으로 설정하고, 이에 따라 노반시스템을 구성하는 재료(투수성 보도블록, 모래 안정층, 기층)의 투수계수 및 함수성을 현행 가이드라인 대비 117.6% 이상으로 극대화시키는 방향으로 투수성 보도블록 시스템 설계 지침을 제시한다.

(2) 적응대책은 크게 네 부분으로 나뉘며 앞의 세 부분은 각각 투수성 노반시스템의 구성요소인 보도블록, 모래 안정층, 기층의 재료에 관한 것이며 마지막 부분은 전체적인 시공에 관한 내용에 해당한다.

4.4.2 구조적 대책

기후변화 적응을 위해 다음과 같은 공법을 적용할 수 있다.

(1) 보도블록

① 유지관리 : 기후변화에 따른 침수피해를 완화하기 위해서는 투수성 보도블록 설치 시 배수기능 혹은 투수기능이 우선적으로 확보되어야 한다. 일반 보도블록 설치 시에는 배수유도 기능이 먼저 확보되어야 하지만, 투수성 보도블록 설치 시에는 보도블록의 배수 및 투수성 능발현에 반하는 저해 요인의 발생 가능성에 대해 다각적인 고찰이 선행되어야 한다.

② 강도 : 보도블록의 강도는 4MPa, 압축강도 20MPa 이상의 것을 사용한다.

③ 내구연한 설정 : 투수성 보도블록의 투수성능 및 표면유출 특성은 투수계수뿐만 아니라 강우강도, 선행강우조건, 간극 상태 및 함수비에 따라 달라지기 때문에 영구히 사용될 수 없다. 따라서 '보도설치 및 관리지침'에서 제안하고 있는 보도블록 교체주기인 10년 이내로 내구연한을 제한할 것을 권장한다.

표 4.4.1 투수성능 지속성 품질기준(보도공사 설계시공 매뉴얼, 서울특별시)

구분	1등급	2등급	3등급	4등급	등급 외
투수계수(mm/sec)	1.0 이상	0.5 이상 1.0 미만	0.1 이상 0.5 미만	0.05 이상 0.1 미만	0.05 미만

④ 투수성능 품질 지속성 : 자체 투수블록 선정 시에는 공극 막힘으로 인한 투수성능 저하 등을 예방하기 위해 투수성능 지속성 검증시험을 수행해야 한다. 표 4.4.1에서 2등급에 해당하는 투수성 보도블록에서도 공극막힘 현상(Clogging)에 의한 표면유출이 발생하며 이는 극한강우 시 침수를 야기할 수 있다. 그러므로 극한강우 등의 기후변화에 대비하여 품질기준을 1등급으로 상향할 것을 권장한다.

(2) 모래 안정층

① 재료 선정 시 권장사항 : 투수성 보도블록 시스템의 시공에서는 시스템의 성능발현을 위해 블록 자체뿐만 아니라 모래 안정층 및 기층의 투수성능도 확보되어야 한다. 따라서 모래 안정층의 재료는 보도블록에서의 침투를 저해하지 않는 한에서 선택해야 하며 그에 대한 기준으로서 재료의 투수계수 및 함수특성곡선을 평가할 것을 권장한다.

② 투수계수 및 품질기준 : 투수 포장의 경우, 블록 사이의 줄눈모래 및 블록 하부 모래 안정층의 투수기능이 블록 자체의 투수기능을 저해하지 않아야 하므로, 재료의 투수계수에 관한 내용을 추가할 것을 권장한다. 추가할 내용으로 다음을 권장한다. '현장다짐조건과 동일한 상대밀도에서 투수계수 1.0mm/sec 이상의 것을 권장한다. 투수시험 방법은 KS F 2322 (흙의 투수시험 방법)을 따른다.

표 4.4.2 모래 품질기준

구분	입도기준	기타
줄눈 모래	• 최대입경 : 2.5mm 이하 • 0.08mm체 통과량 : 10% 이하	• 반드시 건조된 모래를 사용 • 현장다짐조건과 동일한 상대밀도에서 투수계수 1.0mm/sec 이상의 것을 권장한다. • 투수시험 방법 : KS F 2322
안정층 모래	• 최대입경 : 5.0mm 이하 • 0.08mm체 통과량 : 5% 이하 • 조립률 : 15.~5.5	• 현장다짐조건과 동일한 상대밀도에서 투수계수 1.0mm/sec 이상의 것을 권장한다. • 투수시험 방법 : KS F 2322

(3) 기층

① 재료 선정 시 권장사항 : 투수성 보도블록 시스템의 시공에서는 시스템의 성능발현을 위해 블록 자체뿐만 아니라 모래 안정층 및 기층의 투수성능도 확보되어야 한다. 따라서 기층의 재료는 보도블록 및 모래 안정층에서의 침투를 저해하지 않는 한에서 선택해야 하며 그에 대한 기준으로서 재료의 투수계수 및 함수특성곡선을 평가할 것을 권장한다. 투수계수는 1.0mm/sec를 넘는 것을 권장한다.

② 재료 입도기준 : 투수 블록포장에 사용되는 기층은 빗물의 침투 및 빗물 저장 공간을 제공하며 지반의 지지력을 확보하는 역할을 한다. 투수기층에 사용되는 골재 입도는 표 4.4.3의 기준을 따르며, 공극률은 최소 20% 이상 되도록 한다. 공극률실험 방법은 KS F 2502 (골재의 단위 용적 질량 및 실적률 시험 방법)을 따른다. 이때, 투수 기층이 투수블록의 성능을 해치지 않도록 안정층보다 입도가 큰 기층 재료의 사용을 권장한다.

③ 재료 다짐기준 : 기층의 역할을 다음과 같이 서술하고 있다. 기층은 상부의 하중을 분산, 전달하는 기능을 하는 포장체로서, 입도가 불량한 재료를 사용하거나 다짐을 제대로 하지 않을 경우 포장체가 조기에 침하되는 등 문제점이 발생하게 된다. 따라서 기층의 재료는 표 4.4.4의 다짐기준을 만족해야 한다.

표 4.4.3. 투수 기층의 입도 기준(보도공사 설계시공 매뉴얼, 서울특별시)

통과중량백분율(%)				
40mm	30mm	20mm	5mm	2.5mm
100	80~100	55~85	15~30	5~20

표 4.4.4 기층 골재 품질기준(보도공사 설계시공 매뉴얼, 서울특별시)

구분	시험 방법	기준	일반사항
마모감량(%)	KS F 2508	40 이하	- 골재는 부순돌, 부순자갈 등을 모래 혹은 기타 적당한 재료와 혼합한 것
소성지수(%)	KS F 2303	4 이하	
수정 CBR치(%)	KS F 2320	80 이상	- 점토, 유기불순물, 먼지 등의 유해물 함유 ×
안정성(%)	KS F 2507	20 이하	

※ 골재 입도 및 품질시험은 골재원마다, 골재의 재질 변화 시마다, 1,000m²마다 1회 이상씩 실시

(4) 시공

① 보도의 횡단경사 : 보도의 횡단경사 기준은 빗물 배수를 원활히 하면서도 교통 약자의 보행 시 불편함을 최소화하기 위해 2% 이내로 해야 하며, 미끄럼 저항기준은 표 4.4.5와 같이 '40 BPN 이상'을 적용해야 한다. 투수성 보도블록의 설치 시에도 이 기준을 준수할 것을 권장한다.

② 원지반(노상) 다짐 : 원지반(노상) 다짐은 보도포장의 평탄성을 확보하기 위한 실질적인 첫 단계 공종으로써 원지반(노상) 상태가 불량할 경우 지반개량 또는 치환을 통하여 지지력을 확보한 후 후속공정(기층 – 안정층 – 보도블록 포설)을 진행하여야 한다. 또한 원지반(노상) 다짐 시 주의할 사항은 다음과 같다.

    1) 올바른 완성높이, 종·횡단 형상, 균일한 지지력을 확인한다.

    2) 원지반(노상) 레벨측량 실시한다.

    3) 평탄성 및 지지력 확보를 위한 노상다짐을 실시한다.

    4) 원지반(노상) 다짐은 천부의 상대밀도가 90%에 근접하도록 한다.

③ 경계석 시공 : 보차도경계석(경계블록) 설치 중 경계석(경계블록)은 노면 배수를 저해하지 않아야 한다. 따라서 경계석 설치 시 노면배수기능 상실로 물이 모이지 않는지 점검하는 것을 권장한다. 또한 턱낮춤시설 설치, 횡단보도 위치변경 등으로 빗물받이가 턱낮춤구간에 위치할 경우 이설한다. 빗물받이 이설 시에는 반드시 노면 배수기능이 이전과 동일하게 유지되어야 하므로 단차를 고려해 배수기능이 유지되는 곳으로 이설하는 것을 권장한다.

④ 투수성능 확보를 위한 자재 포설 시 고려사항 : 안정층 모래 포설 시에는 기층 침하 방지를 위하여 모래를 여러 곳에 분산 후 포설한다. 블록 시공 시에는 낙엽 등의 이물질이 끼지 않

표 4.4.5 보도포장 미끄럼 저항기준(보도공사 설계시공 매뉴얼, 서울특별시)

구분	종·횡단 경사(%)	미끄럼 저항기준(BPN)
평지(준평지)	0~2% 이하	40 이상
완경사	2% 초과~10% 이하	45 이상
급경사	10% 초과	50 이상

※ BPN(British Pendulum Number) : 도로포장재 표면의 마찰 특성을 측정하는 장비(BPT)로 시험한 결과 값. BPN 수치가 클수록 미끄럼에 안전

도록 청소를 병행하며 포설할 것을 권장한다. 투수성 보도블록의 특징상 줄눈재나 모래 안정층 모래에 의해 공극막힘현상이 유발될 수 있기 때문이다.

4.4.3 비구조적 대책

(1) 상시계측관리

투수성 보도블록 시스템이 외기에 노출될 경우 1) 이물질의 유입으로 인한 투수성 보도블록의 투수성능 저하, 2) 극한강우 시 우수의 유입 및 유출에 따른 노반 시스템의 토사 유실, 3) 2)에 의해 유발되는 시스템의 교란 및 투수성 보도블록 시스템의 기후 적응 성능 저하가 발생할 수 있다. 다시 말해, 투수성 보도블록 시스템의 기후 적응 성능은 시스템 유지보수 수준에 따라 좌우될 수 있다. 따라서 투수성 보도블록 시스템의 기후 적응 성능 발현을 위하여 정기적인 계측 및 보수가 진행되어야 한다. 다음 방법을 통한 계측을 권장하며 이상이 발견될 경우 초기 설계 상태 복원을 위한 보수 작업을 수행한다.

① 투수성 보도블록의 투수성능 확인을 위한 정기 실내투수시험

② 투수성 보도블록 시스템 하부구조의 유지 상태 평가를 위한 지반물리탐사 수행

투수성 아스팔트 포장

문성호 (서울과기대)

05 투수성 아스팔트 포장

5.1 일반사항

5.1.1 적용범위

이 기준은 기후변화에 따른 아스팔트 콘크리트에 의한 포장 공사에 적용한다.

5.1.2 참고기준

5.1.2.1 관련 법규

내용 없음

5.1.2.2 관련 기준

(1) KS F 2337 마샬시험기를 사용한 역청 혼합물의 소성흐름에 대한 저항력 시험 방법

(2) KS F 2340 사질토의 모래 당량 시험 방법

(3) KS F 2349 가열 혼합, 가열 포설 역청 포장용 혼합물

(4) KS F 2353 다져진 역청 혼합물의 겉보기 비중 및 밀도 시험 방법

(5) KS F 2355 역청 골재 혼합물의 피막 박리 시험 방법

(6) KS F 2357 역청 포장 혼합물용 골재

(7) KS F 2364 다져진 역청 혼합물의 공극률 시험 방법

(8) KS F 2366 역청 혼합물의 이론 최대비중 및 밀도 시험 방법

(9) KS F 2377 선회다짐기를 이용한 아스팔트 혼합물의 다짐방법 및 밀도 시험 방법

(10) KS F 2384 다져지지 않은 잔골재의 공극률 시험 방법

(11) KS F 2489 다져지지 않은 아스팔트 혼합물의 드레인 다운 시험 방법

(12) KS F 2502 골재의 체가름 시험 방법

(13) KS F 2503 굵은 골재의 비중 및 흡수율 시험 방법

(14) KS F 2507 골재의 안정성 시험 방법

(15) KS F 2508 로스앤젤레스 시험기에 의한 굵은 골재의 마모 시험 방법

(16) KS F 2523 골재에 관한 용어의 정의

(17) KS F 2575 굵은 골재 중 편장석 함유량 시험 방법

(18) KS F 3501 역청 포장용 채움재

(19) KS M 2201 스트레이트 아스팔트

(20) KCS 44 50 10 아스팔트콘크리트 포장공사

(21) 일반국도 전문 시방서

(22) ASTM D 5821 Standard test method for determining the percentage of fractured particles in coarse aggregate (굵은 골재의 파쇄면 함유량 결정을 위한 시험)

5.1.3 용어

(1) 가열 아스팔트 혼합물 : 굵은 골재, 잔골재, 채움재 등에 적절한 양의 아스팔트와 필요시 첨가 재료를 넣어서 이를 약 150℃ 이상의 고온으로 가열 혼합한 아스팔트 혼합물을 말한다.

(2) 공사감독자 : 「건설기술관리법 제35조」의 규정에 의하여 발주청장이 임명한 감독자를 말한 다. 다만 「건설기술관리법 제27조」의 규정에 의하여 책임 감리를 하는 공사에 있어서는 당해 공사의 감리를 수행하는 감리원을 말한다.

(3) 개질 아스팔트 : 포장용 석유아스팔트의 성질을 개선한 아스팔트. 60℃에서 점도를 향상시 킨 세미 블로운 아스팔트, 저온 시의 신도 및 고온 시의 유동저항성 개선에 중점을 둔 고무 – 열가소성 에라스토머 혼입 아스팔트 등이 있다.

(4) 골재간극률 : 아스팔트 혼합물에서 골재를 제외한 부분의 체적, 즉 공극과 아스팔트가 차지 하고 있는 체적의 아스팔트 혼합물 전체 체적에 대한 백분율을 말한다.

(5) 공극률 : 다져진 아스팔트 혼합물 전체 체적 중에 아스팔트로 피막된 골재입자 사이 공극 체적의 백분율을 말한다.

(6) 공용성 등급 : 포장 현장의 온도조건에 따른 아스팔트의 공용성을 평가한 등급으로 KS F 2389에 따라 시험하여 결정한다. 포장의 공용 중 온도조건과 관련한 노화 전후의 고온과 저온에서의 아스팔트 성능을 다양하게 평가하므로, 침입도 등급에 비해 실제 거동 특성과 밀접한 상관성이 있다. PG 64-22와 같이 표기하며, 이때 64는 7일간 평균 최고 포장 설계 온도이며 소성변형 저항성과 상관성이 있고, -22는 최저 포장 설계 온도로 균열 저항성과 상관성이 있다.

(7) 구동륜 : 다짐장비의 동력장치로부터 구동력을 전달받는 바퀴를 말한다.

(8) 국부변형 : 구조물에서 정적인 평형이 이루어지지 않아 내부 혹은 외부의 힘에 의해 응력이 발생하고, 이 응력에 의해 부분적으로 발생하는 변형을 말한다.

(9) 굵은골재와 잔골재 : KS F 2523에 따라 굵은 골재는 5.0mm체에 남는 골재이며, 잔골재는 2.5mm체를 통과하고 0.08mm체에 남는 골재이다.

(10) 굵은 골재의 최대치수 : 특정한 입도를 가진 골재의 무더기에서 샘플링(sampling)하여 체분석을 실시하였을 때 샘플링한 골재의 전체 무게에 대하여 90 % 이상을 통과시키는 체 중에서 최소 치수의 체 눈금을 체의 호칭 치수로 나타낸 굵은 골재의 치수를 말한다.

(11) 내유동성 혼합물 : 소성변형에 대한 저항성을 향상시킬 수 있도록 합성한 골재와 아스팔트 바인더를 사용하여 제조한 아스팔트 혼합물을 말한다.

(12) 다짐 : 아스팔트 페이버 및 다짐장비 등을 이용하여 아스팔트 혼합물을 적정 밀도가 되도록 다지는 과정이다. 다짐은 아스팔트 혼합물의 공극률을 감소시키고 밀도를 증가시키며 골재 간의 맞물림과 마찰력을 증가시킨다. 다짐의 결과로 아스팔트 혼합물 내 아스팔트로 코팅된 골재들은 서로 밀착된다.

(13) 다짐도 : 아스팔트 포장 시공 시 아스팔트 혼합물이 적합하게 다짐되었는지를 평가하는 기준으로 사용되고 있으며, 일반적 기준은 96~100% 이다. 아스팔트 혼합물의 현장 배합설계에서 최종적으로 결정된 공시체의 겉보기 밀도를 기준밀도로 적용하여 코어 공시체의 다짐 정도를 평가한다. 다짐도 계산 수식은 (코어시료 겉보기밀도 ÷ 기준밀도) × 100이다.

(14) 단기노화 : 플랜트에서 제조되어 운반되는 과정에서 노화되는 상태를 말한다.

(15) 동적안정도 : 동적안정도는 아스팔트 혼합물을 롤러 다짐한 가로·세로 30cm인 공시체에 시험 차륜 하중을 분당 42회의 속도로 가하여 공시체의 표면으로부터 1mm 변형되는 데 소요되는 시험 차륜의 통과횟수(cycle/mm)로서 구한다. 아스팔트 혼합물의 소성 변형에 대한 저항성을 평가하기 위해 사용되며, 동적안정도 값이 높을수록 소성변형 저항성이 높다.

(16) 동점도 : 절대점도를 그 시료의 온도에서 밀도로 나눈 값을 말한다. 단위는 센티 스토크스 (cSt, mm^2/s)이며, 동점도의 측정에는 일반적으로 회전 점도계가 사용된다.

(17) 드레인 다운 : 아스팔트 혼합물로부터 아스팔트 바인더가 흘러내리는 양을 말한다.

(18) 등가 단축하중 : 포장두께 설계를 위한 교통량 산정에 사용되는 하중 개념으로 포장체에 표준 단축하중이 작용했을 때, 이 하중이 포장체에 주는 손상도를 표준 손상도라고 정의하고 바퀴나 축 형식에 관계없이 이것과 같은 양의 손상도를 주는 하중을 말한다.

(19) 머캐덤롤러 : 전륜이 2개이고 후륜이 1개인 2축 3륜 형식의 롤러이다. 외국에서는 아스팔트 포장에 잘 사용하지 않으나 국내에서는 아스팔트 콘크리트 포장의 1차 다짐에 많이 사용된다.

(20) 밀입도 아스팔트 혼합물 : 아스팔트 혼합물로서 합성입도에 있어 2.5mm(No.8)체 통과량이 35~50 %의 범위로 구성되며, 가장 일반적으로 사용되는 표층용 아스팔트 혼합물이다.

(21) 박리현상 : 아스팔트 콘크리트 포장체나 아스팔트 혼합물 속의 골재 표면과 아스팔트 사이에 존재하는 물 또는 수분에 의하여 결합력이 없어지거나 약화되는 현상을 말한다. 일반적으로 포장 하부가 물로 장기간 포화되었을 경우 아스팔트의 결합력이 없어지며, 포트홀 등이 발생된다.

(22) 배수처리 : 포장층에서 침투한 물이나 유해물질이 방수층에 체류하지 않도록 배수처리 장치를 사용하여 처리하는 것을 일컫는다. 배수처리에는 체수를 제거하는 배수파이프와 도수처리가 있다.

(23) 배합설계 : 사용 예정 재료를 이용하여 소정의 품질, 기준치가 얻어지도록 골재의 합성 입도 결정과 아스팔트 함량이나 첨가재의 양 등을 결정하는 작업을 말한다. 배합설계는 콜드빈 배합설계(실내 배합설계), 골재 유출량 시험, 현장 배합설계 등을 포함한다.

(24) 변형강도 : 상온에서는 점탄성특성을 보이고 고온에서는 소성 특성을 보이는 아스팔트 포장에서 차륜에 의한 하중 – 변형 메커니즘에(하중을 혼합물이 다져진 방향과 같은 방향으

로 가하고 가해진 하중에 의해 혼합물은 소성변형과 유사하게 전단·압밀에 의한) 따른 아
스팔트 혼합물의 소성변형 측정값을 말한다.

(25) 부착방지제 : 아스팔트 혼합물이 운반장비의 적재함이나 타이어롤러 및 기타 다짐기구 등
에 붙는 것을 방지하기 위한 재료이다. 기존에는 경유 등을 사용하였으나, 아스팔트 콘크리
트 포장의 파손을 촉진하므로 경유 등의 석유계 오일의 사용을 절대 금하고 있으며, 식물성
오일 등을 사용한다.

(26) 블리딩 : 아스팔트 혼합물에서 아스팔트 함량 과다 또는 SMA 혼합물에서 셀룰로오스 화이
버 첨가재 부족 등의 영향으로 운반 도중 여분의 아스팔트가 아스팔트 혼합물 속으로 흘려
내려 다짐작업 시 아스팔트가 표면으로 용출되어 표면이 번질거리는 현상을 말한다. 택 코
팅 재료의 과다 사용에 의해서도 발생될 수 있다.

(27) 블리스터링 : 아스팔트 콘크리트 포장의 표면이 시공 중 또는 공용 시(특히 여름철) 원형으
로 부풀어 오르는 현상이다. 강바닥판, 시멘트 콘크리트 바닥판 위의 포장 내부에 남아 있는
수분 및 오일분이 온도 상승에 의해 기화하여 이때 발생하는 증기압이 원인이 되어 발생한
다. 일반적으로 구스 아스팔트 혼합물이나 세립도 아스팔트 혼합물과 같이 치밀한 혼합물
에서 많이 발생한다.

(28) 비파괴 현장밀도 측정 장비 : 다짐장비의 통과에 따른 아스팔트 콘크리트 포장의 밀도 변화를
현장에서 포장손상 없이 체크하기 위한 장비를 말하며, 방사선 또는 전기적 특성 등을 사용한다.

(29) 셀룰로오스 화이버 : 많은 양의 아스팔트의 흘러내림과 블리딩(bleeding)을 방지하기 위한
식물성 섬유 첨가재로 SMA 혼합물에 첨가한다.

(30) 소성변형 : 교통 하중에 의해 자동차 바퀴가 닿는 포장면에서 아스팔트 포장이 'U'자형으로
침하되는 현상을 말한다.

(31) 쇄석 매스틱 아스팔트 혼합물 : 골재, 아스팔트, 셀룰로오스 화이버(cellulose fiber)로 구성되
며, 굵은 골재의 비율을 높이고 아스팔트 함유량을 증가시켜 아스팔트의 접착력은 골재의 탈
리를 방지하는 역할을 하며, 압축력과 전단력에 저항하는 힘은 골재의 맞물림(interlocking)으
로 소성변형과 균열에 대한 저항성이 우수한 내유동성 아스팔트 혼합물을 말한다.

(32) 스크리닝스 : 포장용 또는 구조물용 골재 생산 시 부산물로 얻어지는 부순 잔골재를 말한다.

(33) 스크리드 : 아스팔트 페이버의 끝에 부착된 부분으로 포장의 면을 평탄하게 만들어준다. 연료, 전기 등으로 가열할 수 있으며, 포장 폭에 따라 길이를 변화시킬 수 있다.

(34) 스퀴지 : 도막식 액상방수재를 시공할 때 사용하는 밀대로서 이의 끝에는 고무가 붙어 있으며, 이 밀대로 액상방수재를 밀어서 고루 펴면서 도막의 두께를 맞추는 데 사용되는 도구이다.

(35) 스트레이트 아스팔트 : 원유의 아스팔트 분을 열에 의한 변화를 일으키지 않도록 증류에 의해 추출한 것으로 산화, 중합, 축합을 일으키는 블로운 아스팔트에 비해 감온성이 크고 신장성, 점착성 및 방수성이 풍부하며 줄눈재 등 특수 목적용을 제외하고는 결합재로서 이용되는 아스팔트를 말한다.

(36) 신축이음 : 도로와 도로교의 상부가 접하는 위치나 상부구조가 분리되는 위치에 설치하여 구조물의 온도변화, 포장체의 건조수축, 차량하중에 의해 발생하는 도로교의 변위를 적절히 수용하여 통행차량의 충격을 최소화시켜 차량이 도로교 위를 원활히 주행할 수 있게 하는 장치를 말한다.

(37) 아스팔트 : 천연 또는 석유의 증류 잔사로서 얻어진 역청(탄화수소 혼합물)을 주성분으로 하며 이황화탄소(CS_2)에 녹는 반고체 또는 고체의 점착성 물질을 말한다. 도로포장에 쓰이는 아스팔트는 골재의 접착에 사용되며, 침입도 등급 또는 공용성 등급 기준에 따른다. 스트레이트 아스팔트(straight asphalt)는 별도의 첨가제 등으로 가공하지 않은 아스팔트이며, 폴리머 등으로 개질할 경우 개질 아스팔트로 칭한다. 그리고 '아스팔트(asphalt)'와 같은 의미로 사용되는 용어로는 '아스팔트 바인더(asphalt binder)', '아스팔트 시멘트(asphalt cement)', '바인더(binder)', '비투먼(bitumen)' 등이 있으나, '아스팔트'로 통칭한다.

(38) 아스팔트 페이버 : 아스팔트 피니셔라고도 불리며 아스팔트 혼합물을 포설하는 장비이다.

(39) 아스팔트 함량 : 아스팔트 혼합물의 전체 질량에 대한 아스팔트 질량의 백분율을 말한다.

(40) 양생 : 방수재를 시공한 후 그 성능이 완전하게 발휘될 때까지의 기간으로, 방수재 자체의 양생뿐만 아니라 방수재 이외의 재료 모두가 포함된다.

(41) 역청 재료 : 이황화탄소에 용해되는 탄화수소의 아스팔트 혼합물로 상온에서 고체 또는 반고체의 것을 역청(bitumen)이라 하며, 이 역청을 주성분으로 하는 재료를 말한다. 스트레이트 아스팔트, 커트백 아스팔트, 유화 아스팔트 등의 종류가 있다.

(42) 열화 : 시멘트 콘크리트의 열화란 이산화탄소(CO_2) 등 산성물질이 작용해 알칼리성인 시멘트 콘크리트를 pH 8.5 ~ 10의 중성화로 변환시켜 시멘트 콘크리트의 내구성을 감소시키는 현상을 말한다.

(43) 운반 사이클 : 아스팔트 혼합물을 운반장비에 상차하고 운송하여 시공 현장에 도착한 후 아스팔트 페이버의 호퍼에 하차 하고 다시 아스팔트 플랜트로 돌아오는 일련의 과정을 말한다.

(44) 유공 도수관 : 교면포장체 내부로 침투한 침투수를 바닥판의 횡단경사를 따라 바닥판과 하부 포장면에 유입된 물의 배수거리를 짧게 하여 신속하게 침투수를 배수하기 위한 것이다.

(45) 이론 최대밀도 : 다짐된 혼합물 속에 전혀 공극이 없는 것으로 가정했을 때의 밀도를 말하며, KS F 2366에 따라 구한다. 배합설계 및 시공 완료 후 포장의 다짐밀도 평가에 사용한다.

(46) 잔류 인장강도 : 아스팔트 혼합물 공시체를 −18℃에서 24시간, 60℃에서 22시간, 25℃에서 2시간 수침 후의 간접인장강도 값을 수침시키지 않은 간접인장강도 값에 대한 백분율로 나타낸 것으로 수분 손상의 영향이 고려되는 아스팔트 혼합물의 박리에 대한 저항성을 평가하는 데 사용한다.

(47) 채움재 : KS F 3501의 입도 및 품질기준에 적합한 석회 석분, 포틀랜드 시멘트, 소석회, 플라이 애쉬, 회수 더스트, 전기로 제강 더스트, 주물 더스트, 각종 소각회 및 기타 적당한 광물성 물질의 분말을 말한다. 사용 시에는 먼지, 진흙, 유기물, 덩어리진 미립자 등의 아스팔트 혼합물 품질을 저감시키는 물질이 함유되어 있지 않아야 한다.

(48) 체의 호칭치수 : KS A 5101-1(ISO 3310-1)에서 규정하는 표준망체 눈의 실제 기준 크기를 부르기 쉽도록 만든 체의 눈 크기로서 표 5.1.1과 같이 대응된다.

(49) 최적 아스팔트 함량 : 가열 아스팔트 혼합물의 사용 목적에 따라 특성이 가장 잘 발현될 수 있도록 결정된 아스팔트 함량으로 각 혼합물의 최적 아스팔트 함량은 배합설계로 결정된다.

표 5.1.1 체의 호칭 및 기준크기

체의 호칭크기 (mm)	80	50	40	30	25	20	13	10	5	2.5	0.6	0.4	0.3	0.15	0.08
체의 기준크기 (mm)	75	53	37.5	31.5	26.5	19	13.2	9.5	4.75	2.36	0.6	0.425	0.3	0.15	0.075

출처 : KS A 5101-1(ISO 3310-1)

(50) 침입도 등급 : 25℃에서 아스팔트의 굳기(硬度)를 나타내는 지수이다. 아스팔트에 규정된 치수의 바늘로 100g의 힘으로 5초 동안 눌렀을 때의 침의 관입 깊이를 0.01cm 단위로 나타낸 값으로 이 값이 작을수록 단단한 아스팔트를 의미한다.

(51) 콜드빈 : 아스팔트 플랜트 등에서 상온의 골재를 계속 공급하기 위하여 저장하는 장치를 말한다.

(52) 크리프 : 응력이 일정할 때도 영구변형도가 시간의 경과에 따라 증가하는 현상으로 아스팔트 포장에 외부의 힘이 가해지지 않은 상태에서도 시간의 흐름에 따라서 변형도가 증가하는 현상

(53) 타이어롤러 : 바닥이 편평한 타이어 여러 개가 2축으로 부착된 다짐장비로서, 타이어의 공기압을 조절하여 다짐효과를 가감할 수 있다.

(54) 탄댐롤러 : 2축으로 되어 있는 롤러로 진동식과 무진동식으로 나뉜다. 진동식은 1차다짐에 사용할 수 있으며, 무진동식은 마무리 다짐에 사용된다.

(55) 택 코트 : 역청재료 또는 시멘트 콘크리트 바닥판 등을 사용한 아래층과 아스팔트 혼합물로 된 위층을 결합시키기 위하여 아래층의 표면에 역청재료를 살포하여 만든 막을 말한다. 일반적으로 유화아스팔트 RS(C)-4를 사용한다.

(56) 편경사 : 평면 곡선부에서 자동차가 원심력에 저항할 수 있도록 하기 위하여 설치하는 횡단경사를 말한다.

(57) 평균일교통량 : 일정기간을 조사하여 일평균으로 환산한 교통량을 말한다.

(58) 평탄성 : 포장면의 평탄한 정도를 말하며, 국내 시험 방법으로는 7.6m 프로파일미터를 주로 사용하고, 포장 평가를 위해서는 트레일러에 부착하여 평탄성 조사에 사용하는 장비인 APL(Longitudinal Profile Analyzer)이 채택되고 있다. 측정된 종단 프로파일은 평탄성 지수인 PRI(Profile Roughness Index)로 계산된다. 포장의 준공 검사 시 PRI를 기준으로 적용하며, 포장의 유지관리에서는 현재 전 세계적으로는 차량의 주행한 거리 동안에 차축의 수직운동 누적값을 나타내는 IRI(International Roughness Index)가 평탄성을 나타내는 값으로 주로 사용되고 있다.

(59) 포트홀 : 아스팔트 포장의 표층 및 기층 아래로 물이 침투하여 발생하는 구멍 형태의 파손이

다. 교통량 등에 의한 전단응력으로 아스팔트 표층 하부에 미세한 균열이 생기고, 포장의 상부 층에는 차량에 의한 미세한 피로균열이 발생한다. 이러한 균열 사이로 눈이나 비가 포장면 아래로 침투되면서 발생하는 파손 형태를 말한다.

(60) 포화도 : 골재 간극 중에 아스팔트가 채워진 체적 비율을 말한다.

(61) 표층 : 교통 하중에 접하는 최상부의 층으로 교통 하중을 하부층에 분산시키거나, 빗물의 침투를 막고 타이어에 마찰력을 제공하는 역할을 한다. 표층에는 가열 아스팔트 혼합물과 SMA 혼합물의 경우에는 골재최대치수 13mm 이하를 적용한다. 표층과 동일한 의미의 단어로 마모층(wearing course)을 사용할 수 있다.

(62) 품질관리 : 재료의 품질 특성이 시공 또는 생산 공정 중에 해당 규정의 상한과 하한 범위 내에서 설계 도서에 명시된 규격에 만족하도록 적절한 시험 등을 시행하여 품질수준을 확인하고 조치를 취하여 관리하는 것을 말한다. 포장 결함을 사전에 방지하는 것을 목적으로 하여 시행하는 모든 수단을 의미한다.

(63) 플러쉬, 플러싱 : 아스팔트 콘크리트 포장에 있어서 아스팔트와 세립의 골재로 구성된 매스틱(mastic) 성분이 뭉쳐서 다짐 시 표층의 표면이 검은 반점으로 포화된 현상을 말한다.

(64) 핫빈 : 아스팔트 플랜트의 일부분을 가열 건조시킨 골재를 계량하기 전에 저장하는 장치를 말한다.

(65) 현장 배합설계 : 실내 배합설계를 기준으로 현장에 따라 사용하는 재료와 아스팔트 플랜트 등을 고려하여 최종적으로 결정한 실제로 사용하는 배합을 말한다.

(66) 혼합온도 : 일반적으로 배합설계 시 골재와 아스팔트의 혼합 시에 적용하는 온도이다. 아스팔트 혼합물을 아스팔트 플랜트에서 생산할 경우에는 도착지까지의 거리, 대기온도 등을 고려하여 결정한다.

(67) 회수 더스트 : 가열 아스팔트 혼합물을 제조할 때 드라이어에서 가열된 골재로부터 발생하는 분말상의 것(dust)을 말하며, 백 필터와 같은 건식 2차 집진 장치에서 포집(collection)하여 혼합물의 채움재로 환원 사용하는 것을 말한다.

(68) 횡단경사 : 도로의 진행방향에 직각으로 설치하는 경사로서 도로의 배수를 원활하게 하기 위하여 설치하는 경사와 평면 곡선부에 설치하는 편경사를 말한다.

5.2 기후변화 영향

5.2.1 일반사항

(1) 급격한 기후변화로 인한 빈번한 강우 및 폭설은 사회기반시설 중 특히 수분과 온도에 민감한 아스팔트 콘크리트 도로에서 그 피해가 뚜렷하게 나타남을 알 수 있다. 특히, 폭설에 의한 피해를 줄이기 위해 살포되는 염화칼슘의 영향으로 인한 도로파손 그리고 장마로 인하여 아스팔트 포장의 공극으로 침투한 수분의 영향과 교통하중은 아스팔트 도로파괴를 가속화시키는 원인이 된다.

(2) 기후변화로 인한 피해는 아스팔트 포장에 영향을 끼쳐 골재 박리현상으로 이어지게 되어 포트홀의 수가 해마다 증가하고 있는 추세이며 도심지에서는 도시 인구 집중화 현상과 더불어 도로의 파손이 점차 가속화되고 있는 추세이다.

(3) 가속화된 기후변화의 영향 중 침수와 관련된 피해를 해결하기 위해서는 투수 및 배수성 아스팔트 포장을 이용하여 투수, 배수 및 소음의 문제를 해결할 수 있다.

5.2.2 하중

(1) 투수성 포장체 내부는 일반 아스팔트 포장에 비해 높은 공극을 지니고 있어 접착성을 떨어뜨리거나 내구성을 약화시키는 원인이 된다. 따라서 접착 강도가 높은 투수성 아스팔트 포장이 요구된다.

(2) 투수성 포장의 구성은 노상 상부에 필터층(모래층), 투수성 입상 기층, 투수성 아스팔트 기층, 투수성 아스팔트 표층 순으로 구성되어 있다. 따라서 투수성 아스팔트 혼합물의 경우 투수계수 특성을 지니고 있으며 높은 투수계수를 얻기 위해 Gap 입도(특정구간에서의 입도를 요구)를 주체로 하여 공극률을 높임에 따라서 충분한 교통하중을 고려한 포장설계가 요구된다.

(3) 투수성 입상 기층, 투수성 아스팔트 기층 및 표층으로 구성됨에 따라서 교통하중이 큰 구간에 대해서는 투수성 아스팔트 기층보다는 구조적으로 안정된 개질 아스팔트를 사용하며 표층을 원활한 배수를 위한 투수성 아스팔트 표층을 고려한다.

표 5.2.1 배수성 포장용 개질 아스팔트의 품질기준

항목 \ 개질 아스팔트 등급	P-82
저장안정성(%)(습식 혼합형만 적용)[1]	5 이하
용해시간(분)(건식 혼합형만 적용)[2]	30 이하
공용성 등급[3]	PG 82-22
연화점(°C)	80 이상
신도(15°C, 5cm/min)(cm)	50 이상
터프니스(25°C) N·m	20 이상
Fraass 취하점(°C)	-12 이하
휨에너지(-10°C, kPa)	1500 이상
휨스티프니스(-10°C, MPa)	50 이하

주 1) 저장안정성 시험은 ASTM D7173에 따라 개질 아스팔트 시료를 상·하단으로 분리하여 KS F 2393에 따라 DSR 시험하여 G*의 차이가 규정에 만족하여야 한다.
   2) 용해시간은 개질 첨가제가 아스팔트에 녹는 시간을 평가하는 시험이다. 용해시험용 시약으로 아로마틱계 프로세스 오일이나 투명한 실리콘 오일을 사용하여, 개질 첨가제 생산자가 제시한 '배합설계할 때의 혼합온도'로 가열한 상태에서 개질 첨가제를 투입한 후 일반 교반 장치를 이용하여 2000rpm의 교반 속도로 혼합한 후, 0.075mm 체로 체가름하여 95% 이상 통과하는 시간이다. 폴리머 계열 첨가제는 아로마틱계 프로세스 오일을 사용한다. 배합설계를 할 때 혼합온도로 오븐을 가열하고, 팬과 조합한 체를 오븐에서 사전가열한 후 체를 꺼내어 교반한 아스팔트를 쏟은 후에 다시 오븐에 넣고, 30분간 놔둔 후 체의 질량을 측정한다.
   3) 공용성 등급 시험은 개질 아스팔트가 저장안정성 또는 용해시간 기준에 적합할 경우에만 실시한다. 건식 혼합형 재료는 개질 첨가제 생산자가 제시한 '배합설계할 때 혼합온도'로 가열한 침입도 등급 60-80 또는 PG 64-22 아스팔트에 개질 첨가제를 생산자가 제시한 '표준 첨가비율'로 '용해시간' 동안 혼합하여 시료를 제작한 후 KS F 2389에 따라 시험하여 기준을 만족하여야 한다.
   4) 개질 첨가제 또는 개질 아스팔트 생산자는 다음 사항을 필수적으로 보고하여야 한다.
      ① 제품명, ② 개질 첨가제 비율(개질 첨가제의 경우만 보고), ③ 배합설계할 때 혼합온도, ④ 배합설계할 때 다짐온도 ⑤ 밀도

5.2.3 적용방법

아스팔트는 투수성(배수성) 포장용 개질 아스팔트를 사용하여야 하며, 표 5.2.1의 기준에 적합하여야 한다.

5.2.3.1 골재

투수성(배수성) 아스팔트 포장용 골재는 굵은 골재 CA-20·CA-13·CA-10·잔골재 FA-1 등을 사용하며, 표 5.2.2의 입도를 만족하여야 한다. 단, 잔골재는 입도가 5mm 체의 통과중량백분율이 90% 이상일 경우에는 현장 경험이나 실내시험 등으로 소요품질의 포장이 얻어질 수 있을 경우에는 표 5.2.2의 기준을 벗어나도 감독자의 판단에 의하여 사용할 수 있다.

굵은 골재의 품질은 표 5.2.3에 따라 편장석율이 10% 이하인 1등급의 단입도 골재를 사용하여야 하며, 잔골재는 표 5.2.4를 만족하여야 한다.

채움재는 KS F 3501에 따르되, 석회석분·포틀랜드 시멘트·소석회 등의 재료만 사용하며, 회수더스트는 사용하지 않는다.

표 5.2.2 배수성 아스팔트 혼합물용 골재 입도

골재 번호	주요 입도 (mm)	각 체를 통과하는 질량 백분율 %									
		25mm	20mm	13mm	10mm	5mm	2.5mm	0.6mm	0.3mm	0.15mm	0.08mm
CA-20	13~20	100	90~100	0~55	0~15	0~5	-	-			
CA-13	10~13		100	90-100	0-25	0-10	0-5				
CA-10	2.5~10	-	-	100	85~100	0~30	0~10	0~5			
FA-1	5 이하 잔골재				100	86-100	55-75	16-42	7-29	2-18	0-10

주 1) 여기에서 체의 호칭크기는 각각 KS A 5101-1에 규정한 표준망체 26.5mm, 19mm, 13.2mm, 9.5mm, 4.75mm, 2.36mm, 1.18mm, 0.6mm, 0.3mm, 0.15mm, 0.075mm에 해당한다.

표 5.2.3 배수성 아스팔트 혼합물용 굵은 골재의 품질

구분	시험 방법	규정
밀도(절대건조)	KS F 2503	2.5 이상
흡수율(%)	KS F 2503	3.0 이하
피막박리시험에 의한 피복 면적(%)	KS F 2355	95 이상
편장석율(%)	KS F 2575	10 이하
안정성(%)	KS F 2507	12 이하
마모율(%)	KS F 2508	35 이하
굵은 골재 파쇄면 비율(%)	ASTM 5821	85 이상

표 5.2.4 잔골재의 품질

구분	시험 방법	규정
모래당량(%)	KS F 2340	50 이상
잔골재 입형(%)	KS F 2384	45 이상

5.2.3.2 재료의 입도

잔골재, 굵은 골재 및 채움재를 혼합한 혼합골재의 입도는 표 5.2.5의 기준을 표준으로 한다.

5.2.3.3 투수성(배수성) 아스팔트 혼합물 배합설계 기준

투수성(배수성) 아스팔트 콘크리트 표층용 혼합물은 KS F 2337(다짐조건 : 양면 각 50회)으로 시험하였을 때 표 5.2.6의 기준에 합격하는 것이어야 한다.

표 5.2.5 배수성 아스팔트 혼합물의 표준 배합

체의 호칭크기	아스팔트 혼합물의 종류	PA-10	PA-13	PA-20
	25mm	–	–	100
	20mm	–	100	95~100
	13mm	100	92~100	53~78
	10mm	85~100	62~81	35~62
통과질량백분율	5mm	20~40	10~31	10~31
(%)	2.5mm	5~20	10~21	10~21
	0.60mm	4~13	4~17	4~17
	0.30mm	3~10	3~12	3~12
	0.15mm	3~8	3~8	3~8
	0.08mm	2~7	2~7	2~7

출처 : KS F 2337

CHAPTER
05

표 5.2.6 배수성 혼합물의 배합설계 기준

항목	시험 방법	기준
안정도(N)	KS F 2337	5,000 이상
흐름값(1/100 cm)	KS F 2337	20~40
수침마샬잔류안정도(%)	KS F 2352	75 이상
공극률(%)	KS F 2397	20 이상
현장투수능력(초)[1]	KS F 2394	10 이내
동적안정도(회/mm)	KS F 2374	3,000

주 1) 현장투수능력의 경우 400cc의 물이 10초 이내에 흘러 나가는 것을 기준으로 한다.

5.3 취약성 평가

5.3.1 일반사항

(1) 기존 아스팔트 포장은 기후변화 취약성 평가를 통해 골재 탈리 및 기능 상실에 대해 발생 가능성을 도출하고, 역학적 – 경험적 개념에 근거한 도로포장설계 프로그램을 활용하여 공용성 손실량을 산정하는 데에 국한되었다.

(2) 기후변화 적응형 도로포장의 설계 시 기존 아스팔트 포장설계기술과 더불어, 정확한 설계를 위하여 각각의 포장설계 조건에 적합한 설계자료를 적용하도록 하며, 설계자료는 설계등급, 환경조건, 교통조건, 재료물성, 포장층의 두께, 공용기간, 설계등급과 공용성 기준 등으로 구분된다.

(3) 일반 본선 구간에 대한 아스팔트 포장 구조의 전체적인 설계 과정은 그림 5.3.1과 같다.

5.3.2 설계개념

아스팔트 포장의 구조설계는 입력된 변수를 이용하여 구조 해석 및 공용성 해석을 통하여 얻어진 포장의 공용성 지표(균열, 영구변형, IRI)가 목표 공용기간 동안 공용기준을 만족하는지를 검토하는 절차로 진행한다.

5.3.3 환경조건

대상도로의 위치와 근접한 1개 이상의 기상관측소의 기상정보(최저온도, 최고온도, 강수량 등)를 평균하여 적용한다. 이는 기상조건에 따른 재료물성의 변화 및 동상방지층 설계에 적용된다.

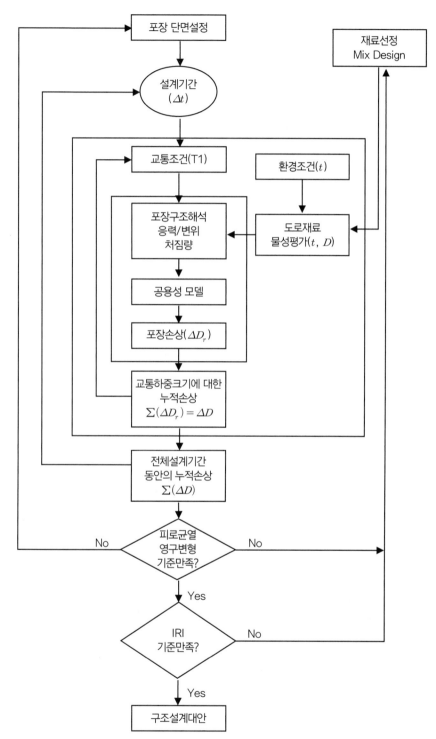

그림 5.3.1 아스팔트 포장의 역학적 – 경험적 설계 흐름도

5.3.4 교통조건

(1) 대상도로의 설계기간 동안에 설계차로를 통과하는 전체 혼합 교통량(설계 교통량)을 의미하며, 월별 또는 시간대별 차종 분포 및 축하중 분포를 고려하여 적용한다. 설계차로에 대한 설계교통량은 다음 식을 적용하여 결정한다.

$$AADT_{DD,DL} = DD \times DL \times AADT \qquad \text{식 (5.3.1)}$$

여기서, DD : 방향별 분배계수로 표 5.3.1의 값을 참조하여 적용

DL : 차로별 분배계수로 표 5.3.1의 값을 참조하여 적용

$AADT$: 해석기간 동안의 양방향 누가 교통량

(2) 표 5.3.2는 AADT의 교통량 분류에 사용되는 12종 차종의 구성 및 정의를 나타내고 있다.

표 5.3.1 방향 및 차로분배계수 범위 값

구분	방향분배계수	구분	편도 차로수	차로분배계수
고속국도 일반국도 지방도	0.5~0.55	고속 국도	4	0.35~0.45
			3	0.45~0.55
			2	0.70~0.90
		일반국도, 지방도	4	0.35~0.45
			3	0.60~0.70
			2	0.80~0.90

표 5.3.2 차종 분류표

차종 분류	차축 구성	정의
1종	2축 4륜	'경차' 로 불리는 모든 차량 일반 세단형식 차량 16인승 미만 SUV, RV, 승합차량
2종	2축 6륜	중·대형 버스
3종	2축 6륜	화물 수송용 트럭으로 2축의 최대 적재량 1~2.5톤 미만의 1단위 차량

출처 : AADT 교통량 분류

표 5.3.2 차종 분류포(계속)

차종 분류	차축 구성		정의
4종	2축 6륜		화물 수송용 트럭으로 2축의 최대적재량 2.5톤 이상의 1단위 차량
5종	3축 10륜		화물 수송용 트럭으로 3축 1단위 차량
6종	4축 12륜		화물 수송용 트럭 형식으로 4축 1단위 차량
7종	5축 16륜		화물 수송용 트럭 형식으로 5축 1단위 차량
8종	4축 14륜		화물 수송용 세미 트레일러 형식으로 4축 2단위 차량
9종	4축 14륜		화물 수송용 풀 트레일러 형식으로 4축 2단위 차량
10종	5축 18륜		화물 수송용 세미 트레일러 형식으로 5축 2단위 차량
11종	5축 18륜		화물 수송용 풀 트레일러 형식으로 5축 2단위 차량
12종	6축 22륜		화물 수송용 세미 트레일러 형식으로 6축 이상 2단위 차량

출처 : AADT 교통량 분류

5.3.5 재료물성

포장에 사용되는 각 재료의 특성을 반영할 수 있는 재료의 동탄성계수, 탄성계수, CBR, 골재종류 및 골재의 입도분포 등을 설계등급에 맞게 적절하게 적용한다.

(1) 아스팔트 재료의 동탄성계수($|E^*|$)

아스팔트 재료의 동탄성계수는 시간의 함수로 동탄성계수 실험을 통하여 다음 식과 같이 나타낼 수 있다.

$$\log(|E^*|) = \delta + \frac{\alpha}{1 + \exp^{\beta - \gamma \log(t_r)}}$$ 식 (5.3.2)

여기서, α, β, γ, δ : 모형계수

t_r : 온도를 고려한 시간

(2) 쇄석기층 및 보조기층 입상재료의 탄성계수(E)

쇄석기층 및 보조기층 입상재료의 탄성계수는 다음 관계식을 이용하여 결정할 수 있다.

$$E = k_1 + k_2 \cdot \theta \qquad \text{식 (5.3.3)}$$

여기서, E : 탄성계수(MPa)

θ : 체적응력($= \sigma_1 + \sigma_2 + \sigma_3$)(kPa)

k_1, k_2 : 구성모델의 모델계수

(3) 노상 입상재료의 탄성계수

노상 입상재료의 탄성계수는 다음 관계식을 이용하여 결정할 수 있다.

$$E = \sum k_1 \, \theta^{k_2} \sigma_d^{k_3} \qquad \text{식 (5.3.4)}$$

여기서, E : 탄성계수(MPa)

θ : 체적응력($= \sigma_1 + \sigma_2 + \sigma_3$)(kPa)

σ_d : 축차응력($= \sigma_1 - \sigma_3$)(kPa)

k_1, k_2, k_3 : 구성모델의 모델계수

5.3.6 포장층의 두께

각 층에 사용되는 골재의 입경 및 시공성을 고려하여 cm 단위로 가정하여 적용한다.

5.3.7 공용기간

포장의 구조적인 성능에 영향을 미치지 않는 보수를 고려하여 목표한 포장의 수명으로서, 포장의 용도, 종류, 등급에 따라 다르게 적용할 수 있다.

5.3.8 설계등급

포장의 중요도 또는 설계 교통량 및 도로의 종류(고속국도, 일반국도, 지방도 등)에 따라 결정된다. 표 5.3.3은 연평균일교통량(AADT)에 따른 설계등급 구분을 나타내고 있다.

5.3.9 공용성 기준

포장의 구조적 수명을 결정짓는 기준으로서, 아스팔트 콘크리트 포장에서는 균열(%), 영구변형(cm), IRI(m/km)를 적용한다.

다음은 아스팔트 콘크리트 포장의 IRI와 공용수명, 영구변형량 및 균열과의 관계를 나타낸다.

$$IRI = IRI_0 + 0.066AGE + 0.08RUT + 0.05CRACK \qquad 식\,(5.3.5)$$

표 5.3.3 설계등급

설계등급	도로등급	연평균일교통량	비고
1	고속국도	150,000대 이상	5종 이상의 중차량 대수가 50,000대 이상일 경우에도 설계등급 1로 설계
	일반국도	35,000대 이상	5종 이상의 중차량 대수가 12,000대 이상일 경우에도 설계등급 1로 설계
2	고속국도	150,000대 미만	-
	일반국도	7,000대 이상 35,000대 미만	-
	지방도 및 기타 도로	7,000대 이상	기타 도로는 도로법에 명시된 특별시도, 광역시도, 시도, 군도 및 구도를 의미함
3	일반국도, 지방도 및 기타 도로	7,000대 미만	기타 도로는 도로법에 명시된 특별시도, 광역시도, 시도, 군도 및 구도를 의미함

출처 : AADT 연평균일교통량

여기서, IRI_0 : 초기평탄성

AGE : 공용수명(년)

RUT : 영구변형량(cm)

$CRACK$: 균열률(%)

다음은 아스팔트 콘크리트 포장층의 영구변형률과 탄성변형률, 교통량, 온도 및 공극률과의 관계를 나타낸다.

$$\epsilon_p = \epsilon_r K_{Rut} 10^D N^A T^B V_a^C \qquad\qquad 식 (5.3.6)$$

여기서, ϵ_r : 탄성변형률

K_{Rut} : 깊이조정 함수

N : 교통량

T : 온도(℃)

V_a : 공극률(%)

$A,\ B,\ C,\ D$: 모형계수

다음은 아스팔트 콘크리트 포장층의 총 균열 모형을 나타내고 있다.

$$Crack(\%) = BU(\%) + \frac{0.3\,TD(\%)}{3.6 \times 1000} \times 100 \qquad\qquad 식 (5.3.7)$$

여기서, $BU(\%)$: 상향균열률

$TD(\%)$: 하향균열률

5.3.10 포장 층별 최소두께

일반적으로 일정 두께보다 얇은 표층, 기층 또는 보조기층을 포설하는 것은 비실용적이고 비경제적일 수 있으므로 교통하중 및 기타환경 조건과 상관없이 각 포장 층은 표 5.3.4에 보인 값 이상으로 하여야 한다.

5.3.11 취약성 분석 및 안정성 평가

(1) 기후변화에 따른 아스팔트 포장의 취약성 분석은 포장손상 위험성을 고려하여 수행하여야 하며, 역학적 – 경험적 개념에 근거한 포장설계법에 따라 공용성 기준 적합 여부를 평가한다.

(2) 공용성 기준을 통과하지 못하는 경우 포장손상 유형에 따른 적정 유지보수 적용 방안 수립을 시행하여야 한다.

(3) 또한 동결심도 대비 성토높이와 포장두께를 고려하여 동상방지층 적용 여부 등의 도로포장 안정성을 고려해야 한다.

표 5.3.4 포장 층별 최소두께(mm)

종류	최소두께(mm)
아스팔트 표층	50≤
아스팔트 안정처리 기층	50≤
린 콘크리트 보조기층	150
아스팔트 보조기층	100
입상재료 기층	150
쇄석 보조기층	
- 모래·자갈 선택층 위에 부설되는 경우	150
- 모래 선택층 위에 부설되는 경우	200
비선별 모래·자갈 보조기층	200
슬래그 보조기층	200
시멘트 또는 안정처리 보조기층	200

5.4 적응대책

5.4.1 일반사항

(1) 도로포장공사에 대한 35년의 생애주기비용 고려하여 초기공사비 및 유지관리 비용의 변화를 고려하여 수행하여야 한다.

(2) 가치평가에 관한 사항은 Part III. 가치평가를 통한 적응지침 예제 – 제4장 콘크리트 도로를 참고하여 수행한다.

5.4.2 적응대책

(1) 설계 및 시공

포장에 사용되는 재료물성을 5.3.4절과 같이 설계등급에 맞게 사용하여야 한다. 또한 설계 시 5.3.9절과 같이 포장 최소두께를 준수하여야 한다.

(2) 포장상태조사

도로포장은 시공 이후 지속적인 교통하중과 환경요인에 의해 공용성이 저하되기 시작한다. 이에 따라, 포장손상으로 인한 성능 저하 및 안전성 확보를 위하여 주기적인 포장조사를 통해 도로포장상태를 파악하고 적정 유지보수를 시행하여야 한다.

(3) 유지관리

배수성 아스팔트 포장의 경우 포장층의 공극 사이로 도로 위 협잡물(도로 위 낙엽, 쓰레기, 토사 등)이 침투하여 기능성을 상실하게 된다. 이를 예방하기 위해 배수성 포장도로의 중요도에 따라 청소차 등을 이용한 주기적인 도로 청소가 시행되어야 한다.

CHAPTER 06

하수관거시설

배덕효 (세종대)
박준홍 (연세대)

06 하수관거시설

6.1 일반사항

6.1.1 적용범위

공공하수도설치에 필요한 하수도시설 중 하수관거 설계에 적용한다.

6.1.2 참고기준

시설물 설계를 위한 참고기준은 기존 법규 및 현행 설계기준과 관련하여 다음과 같다.

6.1.2.1 관련 법규

하수도법(법률 제13879호)

6.1.2.2 관련 기준

(1) KDS 61 00 00 하수도 설계기준

(2) 하수도정비기본계획 수립지침

(3) 하수관거공사 표준시방서

6.1.3 용어

(1) 하수관거 : 하수를 공공하수처리시설·간이공공하수처리시설·하수저류시설로 이송하거

나 하천·바다 그 밖의 공유수면으로 유출시키기 위하여 지방자치단체가 설치 또는 관리하는 관거와 그 부속시설이다.

(2) 관거시설 : 관거, 맨홀, 우수토실, 토구, 물받이(오수, 우수 및 집수받이) 및 연결관 등을 포함한 시설의 총칭이다.

(3) 공공하수도 : 지방자치단체가 설치 또는 관리하는 하수도를 말한다. 다만, 개인하수도는 제외한다.

(4) 계획우수량 : 하수배제계획에 있어서 관로, 펌프장, 처리장 등의 용량을 결정하기 위하여 이용하는 우수유출량이다.

6.2 기후변화 영향

6.2.1 일반사항

6.2.1.1 기후변화와 하수관거시설의 관계

(1) 기후변화로 인한 수문과정의 점진적 변화는 배수 관련 기반시설물의 목표사용연한 내에서 설계 홍수량의 빈도와 규모를 변화시킬 것으로 예상된다.

(2) 미래의 강우강도 변화는 배수 관련 시설의 기능 정도를 변화시킬 수 있으므로 하수관거 설계 방법의 변화가 필요하다.

(3) 기후변화로 인한 극한 강수량과 빈도의 증가는 하수관거와 같은 배수시설의 통수능력 초과를 야기하며, 노면 및 주요 시설물 침수를 유발한다. 따라서 관련 설계조건에 대한 검토와 개선 및 관리가 매우 중요하다.

6.2.1.2 하수관거 설계 시 주요사항

(1) 하수관거 설계를 위해서는 기후변화의 영향인자인 강우와 적정 수문해석모형의 선정, 기존 및 계획(신설) 시설물에 대한 조건을 고려하는 것이 중요하다.

(2) 특히, 하수관거시설 설계를 위해 설계강우를 적용하게 되며, 이를 위해 미래 확률강우량 산

정을 위한 빈도해석과 강우의 시간적 분포에 대한 이해를 필요로 한다.

(3) 실무에서는 하수관거 설계를 위해 다수의 수문해석모형(SWMM, Makesw 등)이 활용되고 있다. 따라서 실무자가 각 모형의 특징과 설계조건을 고려하여 하수관거 설계를 위한 적정 모형을 선정하는 것이 필요하다.

6.2.2 하중

기후변화 적응을 위한 하수관거시설 설계 시 고려해야 할 주요 하중은 기후변화의 영향인자인 강우와 적정 수문해석모형의 선정을 통해 산정한다.

6.2.2.1 설계강우의 정의

(1) 설계강우란 특정 목적의 수공 구조물 설계를 위하여 제시되는 강우사상으로 정의한다.

(2) 설계강우는 설계빈도, 강우량, 강우강도 및 호우의 시간적 분포형으로 제시되며, 시간적 분포는 다양한 형태가 있다.

(3) 설계강우는 일반적으로 인공적 강우로써 과거자료를 해석한 강우깊이 – 지속기간 – 생기빈도(D-D-F) 또는 강우강도 – 지속기간 – 생기빈도(I-D-F)에 근거를 둔 강우이며 첨두유량을 산정하기 위해 사용된다.

6.2.2.2 설계강우의 목적

(1) 강우특성을 나타내는 주요소로는 강우량, 지속기간, 강우강도 및 시·공간적 분포 등이다. 이들은 주로 통계적 처리를 통해 수문해석 및 설계에 사용된다. 홍수량자료의 부족 혹은 미계측유역의 경우에는 강우자료를 이용하여 설계강우를 결정하고 강우 – 유출관계에 의한 홍수량의 주 특성을 추출하는 것이 일반적이다.

(2) 설계강우는 강우량의 재현기간과 관계되며, 이로부터 계산된 유출량의 재현기간은 호우와 같다고 가정한다. 이러한 강우는 설계빈도, 강우량, 강우강도 및 호우의 시간적 분포형으로 제시되며, 시간적 분포는 그 형태가 복잡하고 다양하기 때문에 적절한 방법을 선택해야 한다.

6.2.2.3 확률강우량

(1) 수공 구조물을 설계할 때 수문시스템의 입력자료로서 기본이 되는 설계강우량은 과거에 관측된 강우자료를 빈도해석하여 지점별로 확률강우량을 나타내거나, 면적 확률강우량, 강우강도 – 지속기간 – 빈도 관계식 또는 곡선으로 표시하여 이용된다.

(2) 지점 확률강우량은 관측된 강우자료가 충분하고 일관성 있게 관측된 지점에 대해서 산정한다.

(3) 수공 구조물에서 고려되어야 하는 유역면적 전반에 걸친 평균 강우량 또는 강우깊이를 결정하기 위해 지점 확률강우량은 면적 확률강우량으로 환산하여 적용한다.

6.2.2.4 확률강우량 산정기법

(1) 과거자료 및 미래 기후변화 시나리오로부터 30년 이상의 강우자료를 구축하고 빈도해석을 수행하여 확률강우량을 산정한다.

(2) 미래기간의 경우, 기간에 따라 전반기, 중반기, 후반기에 대해 각 30년 내외로 구분하며, 각 기간별 강우자료에 대하여 연 최대치 강우량을 추출한다.

(3) 연 최대치 강우자료와 빈도해석 절차에 따라 재현기간별 지속시간별 확률강우량을 산정한다.

(4) 빈도해석을 위한 확률분포함수의 매개변수 추정방법은 모멘트법, 최우도법, 확률가중모멘트법 등이 있고 최적 확률분포형에는 Gamma, GEV, Gumbel 분포 등이 있다. 각 방법에 대하여 사용자가 목적에 맞는 추정기법을 채택한다.

(5) 적정 확률분포형을 선택하기 위해 적합도 검정을 실시하며, 이후 확률분포형이 선정됨에 따라 재현기간별 확률강우량을 산정하게 된다.

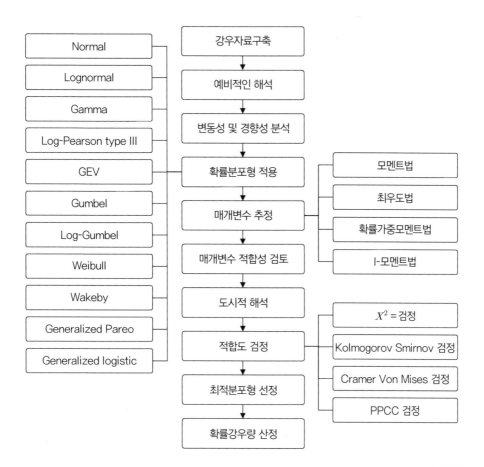

출처 : 윤용남(2014)

그림 6.2.1 빈도해석의 절차

6.2.3 적용방법

6.2.3.1 설계강우의 시간적 분포 의의

(1) I-D-F 곡선에서는 각 지속시간별 최대평균 강우강도 혹은 강수량을 고려하기 때문에 각 지속 기간 내에서 호우의 시간적 변화는 고려하지 못하므로, 설계강우의 적용 시에는 별도의 방법 으로 시간적 분포를 고려하여야 한다.

(2) 첨두유량은 도달시간이 짧은 유역에서는 강우강도가 큰 영향을 주며, 도달시간이 긴 유역에 서는 강우체적이 큰 영향을 줄 수 있으므로 배수구역의 규모와 도달시간을 고려한 적용이 필 요하다.

6.2.3.2 시간적 분포 종류

(1) 국내에서 적용되는 설계강우의 시간적 분포 방법에는 Huff 4분위법, 교호블록법(Alternating Block Method), 모노노베법(Mononobe Method), Yen-Chow법, Keifer & Chu법, Pilgrim & Cordery법 등이 있다.

(2) Huff 4분위법

① 과거 강우관측 자료로부터 총 강우지속시간을 4등분하여 첨두우량이 발생할 때의 분위별 통계특성을 도출하여 해당 지역의 강우량 분포식을 회귀분석에 의하여 구하고, 이를 기준으로 설계강우를 강우지속기간 내에 분포시키는 방법이다.

② 총 강우지속기간을 4개의 동일한 시간의 구간으로 나누었을 때 첨두우량이 어느 구간에서 발생하느냐에 따라 강우의 시간분포 특성이 구분된다. 4개 구간으로 분류된 강우는 시간적으로 무차원화되어 시간분포곡선으로 나타낸다.

③ Huff 방법 사용 시에는 가장 먼저 4분위 중 적정 분위를 채택하는 것이 필요하다. 채택 분위에 따라 설계홍수량의 차이가 많으므로 최빈 분위를 채택하는 원칙의 준수가 필요하다. 분위는 지역별 지속기간별로 발생 횟수가 가장 많은 최빈 분위를 채택하도록 한다.

④ 우리나라의 경우 『지역적 설계 강우의 시간적 분포(건교부, 2000)』에서 제시하고 있는 무차원 누가곡선을 이용하여 누가강우량의 분포를 결정한다.

(3) 교호블록 방법(Alternating Block Method)

① 확률강우량을 특정 재현기간에 대해 지속기간 - 누가강우량 관계곡선을 작성하는데 구간별 강우량을 중앙집중형 방법으로 배치시키는 시간분포 산정법이다.

② 교호블록 방법은 Huff 방법에 비해 단순하고 안정적인 결과를 도출할 수 있는 특징이 있다. 다만, 연속되는 모든 지속기간에 대하여 모두 특정 재현기간의 최대 조건이 분포되는 방법이므로 첨두홍수량을 과다 산정하는 경향이 있다.

(4) 모노노베(Mononobe) 방법

① 강우의 시간분포를 임의로 배열하며 일 최대우량을 모노노베(Mononobe) 공식에 대입하여 총 강우량을 최대 강우강도가 발생하는 위치에 따라서 전방위형, 중앙집중형, 후방위형으로 나누고 시간별로 분포시킨다.

② 모노노베 방법은 과거 강우시간분포에 대한 연구 결과가 없을 때, 단순히 일 최대우량만을 임의의 시간구간별로 나눌 수 있는 방법이다.

6.3 취약성 분석

6.3.1 일반사항

(1) 하수관거 설계 시 우수 및 오수에 대한 하수관거의 유하능력이 손상되지 않도록 설계하는 것이 중요하다. 하수의 월류뿐만 아니라 악취발생 방지, 지하수 등의 침입수 방지 및 하수의 누수방지 등을 고려하여야 한다.

(2) 기존 구조물은 기후변화 대응능력 평가를 통해 기후변화로 인해 발생할 수 있는 손실을 고려하고 이에 대한 적응대책을 마련해야 한다.

(3) 신설 구조물은 계획 시설물에 대한 기후변화 대응능력 평가를 기반으로 장래 기후변화로 인해 발생할 수 있는 위험을 최소화하고 본래의 기능을 유지할 수 있도록 해야 한다.

(4) 하수관거의 합리적인 설계를 계획하기 위해서는 설계를 위한 기초자료 수집과 기존 하수도 시설 및 지하매설물의 매설상태 등의 여건에 대하여 충분한 검토가 이루어져야 한다.

6.3.2 취약성 평가

(1) 시설물의 대응능력 평가는 설계관거에 대한 배수능력에 대해 시설물이 본래의 기능을 유지할 수 있는지 판단하는 것이다. 따라서 미래 기후변화 시나리오에 의한 영향인자를 고려할 경우, 시설물의 설계조건을 만족하도록 해야 한다.

(2) 관거의 설계조건은 허용범위 내 유속 조건, 관거 통수능, 시공가능성(토피 및 관경), 월류 발

생 여부가 있다. 각 기준은 기존 설계지침에 근거한 설계조건 및 기후변화에 따른 장래 발생 가능한 취약성을 고려한 것이다.

(3) 계획하수량과 실제 발생하수량 간에는 큰 차이가 있을 수 있기 때문에 각 지역의 실정에 따라 계획하수량에 여유율을 둔다.

(4) 유속이 작으면 관거의 저부에 오물이 침전하여 준설작업을 필요로 하고 유지비가 들며, 반대로 유속이 너무 크면 관거를 손상시키고 내용연수를 줄어들게 한다. 현행 기준에서는 계획하수량에 대해 유속을 최소 0.8m/s, 최대 3.08m/s로 권장하고 있다.

(5) 설계는 시설물의 신설과 기존 시설물의 평가로 구분할 수 있으나, 초기 설계배수구역 및 제원의 선정부분을 제외하면 그 절차는 유사하다.

(6) 시설물 신설의 경우, 계획 시 설계배수구역에 따른 제원을 선정함에 따라 과거 강우사상 및 경제성에 대한 검토를 수행해야 한다.

6.3.3 안정성 평가

(1) 자료조사 및 구축 단계에서는 기상자료에 대한 수집이 필요하며, 자료에 대한 분석을 통해 자료의 적절성 및 활용방법에 대해 검토해야 한다.

(2) 관측 기후자료 및 미래 기후시나리오 자료를 토대로 확률강우량 산정 시 빈도해석 절차에서 요구되는 장기간의 자료를 구축할 수 있도록 해야 한다.

① 관측 기후자료는 통상 30년 이상의 자료를 보유하고 관측 일관성이 있는 지점을 선택한다.

② 수집된 관측기상자료에 따른 과거 강우조건과 미래 기후변화 시나리오에 따른 강우조건을 이용하여 설계에 필요한 입력강우 및 지속시간을 결정한다.

(3) 시설물 설계 계획을 위해 배수구역에 대한 수해방지 계획, 투자계획 보고서, 풍수해저감 종합계획 등이 있다면 이를 검토해야 한다.

① 설계는 시설물의 기능성을 고려하되 장·단기적으로는 유지관리 및 피해예방을 같이 고려하는 것이 바람직하다.

② 관련 계획을 토대로 하수관거 설계를 위한 배수구역을 선정하고 설계관거의 제원을 결정한다.

(4) 토양도, 토지이용도, 수치표고자료 등을 고려하여 설계 대상구역의 유역특성에 관한 자료를 구축한다.

① 소유역자료 구축에 필요한 대부분의 자료는 관련 기관 및 홈페이지(WAMIS, 국립농업과학원, 국토지리정보원 등)를 통해 획득이 가능하다.

(5) 설계를 위한 관거단면, 길이, 경사 등의 제원을 정한다.

① 신설 시설물의 경우에는 신설 계획에 따라 초기 제원을 가정하게 되며, 기존 시설물의 경우에는 시설물 제원자료를 활용한다.

(6) 매개변수 검·보정을 통해, 해당 지역의 실제 강우-유출 현상과 유출 모의에 의한 계산결과와의 차이를 최소화하기 위해 모형의 매개변수를 조정해야 한다.

(7) 구축된 자료를 바탕으로 도시유출해석을 수행하며 결과에 따른 설계조건을 판단한다. 설계조건을 만족하지 않는 경우에는 관거 제원을 변경한다.

① 기존 시설물에 대한 평가를 목적으로 하는 경우, 이 과정은 생략되며 만족하지 못한 조건은 관거의 통수능 확보 및 설계 개선을 위한 근거자료로 활용한다.

(8) 신설의 경우, 계획우수량에 대한 설계 제원이 설계조건에 모두 부합하면 관거 내 토사퇴적을 방지하기 위한 최소유속(0.8m/s) 시의 관거 직경과 계획우수량에 따른 관거 직경을 비교하여 최종 설계관거 직경을 채택한다.

① 관거 내 최소유속 조건에 따른 직경을 채택한 경우에 대해서는 시공 비용 및 지형조건을 고려하여 설계관거에 대한 경사를 조정해야 한다.

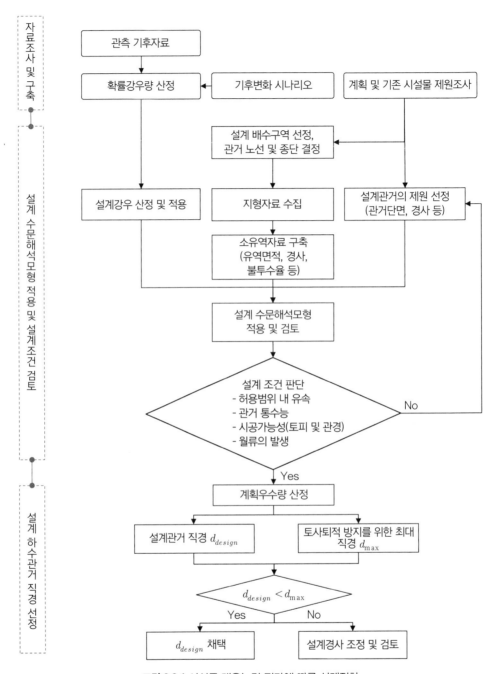

그림 6.3.1 시설물 대응능력 평가에 따른 설계절차

6.4 적응대책

6.4.1 일반사항

(1) 기후변화 적응을 위한 시설물의 설계는 관련 적응대책을 같이 고려해야 한다. 이러한 적응대책은 구조적 대책과 비구조적 대책으로 구분할 수 있으며, 시설물의 기후변화 적응능력을 향상시키기 위한 방안으로 강구된다.

6.4.2 구조적 대책

(1) 기후변화 적응을 위한 기존 하수도 시설 및 배수체계에 대한 능력을 함양하기 위해 내수배제 및 우수유출저감을 목적으로 하는 시설에 대해 추가적으로 고려가 가능하다.

(2) 저류시설

① 빗물을 일시적으로 모아 두었다가 바깥수위가 낮아진 후에 방류하여 유출량을 감소시키거나 최소화하기 위하여 설치하는 유입시설, 저류지, 방류시설 등의 일체의 시설을 말한다.

② 저류기간에 따라 일시저류시설과 상시저류시설로 구분가능하다. 일시저류시설은 평상시에는 건조상태로 유지하고 강우로 인하여 유출이 발생할 때에만 일시적으로 저류하도록 설계한 시설이다. 상시저류시설은 친수공간을 조성하기 위하여 평상시에는 일정량의 물을 저류하고, 강우 시에는 저류지에 빗물을 일시적으로 저류하도록 설계된 시설이다.

③ 장소에 따라 지구 외 저류와 지구 내 저류로 구분한다. 지구 외 저류시설은 강우 시 유출되는 우수를 임의 유역지점에 집수·저류하고 저감시키기 위한 시설물이며, 유수지, 방재 조절지 등이 있다. 지구 내 저류시설은 강우 시 우수의 이동을 최소로 하는 저류방식을 나타내는 시설물이며, 공원저류시설, 운동장저류시설, 주차장저류시설, 건물주변 공간저류시설 등이 있다.

(3) 우수유출 저감시설

① 본래의 유역이 가지고 있던 저류능력을 적정하게 유지하기 위해서 유출량을 저감시켜 하류

하천에 홍수부담을 감소시키며 빗물의 재활용 등 수자원활용도를 높이는 것을 목적으로 설치하는 시설이다.

(4) 침투시설

① 우수를 지표면 아래로 침투를 활성화시키는 시설로써 불포화층 내에서의 저류효과 및 첨두유출량의 감소와 총 유출량의 저감을 도모하기 위한 시설이다.

② 침투트렌치, 침투측구, 침투통, 투수성 포장, 공극저류시설 등이 있다.

③ 충분한 투수성을 갖고 지하수위가 낮은 지역에 설치하며, 유지관리에는 침투능력 확보를 위해 청소 등 막힘 방지작업을 유효하게 실시할 필요가 있다.

(5) 우수조정지

① 우수조정지는 하수관거 또는 방류수로 등의 유하능력 혹은 유하 펌프장의 능력이 부족한 개소 등에 설치되어 유입되는 우수를 일시 저류해서 유하시설의 부담을 경감시키는 시설이다. 구조별로 댐식, 굴착식과 지하식이 있다.

6.4.3 비구조적 대책

(1) 홍수 예·경보 시스템

① 홍수주의보 및 경보에 따라 위험지역에 있는 주민과 재산을 사전에 대피시키며 내수침수 또는 홍수에 대한 피해를 경감시키는 방안이다.

② 기존의 홍수 예·경보 시스템이 있다면, 기후변화로 인해 예상되는 미래강우의 시공간 분포를 고려해야 한다.

③ 도시유역에서는 외수범람 및 내수침수에 의한 피해가 발생할 수 있으며, 재해 발생 시 관련 정보를 습득하여 피해에 대한 대응체계를 마련해야 한다.

(2) 홍수터 관리

① 하도가 물에 대해 충분한 소통능력을 가지도록 하여 강우로 인한 피해를 줄일 수 있도록 예

방하는 것을 목적으로 한다.

② 특히 홍수 위험지역을 지정하거나, 침수선을 결정할 수 있으며 상·하수와 관련된 건축법규, 토지개발 및 이용에 대한 관리를 필요로 한다.

(3) 재해정보 지도 제작

① 과거 강우사상과 미래기간에 대한 강우예측을 종합적으로 활용하여 내수침수에 따른 위험지도를 작성하고 재해 발생 전과 후의 대응 및 대책을 위한 정보를 제공하여 실제 재난에 따른 인명 및 재산피해를 최소화하는 것을 목적으로 한다.

CHAPTER 07

생태제방

강호정 (연세대)

07 생태제방

7.1 일반사항

7.1.1 적용범위

연안 지역의 폭풍해일 및 파랑 방어, 연안 침식 방지 그리고 능동적 해수면 상승 대응을 목적으로 하는 식생 완충지대와 지지 구조물로 구성된 생태제방의 설계에 적용한다.

7.1.2 참고기준

7.1.2.1 관련 법규

(1) 연안관리법

(2) 저탄소 녹색성장 기본법(약칭 :녹색성장법)

(3) 해양수산부령 제1호(2013.3.24.) 항만시설의 기술기준에 관한 규칙

7.1.2.2 관련 기준

(1) 연안시설 설계기준, 2016, 해양수산부

(2) 항만 및 어항 설계기준, 2016, 해양수산부

(3) 조경 설계기준, 2016, 국토교통부

7.1.2.3 관련 자료

연안정비사업 설계 가이드북, 2010, 국토해양부

7.1.3 용어

(1) 연안 : '연안'에 대한 정의는 '연안관리법' 제2조 제1~3호에 따른다. 본 설계 가이드라인에서 '연안'이란, 바닷가와 연안육역을 포함하는 연안 지역

(2) 해안선 : 일반적으로 육지와 해수면과의 경계

(3) 연안침식 : 파도, 조류, 해류, 바람, 해수면 상승, 시설물 설치 등의 영향에 의하여 연안의 지표가 깎이거나 모래 등이 유실되는 현상

(4) 호안·제방 : 연안 배후에 있는 인명과 자산을 폭풍해일 및 파랑 등으로부터 방호함과 동시에 육지의 침식을 방지하는 것을 목적으로 설치된 해안보전시설

(5) 생태제방 : 식생 완충지대와 지지 구조물로 구성된 생태적 제방이다. 기존의 호안·제방이 가지는 파랑 방어나 침식 방지 기능에 더해서, 식생 완충지대의 존재로 인해 해수면 상승에 능동적으로 대응

(6) 식생 완충지대 : 얕은 경사도를 가지는 연안 습지로써 염생 식물을 식재. 식생과의 물리적인 마찰을 통한 파랑 저감, 뿌리구조의 지지력을 이용한 토양 침식 방지 그리고 토양 유기물 축적으로 인한 지대 상승을 통해 해수면 상승에 대응 등의 능력을 가짐

(7) 지지 구조물 : 식생 완충지대의 하중 및 경사를 지지하기 위한 경사식 콘크리트제 구조물

(8) 해수면 상승 : 평균해면이 장기적으로 상승하는 현상. 지구온난화의 영향으로 인한 극지방 빙하의 융해 및 해수의 열팽창에 의해 발생. 우리나라의 부근 해역의 경우, 기상청이 2012년 발표한 자료에 따르면 2100년까지 평균적으로 약 70~100cm 내외의 해수면 상승이 일어날 것이라고 예측됨

(9) 기후 : 일정 기간 특정 지역에서의 기상현상의 평균 상태

7.2 기후변화 영향

7.2.1 일반사항

생태제방은 평상 파랑, 이상 파랑 그리고 해수면 상승이 발생하더라도 허용량 이상의 월파 및 배후지 침수가 발생하지 않도록 설계하도록 한다. 추가적으로 지속적인 파랑 작용으로 인한 식생 완충지대 침식 등의 구조물 안정성 저해 현상을 방지하도록 한다.

7.2.2 하중

(1) 생태제방 설계에 고려해야 할 주요 하중은 파랑이다. 설계에서는 원칙적으로 불규칙파를 이용한다. 불규칙파의 대표파고 및 주기는 유의파고 및 유의파주기로 한다. 연안역에서의 파고, 주기 및 파향의 변화를 검토할 때에는 지형에 의한 파랑의 굴절, 회절, 쇄파변형 등을 고려한다.

(2) 연안시설에 대한 설계파 재현주기는 시설의 목적성능, 설계공용기간, 시설물의 초기 공사비와 유지관리비로 이루어지는 생채주기비용(life cycle cost), 시설이 피해 발생 시 배후에 미치는 영향 및 유지보수의 용이성 등을 종합적으로 고려하여 결정한다.

(3) 설계에 이용되는 해수면은 약최고고조위를 기준으로 한다.

(4) 기후변화로 인한 해수면 상승이 설계파랑의 파고 상승에 미치는 영향을 고려하여 설계를 진행한다.

7.2.3 적용방법

(1) 생태제방을 포함한 호안·제방 구조물의 마루높이의 설계는 해수의 침입 및 파의 쳐오름과 월파를 방호할 수 있도록 한다. 기후변화로 인해 파고나 조위가 증가하면 쳐오름과 월파량이 증가하여 기능을 상실할 수 있으므로, 이에 대비한 설계를 해야 한다.

(2) 기후변화를 고려한 생태제방 설계 방법은 먼저 1) 생태제방을 설치하는 지역의 해안 형상 및 파랑 특성을 분석하고, 2) 이를 고려하여 설계파를 산정한다. 3) 기후변화 시나리오를 선정하고 설계파 변화 및 해수면 상승을 적용하여 설계를 수행한다.

(3) 설계파를 결정하는 요소는 파형, 파고, 주기 및 파향 등이 있다. 설계파는 일반적으로 50년 빈도의 불규칙파를 이용하지만 기후변화를 고려하여 100년 빈도의 파를 이용할 수 있다, 해수면 상승은 IPCC 등에서 발표하는 지역별 해수면 상승 예측 자료를 활용한다.

(4) 생태제방 설계에서 지지 구조물의 마루높이는 설계파고와 조위를 고려하여 결정한다(마루높이＝조위＋설계파고＋여유고). 동시에 기상, 해상 지형 그리고 수리적 조건 등을 고려하여 해당 연안 지역 특성에 맞는 설계를 수행한다.

(5) 식생 완충지대에 식재되는 식생의 선정은 대상 연안의 자생종이나 서식 가능한 식생을 위주로 기상, 지형 및 주변환경 등을 고려해서 선정한다. 해수면 상승에 대응하기 위해 식생의 유기물 축적에 의한 연안 습지 지대 상승의 속도가 해수면 상승 속도보다 큰 식생을 선정하도록 한다. 그리고 기후변화로 인한 파랑의 크기 및 주기가 증가하여도 식생 완충지대에서 이탈하지 않도록 충분히 복잡한 뿌리구조를 지닌 식생이어야 한다.

7.3 취약성 평가

7.3.1 일반사항

생태제방이 기후변화로부터 받을 수 있는 구조물의 기능이나 안정성 상실을 평가하고 적응대책을 수립한다.

7.3.2 취약성 분석

생태제방이 기후변화에 취약할 수 있는 사항들을 검토하고, 이에 따른 적응대책을 마련한다.

7.3.3 안정성 평가

(1) 생태제방의 안정성 평가는 크게 두 가지 조건의 안정성을 고려한다. 첫째는 파랑의 처오름, 월파 및 배후지 침수 발생 등 제방 기능에 대한 안정성이며, 둘째는 식생 완충지대에 식재된 식생 및 토양의 구조적 안정성이다.

(2) 제방 기능에 대한 안정성은 주로 이상파랑을 가정한 설계파를 적용하여 평가한다. 설계파의 파고, 주기, 파향 등의 제원은 해당 지역의 관측 자료에 기초한 통계분석을 통해서 설정한다. 그리고 심해에서 발생한 설계파가 연안에 위치한 제방 구조물에 직접 작용할 때의 파랑은 천해역에서의 파랑 변형을 수치계산법으로 고려하여 결정한다. 쳐오름 및 월파는 파랑의 불규칙성을 고려한 모형실험, 불규칙파를 대상으로 한 산정법 또는 대표파고와 주기가 있는 규칙파를 대상으로 하는 산정법을 이용하여 산정한다. 계산된 쳐오름 및 월파량을 설계허용량과 비교하여 기능 안정성을 평가한다.

(3) 식생 완충지대의 구조적 안정성은 식생 부분과 토양 부분으로 구분된다. 식생의 안정성은 식생의 개체군밀도, 생체량, 일차생산량, 뿌리깊이 그리고 뿌리밀도를 측정하여 목표수준 이상의 수치가 달성되는지를 평가한다. 식생의 안정성에 영향을 미치는 요소는 기상, 연안 토양 및 해수의 생지화학적 특성 그리고 식생 생리학 등이다. 토양의 안정성은 식생 완충지대 토양의 퇴적 및 세굴량을 측정하고, 해수면 상승량보다 더 높게 유지되고 있는지 여부를 평가한다. 토양의 안정성에 영향을 미치는 요소는 파랑, 토질 및 지형의 특성 등이다.

(4) 기후변화를 적용한 생태제방 취약성 평가 및 설계는 다음과 같은 순서로 수행한다.

① 생태제방 설치 대상지역의 파랑, 지형 및 기상의 특성을 고려하여 설계파를 산정한다.

② 산정된 설계파에 기후변화 시나리오를 적용하여 이상파랑 파고와 주기 증가 및 해수면 상승에 따른 조위 상승을 반영한다.

③ 쳐오름과 월파량 산정식을 이용하여 생태제방에 미치는 영향을 고려한다.

④ 생태제방의 기능 안정성 및 구조적 안정성을 평가하여 취약점을 파악한다. 내용을 정리하여 순서도로 그림 7.3.1에 나타내었다.

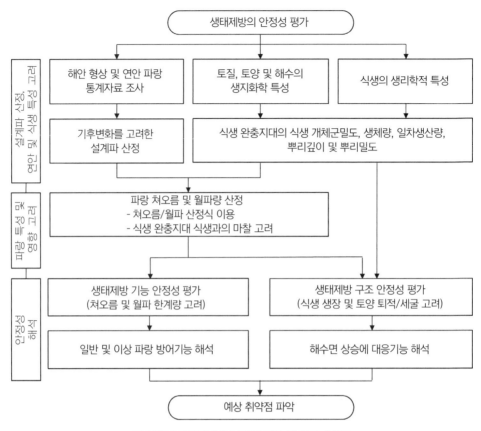

그림 7.3.1 생태제방의 안정성 평가 및 해석 흐름도

7.4 적응대책

7.4.1 일반사항

(1) 가치평가를 수행하여 투자 우선순위와 대책수립 시기를 결정하고 적절한 규모의 대비 시설을 구축하여야 한다.

(2) 가치평가는 대책시설물 건설로 인해 미래에 발생하는 피해 저감 편익과 대책시설물의 수명 변화로 인한 유지관리 비용 변화를 고려하여 수행하여야 한다.

7.4.2 구조적 대책

생태제방이 기후변화에 가지는 취약점에 대응하기 위해 다음과 같은 공법을 적용한다.

(1) 식생 완충지대 침식 방지

① 식생 완충지대는 완경사 호안으로 분류할 수 있기 때문에, 파랑에 의한 침식에 취약할 수
있다. 기본적으로 식생 뿌리에서 기인하는 침식 대응력을 가지고 있으나, 예상치 이상의 침
식이 발생하는 경우 대응책을 도입하여 추가적인 침식을 방지해야 한다.

② 가장 기초적인 대응법으로는 식생 완충지대를 계단식으로 조성하여 쇄파효과를 극대화하
여 침식을 감소시킨다(그림 7.4.1). 계단 구조는 낙차가 발생하는 구간에 목책 등을 설치하
여 구성한다. 계단식 구조는 월파량을 감소시킬 수도 있는데, 이는 월파량이 상대적으로 큰
완경사 호안의 단점을 동시에 보완하는 데도 효과적인 방법이다. 이 외에도 돌제나 이안제
등의 병행 설치를 통해서 해양으로부터 접근하는 파랑과 해류의 영향을 저감하여 식생 완
충지대 침식을 예방한다.

(2) 식생 성장 촉진

① 기후변화로 인해 해수면 상승 속도가 증가하였을 경우, 식생 성장 촉진을 통한 유기물 공급
량을 늘려 지대 상승 속도를 증가시킨다. 또한 파랑 크기 증가 등으로 인해 식생과의 마찰
로 인한 쇄파 효과가 더 크게 필요한 경우에도, 성장 촉진을 통해 생체량을 증가시킨다. 일
차적인 성장 촉진책으로는 식생 완충지대에 유기 비료를 투입하는 방법이 있다. 유기 비료
가 연안 습지 토양 10cm까지 영향을 끼친다고 가정하여, 연안 습지 단위면적당 유기 탄소

완경사식 식생 완충지대   계단식 식생 완충지대

그림 7.4.1 식생 완충지대 침식 저감을 위한 계단식 구조 모식도

및 질소 비료의 농도가 각각 $4\mathrm{mg\,C\,g}^{-1}$ soil & $1\mathrm{mg\,N\,g}^{-1}$ soil이 되도록 투여하는 것이 권장된다. 단, 주변 해안 지역에 미칠 환경적 영향을 고려하여 적절한 투입시기와 양을 수정하여야 한다. 직접적인 비료투입에 대한 대안으로, 영양염류가 풍부한 농업/축산 용수를 저농도($4\mathrm{mg\,C\,g}^{-1}$ soil & $1\mathrm{mg\,N\,g}^{-1}$ soil 수준)로 희석하여 투입함으로써 식생 생장 촉진과 용수 처리 두 가지 목표를 달성한다.

② 비료 투입 외의 식생 성장 촉진 방안으로 식생 간벌이 있다. 식생의 성장기에 간벌을 실시하면 자연 상태보다 더 높은 생체량과 일차생산량을 나타내므로, 식생에서 유래되는 유기물의 양을 증가시킨다. 간벌은 전체 생체량의 30% 정도만 시행하며, 발생하는 식생 잔해가 파랑 등에 의해 유실되지 않도록 그물망 등을 이용하여 관리해야 한다. 간벌 시기는 늦봄에서 초여름 사이가 적절하다.

(3) 식생 완충지대 구획화

① 식생 완충지대를 구성하는 식생을 단일 종이 아닌 여러 종을 구획별로 식재하는 방법이다. 단일 종을 넓은 지역에 식재할 경우에는, 상대적으로 서식에 적합하지 않은 영역에 식재된 식생의 생장이 저하될 가능성이 높다. 여러 종의 식생을 각각이 선호하는 서식지 조건에 맞추어 식재하면 이러한 문제가 효율적으로 해소된다.

② 또한 기후변화 등으로 인해 식생 완충지대 생지화학이 변화할 가능성이 존재한다. 이때 단일 종으로 구성된 식생 개체군은 대응 능력이 떨어지는 반면, 여러 종의 식생으로 구성되어 있다면 서식지 환경 변화에 영향을 덜 받는다.

③ 생태제방의 식생 완충지대 조성을 위해 이용할 수 있는 식생을 표 7.4.1에 정리하였다. 식생이 생장할 수 있는 염도 조건과 기타 생장 특성을 이용하여 식생 완충지대 구획화에 적절한 식생을 선정하여 적용한다.

표 7.4.1 생태제방 식생 완충지대

학명	국명	수명	염분조건 (mS cm^{-1})	식생높이 (cm)	식피도 (%)	일차생산량 (g m^{-2} yr^{-1})
Suaeda japonica	칠면초	일년생	고염도 (>48)	24-45	35-100	642-965
Suaeda maritima	해홍나물	일년생	고염도 (>48)	35-40	23-95	980-1120
Zoysia sinica Hance	갯잔디	다년생	중염도 (48–2.2)	10-30	25-100	310-410
Limoniumtetragonum	갯질경이	이년생	중염도 (48–2.2)	18-40	15-90	500
Phragmits communis	갈대	다년생	중염도 (48–2.2)	30-100	60-100	1680-2170
Artemisia fukudo	큰비쑥	다년생	저염도 (<2.2)	15-100	25-35	687

7.4.3 비구조적 대책

(1) 식생성장 관측 및 관리

식생 완충지대 설치 초기에는 식생의 생장이 원활하지 않을 수 있다. 따라서 식생 완충지대를 구성하는 식생의 생장이 정상적으로 이루어지고 있는지에 대한 지속적인 관측이 필요하다. 이를 위해 식생 완충지대에 방형구를 설치하고 식생 생체량, 식생높이 그리고 일차생산량 등을 모니터링하고, 생장을 관리해야 한다. 식생 생장의 관리는 생태제방 조성 초기 2~3년간 1개월 단위로 집중 시행하고, 그 후에는 연 1회 정도 시행한다.

(2) 위험표지의 설치

생태제방에 포함되는 연안 습지 및 식생 완충지대에는 민간의 출입 및 활동을 금지하도록 안내하는 표지를 설치하여야 한다.

(3) 생태제방 DB 구축

생태제방 설치 지역의 해수면 높이와 식생 완충지대 토양 표면 상승량을 지속적으로 관측하고 이에 대한 DB를 구축하여, 생태제방의 해수면 상승 대응 능력에 대한 관련 자료들을 체계적으로 관리해야 한다.

Part _ **III**

가치평가를 통한
적응지침 예제

CLIMATE CHANGE-INDUCED
INFRASTRUCTURE DESIGN MANUAL

KSCE PRESS
KOREAN SOCIETY OF CIVIL ENGINEERS PRESS

기후변화 시나리오

배덕효 (세종대)

01 기후변화 시나리오

1.1 기후변화 시나리오 생산

1.1.1 생산절차

(1) 본 장은 본문에서 언급한 절차를 기반으로 서울지역 사회기반시설에 대한 기후변화 영향평가를 수행하기 위해 기후시나리오 생산 과정을 다음과 같이 제시하였다.

(2) 생산된 시나리오는 Part II의 각 사회기반시설물별 기후변화 영향평가 및 설계예제에 활용하였다.

① RCP시나리오 중 RCP 4.5(온실가스 저감이 상당 부분 실현)와 8.5(온실가스 배출이 현재 추세를 유지) 시나리오를 이용하였다.

② 서울지역 기후시나리오 생산을 위한 GCM은 기상청에서 도입 및 응용하고 있는 전 지구 대기 – 해양결합모델인 HadGEM2-AO를 선택하였고 통계적 상세화 방법을 활용하였다.

③ GCM 모형을 통해 생산되는 기후변화 시나리오에 대한 공간적 상세화 기법은 분야 내 활용도가 높은 이중선형보간법(Bilinear Interopolation)을 적용하였다. 통계적 후처리 기법은 보편적으로 쓰이고 있는 선형보정기법을 적용하였다.

1.1.2 활용 방안

(1) 사회기반시설에 대한 기후변화 영향평가를 수행하기 위해 통계적 상세화가 수행된 기후시나리오로 생산된 미래기간의 주요 특성을 분석할 수 있다.

(2) 시설물별 요구되는 기후변화 영향인자는 서로 상이하므로 설계 입력자료 검토대상과 인자 간 상관관계를 바탕으로 설계조건에 부합되도록 고려해야 한다.

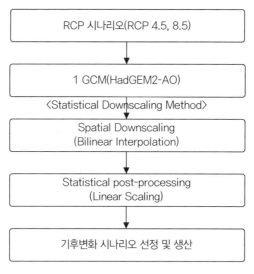

그림 1.1.1 서울지역 기후변화 시나리오 생산과정

(3) 생산된 기후변화 시나리오 자료는 각 시설물의 기후변화 영향평가를 위한 모의 입력자료로 활용되어 미래기간에 대한 시설물 평가를 수행하고 장·단기 적응대책을 수립하는 데 기초자료로 활용할 수 있다.

(4) 본 장에서는 시설물별 기후변화 영향인자를 검토하여 시설물별 설계방법과 예시를 제시하였다.

1.2 서울지역 기후시나리오 생산

1.2.1 기상관측자료 수집 및 구축

(1) 기후변화 적응 사회기반시설의 설계를 위한 대상지역으로 우리나라의 대표적인 도시인 서울지역을 선정하여 이와 관련된 기상관측자료를 수집 및 구축하였다.

(2) 관측 기후변화를 분석하기 위해서 대상지역 및 인근 지역에 존재하는 기상관측소 중 관측소의 지리적 위치가 적정하며 통상 기후평년(30년) 이상의 기후자료가 확보되어 있는 기상청 서울지점(108) 자료를 수집하였다.

(3) 가용한 자료의 구축기간은 일단위 및 시단위 자료의 총30년(1976~2005년)이며, 강수량(mm) 등의 기상인자가 포함된다.

(4) 구축자료는 기후자료의 년, 계절, 월별 기후특성 및 이상기후 현상일수 분석, 확률강우량 산정을 위한 빈도해석에 활용하였다.

1.2.2 기후변화 시나리오 수집 및 구축

(1) 서울지역 기후변화 시나리오 생산을 위해 선정한 GCM (HadGEM2-AO) 자료를 구축하기 위해, CMIP5 자료를 주관하고 있는 ESGF(the Earth System Grid Federation)의 홈페이지를 이용할 수 있다.

(2) CMIP5 기후변화 시나리오는 ESGF(the Earth System Grid Federation)에서 주관하여 구축, 관리, 제공하며 PCDMI(Program for Climate Model Diagnosis and Intercomparison), BADC(the British Atmospheric Data Centre), DKRZ(German Climate Computing Centre), NCI(New Climate Institute)에서 자료를 제공하고 있다.

- PCMDI : http://pcmdi9.llnl.gov
- BADC: http://esgf-index1.ceda.ac.uk
- DKRZ: http://esgf-data.dkrz.de
- NCI: http://esg2.nci.org.au

(3) 또한 각 홈페이지로부터 Database(DB)관리 홈페이지인 'ESGF Portal'에 접속하여 자료를 다운로드할 수 있다.

(4) 해당 홈페이지를 통해 실험, 모형, 기상변수, 시간스케일 등에 따라 원하는 GCM 자료를 조회 및 다운로드할 수 있다.

① HadGEM2-AO를 포함한 GCM 자료는 Net CDF(.nc) 형식으로 되어 있으며, 파일명은 변수명, 시간해상도, GCM 모델명, 실험명, 자료기간 등을 포함한다.

② 다만, 각 자료는 CMIP5 파일 내에 위도, 경도, 기상자료 값이 존재하며 강수, 기온 등 각 기상변수는 그림 1.2.2와 같이 3차원(시간, 위도, 경도) 구조로 제작되어 있다.

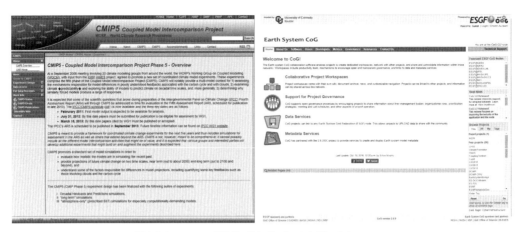

그림 1.2.1 CMIP5 메인 홈페이지(PCMDI) 및 ESGF Portal

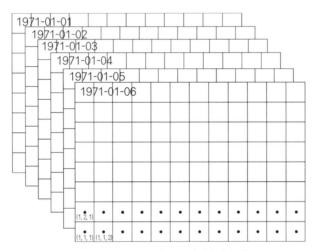

그림 1.2.2 CMIP5 자료구조(기상변수별)

③ NetCDF 형식은 윈도우 운영체제 환경에서는 활용할 수 없으며, 리눅스 운영체제상에서 NCL 등의 프로그램을 통해 조정 및 변환할 수 있다.

④ 자료처리는 곡선좌표계를 등격자좌표계로 변환하는 좌표변환, ASCII 형태로 원하는 정보를 추출하는 과정이 포함된다. 자료처리 후, 기상변수별 시계열 격자자료 형태로 처리된 파일은 상세화 기법이 가능하다.

1.2.3 상세화 기법 적용 및 상세 기후시나리오 생산

(1) GCM에 통계적 상세화 기법을 적용하여 공간적으로 고해상도의 시나리오를 생산하였고, 공간적 상세화 기법(Spatial Downscaling; SD)으로 이중선형보간법을 적용하여 상세화하였다.

(2) 이를 통해, 기상청 서울지점(108)에 해당하는 과거 및 미래기간에 대한 시계열별 기상변수에 대한 상세 기후변화 자료를 생산할 수 있다.

(3) 통계적 후처리 기법으로 선형보정기법을 이용하였으며, 상세화 과정에서 발생하는 편의를 보정하여 서울지역에 대한 일단위 상세 기후시나리오를 생산하였다.

(4) 기후특성 변화를 평가하기 위해 기후평년(30년)을 고려하여 과거기준기간 및 미래 3기간(전반기, 중반기, 후반기)으로 구분하였다. 각 기간은 과거기준기간(S0, 1976~2005년), 미래 전반기(S1, 2010~2039년), 미래 중반기(S2, 2040~2069년), 미래 후반기(S3, 2070~2099년)이다.

1.2.3.1 연평균 변화

(1) 연평균 기온은 RCP 4.5, 8.5 모두 지속적으로 상승하는 추세이다. 미래 S1 기간의 기온은 13.2~13.5°C, S2 기간은 14.7~15.2°C, S3 기간은 15.4~17.3°C로 21세기 말 최소 0.8°C에서 4.9°C까지 상승할 전망이다.

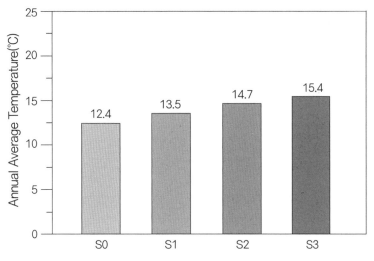

그림 1.2.3 미래기간별 연평균 기온 전망(RCP 4.5)

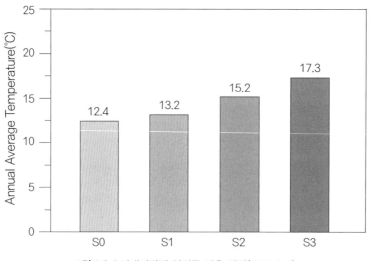

그림 1.2.4 미래기간별 연평균 기온 전망(RCP 8.5)

(2) 연평균 강수량은 RCP 4.5는 상승하는 추세이고, RCP 8.5는 미래 S1 기간에 하강하다가 상승 하는 추세이다. 미래 S1 기간의 강수량은 1312.1~1431.9mm, S2 기간은 1530.5~1541.5mm, S3 기간은 1543.0~1627.8mm로 21세기 말 최대 244.1mm까지 상승할 전망이다.

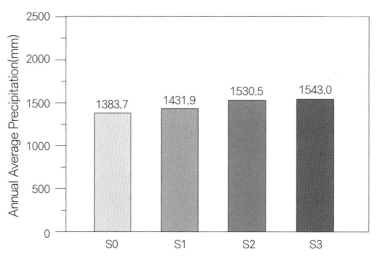

그림 1.2.5 미래기간별 연평균 강수량 전망(RCP 4.5)

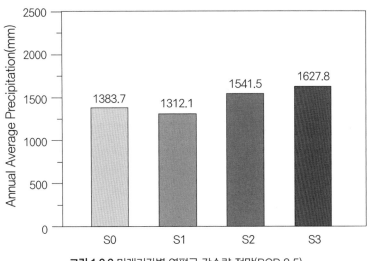

그림 1.2.6 미래기간별 연평균 강수량 전망(RCP 8.5)

1.2.3.2 월평균 변화

(1) 월평균 기온은 RCP 4.5 및 RCP 8.5하에서 현재의 월별 추세를 유지하면서 증가하고, 미래 후반기로 갈수록 현재 대비 월평균 기온이 증가할 것으로 전망된다.

(2) 미래기간별 증가율에 대해 RCP 4.5의 경우 거의 유사하지만, RCP 8.5는 후반기(S3)로 갈수록 기온상승이 뚜렷할 전망이다.

(3) 월평균 강수량은 RCP 4.5 및 8.5하에서 미래기간으로 갈수록 증가하며, 4~10월의 경향은 기간에 따라 다소 상이할 것으로 전망된다.

(4) RCP 4.5의 경우는 7월 강수량이 크게 증가할 전망이며, RCP 8.5 경우는 7, 9월의 강수량이 증가할 전망이다.

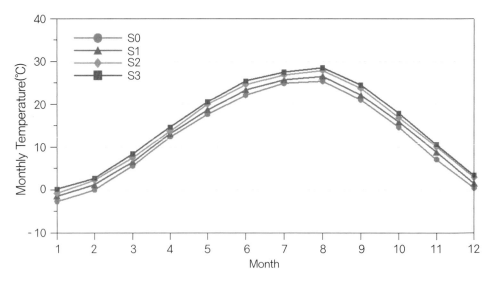

그림 1.2.7 미래기간별 월평균 기온 전망(RCP 4.5)

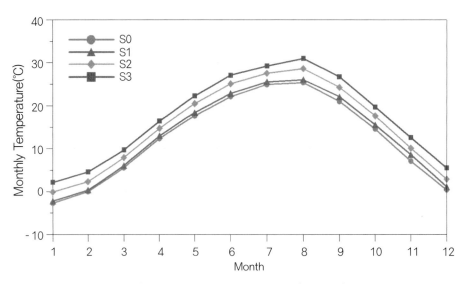

그림 1.2.8 미래기간별 월평균 기온 전망(RCP 8.5)

[별첨] 서울지점 상세 기후변화 시나리오 자료 분석

1. S0 기간(1976~2005년)의 기후모의 결과

○ 월평균 기온(단위 : ℃)

YEAR	JAN	FEB	MAR	APR	MAY	JUN	JUL	AUG	SEP	OCT	NOV	DEC
1976	-5.5	-2.8	2.5	10.2	17.0	20.6	23.6	24.8	19.9	14.1	3.0	-1.0
1977	-1.9	0.9	5.2	10.7	16.0	23.0	24.2	24.4	20.9	13.9	8.0	0.5
1978	-2.8	0.4	4.6	11.4	17.9	22.1	23.2	23.9	21.0	13.8	5.4	-0.3
1979	-2.4	-0.6	8.6	13.2	18.0	24.0	27.4	24.7	22.3	14.1	10.1	0.9
1980	-4.4	-0.2	5.0	12.6	17.8	20.2	23.3	25.8	19.7	14.9	6.4	4.2
1981	-3.8	0.0	6.1	13.6	18.5	22.9	25.5	24.7	20.9	14.4	6.0	-0.4
1982	-7.0	-1.4	5.6	10.1	16.6	21.7	24.4	26.0	19.3	15.0	7.6	0.4
1983	-2.7	1.3	3.6	12.1	19.1	21.8	24.5	25.1	20.5	15.5	7.4	-2.9
1984	-4.4	0.5	4.8	13.0	17.5	21.9	24.5	23.8	20.2	13.5	6.6	1.9
1985	-1.7	-2.0	6.9	12.1	17.3	21.6	26.4	25.6	20.9	14.0	9.0	-1.2
1986	-0.7	1.1	4.5	14.0	17.7	22.7	24.2	24.4	20.8	14.1	7.8	-1.0
1987	-1.1	0.5	5.0	13.3	17.7	22.6	24.7	25.7	20.9	14.2	6.7	0.1
1988	-0.8	-2.2	3.3	11.5	16.5	20.8	24.5	25.8	19.7	13.1	9.6	-0.5
1989	-2.5	1.5	5.9	12.4	17.9	23.1	26.3	24.7	20.7	14.8	6.5	-0.2
1990	-2.6	-0.4	6.4	11.6	17.9	21.8	24.3	27.4	21.7	14.3	6.4	-0.1
1991	-3.5	-2.3	6.6	13.4	17.4	21.9	24.6	27.4	21.3	14.0	5.9	0.7
1992	-4.6	0.2	7.2	13.4	17.9	22.4	23.5	24.3	20.4	15.3	4.7	-2.3
1993	-5.2	-2.2	4.6	11.4	17.0	20.9	23.1	24.0	19.9	14.2	6.3	-0.2
1994	-5.7	1.5	5.9	11.8	17.7	22.3	25.9	25.0	20.4	14.5	5.3	1.1
1995	-2.9	-1.0	5.3	11.9	16.6	21.2	25.0	25.2	20.4	13.6	9.1	1.3
1996	-3.6	0.2	4.4	12.2	17.6	22.4	26.1	26.6	23.1	15.5	8.2	2.6
1997	-1.7	-0.5	4.6	12.3	17.4	22.4	25.7	27.0	23.2	15.5	7.2	0.5
1998	-1.1	1.5	7.5	13.9	18.1	22.7	25.9	26.5	21.5	15.4	8.0	2.2
1999	-1.9	0.0	6.7	11.8	17.3	22.2	26.3	27.3	21.1	14.6	7.3	3.1
2000	-1.6	1.9	7.1	11.7	18.7	23.4	25.3	25.2	21.4	13.9	7.0	-0.6
2001	-1.5	-0.6	7.5	13.0	18.1	22.7	25.0	25.2	22.0	16.6	8.1	2.0
2002	1.7	2.7	6.3	13.1	18.4	22.1	24.1	25.2	21.8	14.5	8.3	1.6
2003	-3.8	-1.1	5.8	12.9	16.7	22.5	23.8	23.1	19.9	16.3	7.3	-0.8
2004	-1.0	2.5	4.8	13.3	18.9	21.1	26.3	26.2	22.0	14.9	6.1	-0.5
2005	-0.1	0.0	4.5	12.6	17.8	22.5	25.0	25.7	21.5	14.4	7.4	1.0

※ S0 기간 자료 값은 RCP 4.5 및 RCP 8.5 동일

○ 월평균 강수량(단위 : mm)

YEAR	JAN	FEB	MAR	APR	MAY	JUN	JUL	AUG	SEP	OCT	NOV	DEC
1976	6.5	33.0	84.7	90.1	13.6	159.6	644.7	190.5	64.0	53.2	22.6	3.7
1977	4.0	34.9	34.0	85.1	105.7	68.6	459.6	135.6	37.8	53.6	10.2	11.0
1978	20.2	47.2	23.9	86.7	24.5	220.1	193.8	119.1	60.8	22.0	43.9	24.6
1979	23.0	6.1	29.6	117.8	30.1	129.1	107.8	662.5	12.2	35.3	43.0	18.1
1980	37.8	24.8	28.0	53.3	66.4	76.9	272.2	950.7	143.6	76.3	45.1	34.4
1981	66.9	52.0	22.3	60.7	58.3	278.7	391.9	329.9	34.1	72.1	118.7	12.2
1982	26.1	8.2	64.8	34.9	113.7	61.5	151.4	214.5	89.7	143.9	49.1	1.7
1983	10.5	39.6	77.8	35.5	102.0	134.5	273.3	82.5	62.9	9.7	102.9	33.3
1984	13.9	4.6	42.6	30.6	176.2	312.2	430.2	396.7	106.7	47.1	44.4	16.4
1985	3.3	1.9	95.7	53.4	97.2	113.8	333.5	648.5	106.7	57.4	64.7	34.8
1986	14.2	35.5	14.6	169.0	88.2	142.2	566.6	476.0	7.9	30.2	178.7	4.5
1987	7.8	37.8	13.6	15.6	166.0	105.5	414.2	145.9	588.2	46.2	75.1	22.8
1988	83.1	22.3	48.3	63.8	109.6	67.6	378.3	396.1	341.3	16.0	27.4	14.4
1989	13.9	16.9	29.0	41.7	110.9	17.0	374.5	1302.4	107.2	90.9	54.7	7.3
1990	8.0	46.1	13.6	49.6	75.9	134.7	389.0	37.9	636.4	22.5	58.9	48.5
1991	20.6	21.2	7.8	102.0	103.8	110.8	118.4	71.9	272.5	12.7	1.5	12.5
1992	7.0	101.2	103.8	109.2	86.6	88.3	348.6	264.3	141.4	57.0	30.2	57.6
1993	49.0	8.4	20.4	58.8	79.2	374.4	285.9	366.4	103.2	69.2	22.6	36.7
1994	13.2	2.6	69.4	41.0	103.0	10.8	59.2	917.1	43.7	56.2	10.3	15.2
1995	39.1	4.6	51.4	66.5	226.9	134.2	694.9	247.3	41.2	47.9	36.3	47.8
1996	25.7	20.2	55.4	145.9	33.9	107.3	26.7	79.1	24.3	19.1	34.5	38.7
1997	14.4	10.7	29.0	90.4	112.7	31.4	253.8	165.4	166.2	92.0	10.1	26.6
1998	16.3	24.3	5.2	58.6	111.4	87.7	271.7	261.7	293.3	44.7	118.8	58.1
1999	5.8	6.0	73.5	98.6	39.0	444.9	76.4	121.8	49.1	57.0	34.5	26.1
2000	5.1	18.7	16.4	342.9	89.4	189.2	584.0	107.1	175.7	58.3	29.7	39.9
2001	6.8	25.4	69.3	35.7	38.0	159.2	234.0	205.1	20.3	89.2	89.8	30.6
2002	15.9	20.8	39.8	43.6	211.6	88.0	641.7	803.0	42.7	12.9	69.3	14.7
2003	9.7	19.8	7.8	68.5	145.6	101.8	684.3	330.4	19.3	38.6	28.5	36.1
2004	5.7	49.5	26.3	31.0	78.5	116.4	81.2	634.3	374.3	51.6	30.6	1.8
2005	9.7	24.9	63.3	51.6	76.3	215.9	646.2	157.5	192.8	27.0	103.8	10.7

※ S0 기간 자료 값은 RCP 4.5 및 RCP 8.5 동일

2. 미래 S1 기간(2010~2039년)의 기후전망 결과

○ RCP 4.5, 월평균 기온(단위 : ℃)

YEAR	JAN	FEB	MAR	APR	MAY	JUN	JUL	AUG	SEP	OCT	NOV	DEC
2010	0.8	4.0	8.1	13.0	18.1	22.4	24.4	25.0	21.1	15.6	8.0	2.2
2011	-1.9	2.1	7.1	11.7	17.8	23.3	25.5	25.5	21.2	16.7	9.3	2.7
2012	-0.6	0.2	6.6	12.5	16.3	22.2	24.9	25.8	21.2	16.0	8.5	1.4
2013	-2.0	0.9	7.4	13.6	18.5	24.2	26.0	28.9	22.6	15.5	8.9	0.5
2014	-2.8	0.3	4.2	13.2	17.8	23.2	25.4	25.8	21.0	14.6	6.7	-0.1
2015	-3.4	0.3	4.7	13.0	18.7	23.0	25.2	27.5	22.2	15.4	7.4	0.0
2016	0.6	0.5	6.4	12.2	17.1	21.7	24.3	26.8	21.7	15.7	9.2	1.1
2017	-1.7	0.2	7.2	12.2	19.5	23.1	26.8	28.9	22.3	15.8	9.2	1.7
2018	-3.5	2.3	7.0	12.5	17.2	21.3	22.9	25.9	21.7	15.3	9.2	1.0
2019	-1.3	1.0	6.3	14.4	19.7	23.6	25.9	25.7	23.4	16.4	7.0	-0.3
2020	-0.9	0.3	4.1	12.1	17.2	22.5	22.8	25.2	21.3	15.7	9.1	2.3
2021	-0.2	1.0	9.2	14.7	19.9	22.8	26.7	25.3	22.0	17.2	6.4	0.7
2022	-2.3	2.3	5.3	12.1	18.3	21.3	24.1	25.8	21.5	14.8	9.1	1.2
2023	-1.4	2.0	5.7	11.1	18.2	22.9	26.2	26.0	22.0	15.9	9.9	3.4
2024	-2.2	3.1	9.7	13.2	19.5	26.8	25.6	26.3	22.4	15.3	10.8	2.8
2025	-2.4	-0.1	5.8	13.8	18.4	21.6	25.0	26.4	21.9	16.3	7.4	2.6
2026	-2.5	-0.8	5.3	12.3	17.0	22.7	26.2	26.6	21.5	14.3	8.7	0.2
2027	-2.9	-2.0	5.5	12.2	18.7	23.9	25.1	26.0	21.0	14.5	8.3	2.6
2028	-0.3	3.2	7.7	13.1	20.0	23.8	27.8	29.5	23.6	15.9	8.1	2.0
2029	-4.3	0.4	6.0	14.7	18.4	23.5	25.4	27.0	21.7	16.8	10.3	1.5
2030	-1.3	2.0	5.6	12.2	20.3	23.1	26.3	25.9	22.9	15.2	11.6	1.0
2031	-1.3	1.0	6.4	13.9	20.1	23.8	26.2	27.5	23.2	16.1	7.4	2.4
2032	0.6	2.8	5.7	13.1	17.8	22.8	26.2	25.7	21.9	16.4	9.7	1.3
2033	-4.1	-2.0	5.3	13.7	19.1	21.5	24.0	26.5	22.0	15.4	8.2	0.3
2034	-1.5	1.6	8.6	13.4	18.7	22.9	27.9	27.5	22.9	16.2	8.8	0.9
2035	1.5	-2.2	4.4	13.2	19.5	25.5	26.8	25.5	22.3	17.2	9.2	-0.8
2036	-0.3	3.6	7.5	14.2	19.7	25.9	27.1	26.3	22.9	15.2	8.6	2.3
2037	0.4	3.4	6.9	14.4	19.0	24.2	24.6	27.3	22.2	15.8	10.9	0.7
2038	-2.1	2.9	7.3	13.4	20.5	25.9	29.7	29.0	23.1	16.3	8.7	2.6
2039	-0.9	0.7	8.1	12.8	18.7	24.5	25.7	24.5	22.0	17.1	10.0	3.8

○ RCP 8.5, 월평균 기온(단위 : ℃)

YEAR	JAN	FEB	MAR	APR	MAY	JUN	JUL	AUG	SEP	OCT	NOV	DEC
2010	-2.9	0.8	6.9	14.1	17.6	22.0	27.1	25.9	21.6	16.5	7.8	-0.7
2011	-3.0	-2.0	4.6	12.5	18.6	24.5	26.9	26.8	22.5	15.5	7.6	-0.3
2012	-3.0	0.4	4.6	12.0	17.4	22.5	25.8	24.8	19.5	13.7	9.2	2.2
2013	-1.3	0.3	6.3	12.4	17.8	22.3	25.9	26.4	21.5	15.5	8.0	-1.2
2014	-4.9	1.5	6.6	14.3	18.3	25.0	25.2	27.0	23.0	15.2	6.6	1.0
2015	-1.9	0.9	6.6	13.0	20.1	23.6	25.8	24.8	22.9	15.9	8.2	1.8
2016	0.4	0.6	3.8	12.8	17.8	21.9	22.1	24.1	21.7	13.8	7.6	-0.8
2017	-0.9	0.7	7.9	13.0	18.4	23.1	25.5	25.7	21.9	15.0	8.8	1.9
2018	-2.9	0.2	7.4	14.3	17.6	21.3	24.2	25.0	20.4	16.4	9.3	0.1
2019	-2.7	1.2	5.8	12.2	16.8	20.2	23.9	24.4	21.5	13.8	9.0	0.4
2020	-3.8	2.0	4.1	12.3	17.3	21.7	25.0	25.9	22.0	13.7	8.1	1.6
2021	-4.3	-0.3	5.9	12.9	17.3	22.4	26.1	24.7	21.6	16.3	7.5	1.0
2022	0.3	2.5	8.4	12.9	19.3	22.6	25.9	25.4	22.3	16.7	8.8	-1.3
2023	-3.3	0.6	5.7	13.3	17.3	21.1	24.4	25.7	23.6	16.0	9.9	3.3
2024	-1.7	1.7	5.2	13.1	17.5	23.1	25.2	26.5	21.8	16.5	6.1	1.1
2025	-3.1	-0.5	4.2	12.2	19.4	23.4	25.8	25.8	21.1	15.3	9.5	-1.0
2026	-0.9	-1.8	4.9	13.1	17.7	21.7	26.6	29.0	21.9	16.1	8.0	2.8
2027	-0.2	-2.3	5.9	12.5	18.0	22.5	26.3	26.9	21.3	13.5	7.3	0.5
2028	-2.8	-1.6	5.5	11.1	17.8	20.6	22.3	25.7	22.0	16.2	9.3	0.8
2029	-4.1	1.9	7.6	12.6	17.1	22.6	25.2	24.5	21.5	15.0	11.0	2.8
2030	-1.0	1.9	6.9	13.9	18.7	23.3	27.9	27.6	23.4	14.2	9.6	0.9
2031	-3.9	-0.9	5.3	12.2	20.1	23.6	27.5	26.8	22.2	14.6	9.5	2.4
2032	-0.2	1.3	5.2	14.5	17.2	21.2	24.8	24.8	22.1	16.8	9.3	1.4
2033	-3.8	3.2	6.2	14.2	18.4	24.0	25.4	24.7	21.7	14.1	8.7	2.7
2034	-0.2	-0.2	4.4	12.5	16.7	21.8	25.6	24.6	20.8	16.5	7.2	1.8
2035	-2.9	-3.8	5.1	12.1	19.1	22.1	26.4	28.3	22.7	14.9	7.6	-0.6
2036	-2.3	-0.9	8.9	12.3	20.4	26.0	27.6	28.8	24.5	19.3	9.8	1.7
2037	1.1	0.0	8.3	14.4	20.0	24.3	23.8	25.1	22.3	15.0	8.7	1.8
2038	-1.9	0.1	6.8	13.3	20.5	25.3	26.9	28.2	23.4	16.0	10.4	1.6
2039	-4.9	2.2	7.5	13.7	20.7	25.4	25.6	27.2	23.1	17.4	9.7	3.8

○ RCP 4.5, 월평균 강수량(단위 : mm)

YEAR	JAN	FEB	MAR	APR	MAY	JUN	JUL	AUG	SEP	OCT	NOV	DEC
2010	36.0	70.5	39.2	113.3	81.7	201.2	265.6	104.8	123.5	53.2	14.3	14.0
2011	20.6	19.5	68.9	70.3	75.8	34.3	624.8	94.3	419.8	139.7	110.4	51.9
2012	6.0	5.5	54.2	109.8	137.6	320.3	383.6	982.2	213.5	30.8	24.2	18.2
2013	29.5	34.9	99.2	34.6	32.6	109.8	413.6	73.6	51.1	82.7	67.6	31.8
2014	61.9	17.3	19.3	75.5	272.8	427.3	74.8	718.2	276.9	17.0	13.7	15.6
2015	6.1	10.7	15.7	27.9	47.1	46.2	217.1	451.9	34.9	18.5	17.5	16.9
2016	35.5	26.7	65.9	102.6	58.7	18.3	154.9	462.1	173.5	48.1	131.2	22.6
2017	8.6	10.1	86.1	52.7	86.4	128.0	38.4	30.6	361.3	25.4	33.6	16.7
2018	9.2	2.9	83.5	54.2	106.3	188.5	478.0	564.8	222.2	9.4	14.4	34.0
2019	11.7	20.4	30.2	47.3	163.0	81.5	110.9	88.7	107.3	78.9	43.1	9.7
2020	9.8	7.0	22.5	34.2	87.4	125.4	460.8	582.3	117.3	17.5	31.8	14.0
2021	47.6	0.4	56.2	34.0	109.1	327.9	164.6	450.4	149.5	53.4	60.4	7.5
2022	10.2	6.9	155.7	104.4	114.1	96.1	541.8	74.6	17.3	40.1	118.6	44.8
2023	15.5	13.0	10.5	61.7	88.9	113.1	488.1	374.8	22.5	10.7	49.0	28.5
2024	10.3	14.9	102.7	64.6	53.5	10.5	576.9	366.4	590.5	102.2	35.3	19.7
2025	9.4	30.4	37.3	79.3	135.6	79.3	339.6	125.7	33.7	199.9	35.6	39.0
2026	10.4	13.1	97.4	54.7	92.9	178.4	324.9	404.9	177	60.3	17.3	4.9
2027	4.3	2.1	25.8	65.5	88.7	53.8	658.0	352.6	96.1	13.5	21.1	12.8
2028	36.9	12.9	58.1	48.8	205.6	253.1	84.9	160.2	88.8	38.1	43.7	14
2029	25.6	43.2	122.4	181.4	120.0	337.9	721.3	90.2	46.2	73.7	63.2	20.2
2030	10.0	12.8	117.1	38.6	51.0	90.2	190.5	108.4	104.3	53.4	82.2	8.3
2031	22.4	49.7	81.2	58.8	183.9	162.1	179.0	507.1	59.8	29.7	46.5	6.0
2032	20.0	42.6	84.3	194.7	43.2	61.2	460.8	178.5	54.4	22.1	50.8	18.1
2033	8.4	25.8	56.3	92.3	154.4	84.8	955.4	568.8	235.8	52.5	64.1	4.5
2034	17.8	47.1	134.9	76.4	132.2	98.2	411.5	636.9	20.6	19.3	60.3	10.4
2035	48.1	48.6	22.1	24.0	191.2	36.7	480.9	596.2	98.1	53.0	33.9	10.8
2036	5.7	68.2	24.8	37.0	66.8	58.5	612.6	478.6	287.6	36.9	5.5	20.3
2037	27.5	9.2	61.9	63.8	81.1	461.5	730.4	149.9	119.1	68.9	72.3	68.4
2038	13.7	33.9	43.6	38.3	32.5	43.6	256.1	280.4	53.1	56.1	21.0	15.2
2039	5.5	47.8	75.4	54.4	102.8	81.4	249.9	390.2	9.4	19.9	47.2	54.1

○ RCP 8.5, 월평균 강수량(단위 : mm)

YEAR	JAN	FEB	MAR	APR	MAY	JUN	JUL	AUG	SEP	OCT	NOV	DEC
2010	7.4	44.4	37.2	4.0	96.5	219.3	93.3	426.7	32.1	24.2	39.4	10.0
2011	11.9	6.2	8.9	66.4	104.7	104.5	351.8	99.7	29.8	45.9	17.1	14.8
2012	12.1	36.8	46.1	27.7	101.2	253.0	239.5	649.0	286.2	66.8	11.0	25.0
2013	14.3	23.6	24.5	50.2	106.9	213.2	343.6	269.8	157.6	52.9	69.4	38.3
2014	32.5	80.3	32.2	22.6	147.5	95.1	496.1	57.7	120.5	8.5	74.8	9.9
2015	4.2	19.3	35.2	53.0	142.0	39.8	847.1	24.2	19.6	74.0	44.9	23.0
2016	7.7	16.0	47.1	60.5	187.2	158.7	458.4	320.6	58.8	10.9	65.2	7.5
2017	12.6	3.5	25.8	78.7	44.9	259.7	487.8	261.2	245.3	12.3	79.1	28.2
2018	5.7	7.4	12.9	40.8	111.0	328.3	413.3	726.6	718.4	119.3	64.5	20.3
2019	20.3	67.8	12.2	80.8	143.0	134.2	548.7	147.9	81.6	36.3	26.1	48.7
2020	5.5	9.9	53.8	71.2	81.4	402.7	776.5	161.9	228.2	40.9	33.4	26.0
2021	16.3	2.8	133.7	90.4	83.9	209.0	171.2	238.3	7.6	88.1	31.7	25.4
2022	29.6	8.9	57.8	76.3	315.1	66.7	395.1	225.2	115.0	224.4	73.9	57.6
2023	11.3	15.1	36.5	99.8	133.8	201.1	351.5	196.6	72.9	76.0	24.5	35.8
2024	1.6	11.6	11.3	30.6	50.1	44.6	502.8	321.9	143.0	60.1	21.3	35.7
2025	6.1	16.3	17.8	111.0	7.3	143.8	391.2	446.5	52.2	34.4	46.7	20.2
2026	14.5	12.4	6.9	59.2	84.7	9.7	316.9	236.5	125.9	28.2	89.9	82.8
2027	22.0	39.5	46.0	35.6	66.5	242.4	207.7	339.3	184.2	61.0	26.6	28.6
2028	11.9	17.6	37.3	66.1	38.7	342.3	46.2	53.6	92.0	22.2	110.5	12.1
2029	13.4	21.4	47.1	98.3	86.2	77.4	174.1	199.8	131.7	6.1	28.2	12.5
2030	7.2	56.3	132.8	31.0	21.2	70.7	240.5	412.0	26.7	32.0	36.8	8.6
2031	3.9	27.0	63.8	68.5	12.4	70.7	233.0	274.2	442.8	76.5	23.9	20.1
2032	48.7	3.9	99.5	61.8	118.0	69.8	238.5	345.7	31.6	58.2	65.3	22.5
2033	27.3	41.7	34.7	195.6	90.2	99.1	718.5	82.4	121.5	62.3	36.3	10.7
2034	29.5	31.5	42.3	114.4	125.9	136.7	539.5	425.2	233.2	86.2	57.6	13.3
2035	6.4	9.0	47.1	137.9	34.0	145.6	59.7	301.7	33.0	35.3	34.7	9.8
2036	10.4	17.5	45.3	70.5	17.6	31.0	237.0	102.8	140.9	168.8	33.1	16.1
2037	13.6	40.7	7.7	34.5	180.7	201.7	543.8	244.0	134.4	31.5	12.3	11.2
2038	8.4	5.7	76.4	100.4	23.6	129.3	245.4	274.2	68.6	110.2	41.6	16.4
2039	13.8	13.2	41.4	20.1	67.4	52.4	600.2	258.1	9.0	74.5	84.9	11.5

3. 미래 S2 기간(2040~2069년)의 기후전망 결과

○ RCP 4.5, 월평균 기온(단위 : °C)

YEAR	JAN	FEB	MAR	APR	MAY	JUN	JUL	AUG	SEP	OCT	NOV	DEC
2040	-0.5	2.6	5.9	14.6	19.4	26.7	27.3	26.2	22.8	16.8	9.6	1.1
2041	-1.3	-0.2	6.8	12.2	19.3	24.2	25.2	26.7	22.2	17.0	10.4	4.7
2042	-0.6	4.0	7.0	12.6	19.2	24.5	25.6	27.0	22.3	14.6	9.0	3.3
2043	-1.1	0.9	7.2	13.0	19.8	22.0	24.8	25.0	22.5	16.0	10.7	2.0
2044	-1.6	-0.7	7.5	13.1	18.0	23.3	25.9	25.9	22.2	16.9	10.4	4.8
2045	-1.0	2.2	6.2	14.2	18.8	23.3	25.6	27.2	23.6	15.5	8.9	2.7
2046	-0.8	2.5	7.7	11.8	19.7	22.8	25.4	28.4	22.9	16.1	9.9	2.9
2047	0.7	2.1	7.2	14.3	20.8	24.1	29.1	29.7	23.3	16.7	7.7	2.2
2048	-1.4	1.4	6.6	12.7	20.0	24.8	29.1	26.7	23.8	17.2	9.0	-0.7
2049	-2.7	0.4	7.5	14.0	21.9	23.8	28.1	29.6	24.1	17.7	8.1	3.6
2050	-0.7	0.8	5.3	14.0	19.0	25.8	24.6	27.0	24.0	18.2	10.8	3.4
2051	-1.6	2.7	8.8	12.8	20.3	25.4	26.8	30.2	24.5	15.7	9.0	2.3
2052	-1.3	2.3	7.9	13.5	19.4	24.7	25.9	28.9	23.6	18.6	12.2	0.3
2053	-1.8	2.5	6.9	11.6	20.1	25.8	27.9	28.9	23.4	16.9	10.3	0.9
2054	-2.5	0.4	8.2	14.3	20.4	22.9	28.4	25.3	22.0	16.4	11.2	3.9
2055	1.5	3.9	9.2	14.8	20.1	24.7	28.5	28.7	24.5	16.1	10.9	2.1
2056	-0.2	2.1	7.0	12.1	19.4	25.4	27.5	28.0	23.4	18.0	10.6	3.7
2057	-0.2	3.6	7.4	17.2	23.4	25.3	27.5	27.9	23.5	16.2	8.4	3.9
2058	-4.1	0.2	6.7	15.3	19.6	23.9	27.5	28.1	24.5	17.7	11.0	2.7
2059	1.1	2.8	7.2	12.8	18.3	24.6	26.0	26.7	23.4	15.9	9.9	3.3
2060	-0.5	5.0	9.0	15.9	19.8	25.9	27.2	29.3	25.4	17.0	9.3	2.7
2061	0.6	4.8	7.6	14.0	20.1	24.8	25.3	27.8	24.9	17.2	11.7	2.8
2062	-0.9	4.1	9.6	14.7	19.6	25.7	26.4	27.4	24.3	16.8	7.8	1.1
2063	-2.9	1.9	8.0	13.7	20.5	23.7	24.3	27.5	24.3	16.8	11.2	2.1
2064	-2.6	3.3	7.2	12.2	19.7	23.7	27.1	28.4	23.8	16.3	10.0	4.5
2065	-0.8	1.7	7.2	13.5	21.0	23.7	27.5	26.5	24.3	17.5	11.0	3.0
2066	2.3	2.9	7.6	13.5	19.2	26.2	27.6	28.5	24.4	16.7	8.8	6.3
2067	1.1	3.0	8.3	14.4	20.6	25.4	27.5	30.2	24.2	16.3	9.6	3.4
2068	1.9	1.7	6.2	15.2	20.4	24.4	28.1	29.6	23.6	17.1	12.5	2.7
2069	-2.7	1.3	9.6	13.3	20.9	25.8	27.4	29.1	24.8	18.7	11.6	3.9

○ RCP 8.5, 월평균 기온(단위 : ℃)

YEAR	JAN	FEB	MAR	APR	MAY	JUN	JUL	AUG	SEP	OCT	NOV	DEC
2040	0.8	3.9	10.3	15.0	18.4	24.4	25.9	27.3	23.5	16.3	9.2	0.0
2041	-1.9	2.8	6.5	13.9	19.3	23.6	28.7	28.8	23.8	16.6	8.1	3.1
2042	-1.2	1.5	6.2	13.4	19.3	23.9	25.8	25.5	23.0	17.0	8.7	3.7
2043	-1.6	1.4	8.7	14.0	20.3	24.2	26.7	28.3	23.9	16.3	9.2	4.2
2044	-3.2	2.3	9.1	14.5	20.0	23.6	24.4	26.1	22.9	17.8	11.2	3.0
2045	0.0	1.7	5.9	13.0	19.3	23.9	26.9	26.6	22.8	16.7	8.6	1.1
2046	-3.6	1.9	2.5	13.9	18.4	24.0	27.0	27.8	23.5	17.3	8.9	1.9
2047	-2.6	-1.2	3.9	13.7	17.5	22.9	26.8	27.1	22.9	17.1	10.0	1.8
2048	-1.0	-1.2	6.4	12.5	19.4	24.3	26.2	28.3	24.4	16.2	7.9	2.7
2049	-2.0	2.3	7.1	13.8	21.8	27.0	28.3	30.0	23.3	17.3	10.0	3.1
2050	-1.1	1.8	6.4	13.9	18.3	24.9	26.4	26.8	23.2	16.9	9.0	3.2
2051	-2.6	2.0	5.1	14.0	20.3	24.3	24.6	26.2	22.8	16.7	9.7	3.6
2052	-0.9	0.4	6.6	13.2	20.2	24.7	27.3	26.4	24.3	16.7	10.4	1.2
2053	0.2	2.9	8.3	15.2	19.4	25.5	26.4	27.9	23.9	15.2	9.0	2.8
2054	1.2	1.9	9.5	15.9	20.8	24.1	28.0	29.7	24.0	16.9	10.4	4.9
2055	2.8	4.9	11.4	15.7	21.6	26.2	27.1	27.2	24.6	18.4	11.1	2.5
2056	-0.3	3.3	8.6	14.2	20.3	24.5	27.9	29.5	23.7	17.8	10.1	3.0
2057	-0.4	1.5	9.2	15.4	20.4	24.4	26.7	30.2	25.4	18.5	11.1	2.2
2058	3.0	2.8	8.7	15.4	20.9	25.8	28.1	30.6	25.2	18.3	8.5	4.5
2059	0.5	4.5	11.1	16.3	20.8	26.8	29.0	29.5	26.5	20.1	10.0	5.9
2060	1.5	1.2	7.0	16.0	23.5	26.2	29.9	28.4	24.9	19.3	13.0	1.1
2061	1.0	2.2	9.2	16.0	21.5	26.3	28.2	29.2	24.7	17.3	10.8	0.8
2062	-2.2	0.5	7.4	13.9	20.2	23.9	28.6	30.3	24.3	17.7	11.4	4.9
2063	-0.3	3.1	9.7	16.2	20.9	25.0	26.6	27.7	24.2	18.0	11.2	2.1
2064	0.8	4.6	7.7	15.7	20.6	26.5	29.6	31.7	25.8	17.8	10.7	3.2
2065	2.3	4.6	9.4	16.2	20.7	26.5	27.9	29.2	24.4	18.4	9.5	0.2
2066	1.0	3.7	9.9	14.6	23.1	26.1	29.7	30.8	27.0	18.6	10.3	3.2
2067	1.8	3.0	8.9	15.4	21.9	23.8	27.2	30.0	24.8	18.8	12.5	4.7
2068	0.4	3.7	11.5	17.2	22.3	27.7	31.2	31.9	25.3	19.9	11.2	5.7
2069	3.0	1.7	6.5	14.2	22.5	27.8	29.1	28.4	25.3	18.5	10.5	3.8

○ RCP 4.5, 월평균 강수량(단위 : mm)

YEAR	JAN	FEB	MAR	APR	MAY	JUN	JUL	AUG	SEP	OCT	NOV	DEC
2040	17.1	37.3	18.5	125.2	18.9	47.8	365.2	129.3	403.9	94.7	42.5	5.5
2041	11.8	22.1	105.7	63.4	37.8	213.1	168.4	835.9	9.2	136.2	36.6	40.7
2042	10.3	31.7	49.5	54.6	108.1	110.7	190.0	447.2	392.3	11.1	96.7	22.4
2043	3.0	7.3	80.7	28.9	56.2	131.2	135.1	257.0	49.7	30.4	47.1	15.4
2044	6.8	43.8	25.0	120.2	173.5	309.6	537.9	743.8	94.3	79.4	105.8	43.4
2045	43.1	35.3	15.0	193.6	108.6	239.1	585.8	95.2	98.7	87.9	54.8	27.5
2046	7.3	6.8	45.6	105.6	305.9	331.0	344.1	99.2	53.5	15.3	61.5	3.9
2047	3.9	23.9	57.0	92.1	83.0	220.8	120.8	514.5	548.2	137.2	19.5	8.5
2048	16.2	19.3	89.8	19.2	61.9	129.9	98.7	298.1	15.0	81.8	73.3	11.5
2049	19.4	5.6	9.5	36.3	37.8	104.8	357.5	226.2	204.3	193.5	68.0	27.1
2050	30.8	64.2	98.3	48.0	93.7	80.5	74.9	123.2	99.0	38.5	26.5	45.0
2051	21.9	38.7	56.6	153.8	52.7	15.0	759.6	16.3	70.2	39.5	54.9	21.6
2052	4.1	10.4	92.1	88.5	86.8	210.1	629.5	86.4	32.6	125	216.5	17.3
2053	16.6	95.4	70.8	184.6	73.9	288.0	498.5	710.1	46.3	24.7	51.9	20.9
2054	14.2	8.9	63.3	29.9	128.5	74.5	516.6	334.8	336.3	16.9	80.8	10.0
2055	17.9	27.5	35.2	96.5	92.4	142.1	367.6	567.8	168.9	100.8	67.7	67.3
2056	11.2	72.5	41.4	76.0	102.8	48.5	453.2	375.8	73.5	30.7	5.0	35.3
2057	9.3	10.4	16.9	27.3	85.6	115.3	553.0	336.5	290.2	13.4	21.7	26.5
2058	7.8	1.7	33.9	69.4	101.7	170.2	196.4	197.5	24.4	19.7	50.6	4.6
2059	22.1	29.2	72.7	147.9	132.3	104.2	326.3	930.5	430.3	33.2	40.4	12.4
2060	26.2	43.8	15.2	55.5	82.4	501.7	440.5	160.4	148.9	34.3	32.7	31.0
2061	29.2	49.5	14.0	56.4	99.2	129.7	893.9	354.0	271.4	36.5	42.8	23.4
2062	15.4	106.4	96.0	111.1	66.0	851.0	652.2	115.9	177.3	78.8	23.4	6.2
2063	42.1	8.9	51.3	69.0	192.7	121.0	230.5	157.4	48.5	62.4	42.7	15.2
2064	6.7	105.8	28.9	88.3	162	132.8	254.0	113.7	343.4	80.5	12.7	53.6
2065	13.1	23.4	14.9	33.5	116.9	99.3	449.3	478.6	10.0	7.7	5.8	24.3
2066	14.9	63.3	25.7	47.7	120.7	49.0	818.1	36.7	21.6	90.6	15.3	40.4
2067	38.0	48.3	89.8	138.9	86.3	29.1	386.4	63.9	277.5	7.6	38.3	85.3
2068	37.1	83.0	17.1	60.4	195.0	98.1	691.0	185.6	452.8	16.9	24.9	43.8
2069	18.2	9.1	20.6	62.8	105.8	124.3	900.9	599.6	31.8	83.6	41.6	8.1

○ RCP 8.5, 월평균 강수량(단위 : mm)

YEAR	JAN	FEB	MAR	APR	MAY	JUN	JUL	AUG	SEP	OCT	NOV	DEC
2040	68.2	79.9	24.6	128.9	194.8	47.8	303.3	81.0	91.6	90.2	7.9	18.2
2041	56.2	22.9	45.5	87.1	52.0	125.8	188.4	465.1	194.1	136.1	33.4	33.2
2042	7.9	57.6	31.8	34.7	38.8	146.5	862.5	70.8	121.9	113.9	18.1	4.9
2043	12.5	35.8	27.8	48.2	153.1	74.7	255.7	58.3	81.7	63.7	51.2	32.0
2044	40.1	4.2	31.8	91.2	116.3	474.7	722.3	584.9	48.8	130.9	137.6	54.7
2045	19.5	12.0	21.8	42.7	82.1	421.2	760.4	259.6	21.0	32.9	38.8	25.0
2046	33.7	91.9	21.9	28.9	80.7	167.3	563.2	146.7	56.6	72.8	55.4	22.2
2047	10.0	22.7	40.6	125.4	121.7	240.8	379.7	51.4	216.1	27.5	87.0	53.6
2048	44.3	21.9	28.2	90.8	114.9	179.1	967.2	130.5	160.5	93.0	20.8	22.8
2049	3.2	25.0	83.5	31.2	95.2	84.1	709.1	185.5	278.7	23.5	19.6	46.7
2050	20.4	40.3	47.6	53.7	190.5	435.6	389.2	51.4	3.8	54.2	8.3	33.9
2051	28.2	29.7	41.9	54.4	57.6	431.5	1021.6	204.8	8.9	25.3	38.5	39.2
2052	2.8	41.4	38.2	93.8	95.0	75.3	290.3	649.5	329.0	46.8	44.0	20.3
2053	49.6	67.4	16.9	67.7	280.6	255.7	422.7	54.0	74.2	44.8	84.5	36.9
2054	35.7	15.7	10.4	23.6	263.5	117.9	273.2	703.5	98.3	117.5	55.0	41.0
2055	16.7	11.1	97.0	101.5	48.4	103.4	921.4	816.1	49.4	84.8	72.3	30.7
2056	28.3	6.7	45.0	32.3	69.3	192.6	659.4	92.5	46.0	98.7	49.1	16.9
2057	30.2	28.2	83.5	169.6	125.1	201.9	353.5	78.7	89.7	103.4	89.3	28.1
2058	4.4	6.2	46.3	61.8	124.1	108.3	139.4	209.5	110.4	3.8	40.2	6.3
2059	6.1	11.2	32.1	25.9	185.7	31.4	242.3	108.9	17.0	25.6	20.5	46.6
2060	20.7	27.3	86.4	70.0	8.0	99.3	298.6	727.0	43.4	81.7	52.5	14.4
2061	25.1	83.3	20.1	42.2	37.4	198.5	450.7	441.6	310.5	102.7	62.0	14.1
2062	13.3	25.4	51.9	79.5	96.1	66.7	410.8	280.5	205.6	148.8	131.1	21.1
2063	31.8	10.4	12.9	84.7	150.1	257.4	580.0	89.3	347.5	21.1	15.1	30.0
2064	9.8	9.9	20.1	120.4	44.0	65.9	583.2	67.1	46.8	61.5	61.0	37.0
2065	22.0	33.8	16.1	15.2	31.5	292.1	1093.0	220.6	326.3	20.0	33.5	17.5
2066	4.1	14.1	68.1	17.4	36.1	313.4	227.2	257.5	258.0	60.0	52.5	40.7
2067	12.0	2.6	53.5	27.7	96.9	308.9	525.4	67.2	97.0	65.8	122.3	47.7
2068	17.2	34.8	148.8	42.9	255.4	203.5	197.8	146.3	733.1	53.5	9.3	32.1
2069	18.1	10.7	42.8	35.0	120.8	183.7	56.8	761.3	306.0	5.0	44.6	19.5

4. 미래 S3 기간(2070~2099년)의 기후전망 결과

○ RCP 4.5, 월평균 기온(단위 : ℃)

YEAR	JAN	FEB	MAR	APR	MAY	JUN	JUL	AUG	SEP	OCT	NOV	DEC
2070	0.5	1.8	8.8	16.0	21.7	24.8	28.6	29.2	25.0	17.5	11.4	2.5
2071	-1.7	2.2	10.3	15.3	20.7	24.8	28.0	28.4	23.3	18.2	12.1	4.2
2072	0.6	1.8	9.5	14.6	21.1	26.1	27.8	27.6	25.3	19.1	8.2	1.9
2073	-0.2	3.7	9.7	14.1	20.3	26.6	28.5	29.2	24.1	18.4	12.9	3.7
2074	-1.5	2.0	8.4	15.0	20.2	26.4	25.4	27.3	24.2	18.9	10.8	2.4
2075	-1.7	3.0	7.3	13.3	20.1	23.4	26.3	29.3	24.6	15.4	12.4	4.7
2076	-0.5	3.2	8.5	13.8	20.2	25.0	28.9	28.5	23.6	18.8	11.8	3.0
2077	1.1	4.5	10.6	16.3	21.2	27.1	28.3	30.1	25.9	17.7	11.0	3.2
2078	2.8	3.6	7.7	13.2	20.4	26.6	29.0	26.5	23.8	17.2	9.4	3.4
2079	0.5	5.1	8.8	13.9	20.2	25.1	27.9	29.9	25.4	17.3	12.2	4.0
2080	-0.4	1.5	8.8	14.6	20.3	25.6	25.5	28.0	24.8	19.0	9.2	0.3
2081	-0.8	-0.3	6.3	13.9	20.5	26.3	26.2	26.5	23.6	18.0	11.8	2.6
2082	1.1	2.9	6.5	14.2	21.7	25.3	26.7	27.0	24.7	18.9	10.3	3.4
2083	-3.6	-0.5	9.3	15.0	20.1	24.0	27.1	29.0	24.5	16.2	7.3	3.9
2084	0.8	2.8	8.2	15.2	20.7	25.1	26.2	26.8	23.4	18.9	10.2	4.7
2085	2.1	4.7	7.5	15.3	20.7	25.2	27.4	28.4	24.1	16.7	10.6	1.9
2086	1.6	4.6	10.0	13.9	20.0	24.7	27.0	28.0	24.1	18.3	10.6	2.3
2087	1.1	3.8	8.3	15.9	21.6	25.4	28.1	29.7	25.5	17.5	11.2	5.0
2088	0.1	2.0	8.3	15.2	21.1	26.1	26.7	28.8	25.0	17.1	11.9	4.9
2089	-0.7	3.8	9.7	14.4	21.2	24.6	26.3	28.1	23.6	17.4	9.6	3.8
2090	-2.6	1.6	6.0	13.9	19.9	25.5	28.5	29.4	23.9	18.0	9.8	2.3
2091	-0.4	1.7	9.0	15.4	19.9	27.4	30.4	30.3	24.5	18.0	8.9	3.1
2092	1.6	1.4	9.6	15.2	20.1	24.6	25.4	27.7	24.3	17.6	9.6	6.6
2093	3.3	1.6	7.8	12.5	19.3	25.5	28.0	28.7	25.6	15.9	9.4	2.1
2094	2.7	2.9	7.9	15.5	20.7	25.9	27.9	28.7	24.1	17.0	11.4	2.8
2095	-0.4	2.7	10.0	15.2	20.1	24.4	26.7	28.2	24.3	17.3	9.5	4.7
2096	-0.1	2.2	9.8	15.3	21.7	25.7	27.5	29.4	24.6	17.8	11.1	3.6
2097	0.5	3.6	5.8	13.5	19.3	24.6	28.0	28.2	24.1	19.1	12.6	4.7
2098	-0.8	2.3	6.2	14.3	21.0	26.0	28.5	29.7	25.7	19.1	11.1	3.1
2099	-0.5	4.8	7.5	15.6	19.2	25.2	27.3	29.7	23.8	19.0	9.0	2.7

○ RCP 8.5, 월평균 기온(단위 : ℃)

YEAR	JAN	FEB	MAR	APR	MAY	JUN	JUL	AUG	SEP	OCT	NOV	DEC
2070	1.3	0.9	7.5	15.0	22.9	26.0	28.3	30.7	25.9	19.0	10.7	3.4
2071	-0.1	2.0	6.4	14.5	20.8	23.5	27.8	28.5	26.1	20.1	11.9	1.8
2072	0.8	7.5	10.3	14.2	22.3	26.7	27.7	30.3	25.2	18.8	11.5	4.7
2073	0.3	1.3	8.0	16.0	19.8	24.7	26.6	29.1	23.8	17.5	10.2	4.7
2074	-0.5	2.1	10.6	16.0	21.4	26.8	29.0	30.7	26.0	18.2	12.4	6.1
2075	1.6	6.6	9.3	16.1	21.2	27.6	29.2	29.6	25.5	18.7	13.2	4.9
2076	2.3	5.0	12.2	15.8	21.4	27.7	30.1	32.1	26.4	19.2	12.5	5.8
2077	2.6	3.7	9.2	15.6	22.0	27.3	29.2	28.2	25.9	18.7	11.1	5.2
2078	3.8	4.7	10.7	16.8	22.0	26.2	28.7	31.0	26.3	19.7	11.4	5.6
2079	1.1	7.7	9.5	17.0	22.0	27.8	28.8	31.5	25.3	19.5	13.5	4.9
2080	1.7	3.3	9.4	16.1	21.0	27.9	29.6	30.2	26.6	19.8	13.7	4.4
2081	2.2	4.9	8.1	15.8	22.6	24.7	27.9	28.3	25.1	18.2	10.6	5.0
2082	2.2	5.6	9.3	17.7	22.7	26.8	29.3	30.4	26.3	21.2	12.5	5.8
2083	2.5	2.0	10.5	16.3	23.0	26.5	28.8	31.2	26.5	19.2	13.1	4.9
2084	-0.4	5.3	11.2	18.1	22.4	25.8	31.4	32.8	26.4	20.4	13.1	5.0
2085	2.8	4.1	8.0	15.0	22.1	27.9	29.1	29.0	26.4	19.4	12.7	8.9
2086	4.4	4.5	10.6	16.6	22.5	27.6	28.4	31.2	26.5	20.4	11.4	6.1
2087	3.0	3.3	8.3	15.9	21.0	26.8	29.2	31.7	27.3	18.7	12.2	6.5
2088	1.3	4.3	9.7	16.3	21.3	26.4	28.9	30.2	26.7	19.2	11.7	5.9
2089	1.0	4.4	11.7	16.0	22.4	26.9	28.9	30.7	26.8	20.7	14.6	6.4
2090	0.3	1.8	10.3	16.9	25.8	27.5	29.7	31.1	27.0	20.9	12.1	5.5
2091	4.1	5.5	11.2	16.7	21.6	27.0	29.2	34.4	27.7	20.9	16.1	7.5
2092	2.6	6.8	9.8	17.8	22.2	26.3	29.9	31.3	27.2	20.3	12.6	7.0
2093	4.1	6.1	11.6	18.1	25.6	30.0	32.6	32.6	29.8	19.8	12.3	6.8
2094	6.7	5.7	9.2	16.8	22.2	27.3	31.7	33.4	28.7	21.4	12.6	3.3
2095	0.6	4.4	7.3	16.9	22.8	27.1	28.7	30.3	27.9	20.3	12.8	6.5
2096	2.3	4.1	9.8	16.7	23.8	28.9	28.9	33.0	28.1	19.7	14.5	5.8
2097	4.8	7.2	10.3	16.5	23.2	28.9	28.4	31.7	27.4	19.9	13.2	7.1
2098	4.5	7.6	9.5	17.4	23.1	28.4	29.9	31.4	29.3	20.3	13.0	5.1
2099	0.8	5.4	11.4	18.1	21.7	29.5	31.2	32.7	27.2	21.3	13.6	5.3

○ RCP 4.5, 월평균 강수량(단위 : mm)

YEAR	JAN	FEB	MAR	APR	MAY	JUN	JUL	AUG	SEP	OCT	NOV	DEC
2070	13.6	65.6	21.8	87.0	48.1	133.5	429.1	192.8	222.1	38.0	45.4	37.5
2071	14.9	15.9	40.0	62.3	123.6	170.5	455.7	225.4	166.6	16.7	96.9	18.0
2072	6.1	3.9	90.2	39.5	92.7	83.5	465.1	286.7	13.5	127.9	26.1	9.0
2073	5.8	101.4	60.1	77.4	70.1	117.0	552.5	354.0	27.6	22.9	56.7	37.9
2074	25.1	55.1	37.6	129.6	64.2	35.6	1146.0	113.8	32.0	74.7	53.0	36.9
2075	5.0	9.3	14.1	97.2	220	358.8	328.2	159.0	100.1	41.9	49.8	43.9
2076	33.9	60.2	57.9	63.9	51.8	44.0	385.4	388.4	31.3	109.9	63.2	35.5
2077	9.9	19.1	72.8	61.9	32.8	86.1	588.9	360.5	116.7	52.3	11.9	26.1
2078	13.0	73.4	40.8	82.2	75.4	6.0	461.7	293.5	94.1	27.5	30.4	6.8
2079	9.7	135.5	114.7	88.3	28.6	15.3	149.4	177.5	229.2	60.6	22.2	30.1
2080	16.1	3.4	144.7	30.3	94.8	327.8	81.7	224.9	22.9	87.0	69.6	42.0
2081	29.3	30.7	50.8	69.2	62.6	109.0	1182	810.0	243.2	64.8	91.5	8.9
2082	27.5	10.4	53.9	34.4	50.3	129.4	250.9	105.5	44.7	151.2	46.8	18.0
2083	5.4	7.0	90.0	99.8	69.3	68.8	644.6	134.9	337.7	69.1	42.2	35.0
2084	38.5	72.2	62.0	43.5	35.8	394.4	260.6	260.6	42.3	103.9	27.9	22.0
2085	6.6	38.7	16.8	30.7	169.3	81.0	715.2	143.3	221.9	23.3	37.3	16.0
2086	5.6	12.0	71.7	182.6	53.6	64.8	766.5	183.3	104.7	15.8	33.2	18.7
2087	8.2	97.7	35.2	32.7	93.8	206.4	86.6	216.6	44.7	126.3	55.8	36.5
2088	8.7	19.2	49.3	124.3	92.5	62.6	711.6	309.9	175.9	82.9	58.2	79.4
2089	7.9	74.5	42.7	38.4	108.6	305.9	1353.2	415.4	90.5	74.7	96.2	21.0
2090	25.2	6.5	16.0	55.1	141.3	63.1	254.3	430.9	155.9	35.2	102.4	14.5
2091	5.2	4.9	46.9	60.9	25.9	211.7	88.3	231.5	13.4	212.7	61.1	23.0
2092	6.9	14.9	20.3	80.1	79.4	54.1	1191.7	408.6	255.1	87.6	28.4	32.4
2093	41.9	33.9	58.5	75.4	81.9	24.8	686.7	106.2	205.1	30.1	8.2	7.3
2094	47.7	16.9	54.5	63.9	61.5	174.4	277.0	276.9	155.1	41.6	40.8	13.2
2095	16.5	3.6	55.6	27.8	93.6	324.3	270.0	172.9	282.7	18.7	60.8	78.1
2096	29.5	32.6	23.6	63.3	12.5	349.2	386.3	601.6	776.3	118.6	49.2	25.7
2097	17.9	53.4	52.7	131.8	163.0	114.7	459.5	469.6	38.2	63.6	102.4	119.8
2098	17.9	34.3	69.5	168.7	136.7	16.3	641.0	132.4	287.0	199.8	39.7	9.6
2099	12.4	4.7	8.1	125.7	144.0	88.2	957.9	239.1	72.8	88.6	19.4	14.9

○ RCP 8.5, 월평균 강수량(단위 : mm)

YEAR	JAN	FEB	MAR	APR	MAY	JUN	JUL	AUG	SEP	OCT	NOV	DEC
2070	23.4	6.0	69.5	66.4	21.9	92.5	206.4	91.4	216.4	41.3	81.5	19.2
2071	14.2	9.0	20.4	60.5	88.9	235.3	282.4	67.2	76.0	108.6	24.1	11.6
2072	7.3	172.7	13.4	137.2	62.4	252.6	428.8	1400.1	518.8	195.3	27.9	4.3
2073	17.7	20.5	15.4	50.6	114.5	119.9	624.6	461.8	269.8	66.0	65.3	24.5
2074	6.5	22.1	13.8	98.2	79.5	108.6	363.1	161.3	149.7	221.7	16.4	42.2
2075	3.2	41.6	68.9	50.5	89.8	89.9	371.8	21.5	460.5	51.6	26.7	10.6
2076	4.3	12.5	34.7	44.6	130.4	139.4	703.5	106.9	85.9	25.1	61.7	36.9
2077	36.9	44.1	38.2	20.2	121.2	139.9	310.4	378.4	293.8	46.1	42.5	17.7
2078	22.6	28.6	85.3	131.9	119.6	170.3	443.3	719.5	490.2	30.2	42.9	15.7
2079	3.8	7.5	106.5	73.2	89.5	128.5	482.8	584.1	138.2	78.0	13.5	14.7
2080	38.7	131.6	49.4	93.8	185.3	118.2	355.9	369.4	26.9	9.2	233.6	12.2
2081	9.0	175.9	57.5	59.8	17.5	144.8	427.4	484.5	430.3	37.6	54.6	10.6
2082	92.9	28.8	29.2	18.0	138.2	473.3	408.2	389.5	121.3	109.5	54.0	64.1
2083	10.4	82.7	95.4	63.4	20.4	289.1	496.8	43.7	138.4	17.6	99.1	30.5
2084	16.1	38.8	35.8	21.9	152.1	200.5	57.1	161.7	315.1	1.7	83.9	17.0
2085	24.4	7.6	70.3	62.0	121.6	299.3	410.3	316.8	38.5	34.3	57.5	34.5
2086	25.8	41.8	57.2	92.4	118.2	151.1	383.9	271.5	189.8	21.4	28.6	34.3
2087	38.8	31.4	19.7	51.1	106.5	69.3	389.9	118.0	387.9	83.0	54.1	88.4
2088	11.2	48.6	6.3	101.1	215.6	344.2	154.2	396.4	74.9	40.5	27.4	25.3
2089	2.8	3.4	70.6	123.0	56.6	291.7	781.9	665.1	179.0	211.5	42.2	65.5
2090	32.7	17.5	56.4	56.6	2.3	289.2	875.5	301.4	190.0	88.0	32.1	30.5
2091	41.4	99.6	71.8	127.4	173.6	134.8	868.0	42.0	70.3	31.0	129.7	113.3
2092	3.9	71.9	59.3	136.0	115.4	291.0	264.7	83.6	247.1	8.1	30.5	13.4
2093	4.8	9.0	22.8	65.6	68.0	212.6	147.2	159.7	486.0	68.7	45.1	35.8
2094	104.9	80.8	33.7	25.8	139.8	104.0	89.0	54.0	110.8	141.7	139.4	7.5
2095	22.1	4.0	33.7	46.0	45.6	97.7	595.4	326.4	72.6	39.4	36.2	45.3
2096	25.4	78.8	44.4	104.7	8.1	94.6	93.2	191.0	604.3	14.7	48.6	29.1
2097	28.5	146.8	45.7	131.5	84.8	73.2	809.6	745.7	791.6	134.3	85.5	5.0
2098	1.6	170.9	41.6	84.8	144.3	407.2	216.1	166.1	13.0	34.8	26.0	7.3
2099	1.0	16.2	23.7	178.5	121.3	396.3	127.7	279.6	117.0	159.8	51.5	16.4

얕은기초

이준환 (연세대)

02 얕은기초

2.1 검토개요

본 장은 지반구조물 중 "얕은기초"에 대한 기후변화 영향과 이에 대한 가치평가 및 적응대책 수립에 관하여 사례를 중심으로 설명하였다. 기후변화 적응형 도심 지반구조물 설계 기술은 미래 기후변화로 인해 변화하는 지하수위를 예측하고, 이를 토대로 미래의 지하수위 변동에 알맞은 지반구조물 설계를 제시하였다. 본 기술은 미래 기후변화 시나리오와 연계하여 다가올 극한 기후 사상에 대응하는 지반구조물 설계를 제시하였고, 상부구조물의 파괴 혹은 사용성 저하를 크게 줄일 수 있는 파급효과를 줄 것으로 기대한다.

2.2 기초 조사

2.2.1 현황 조사

(1) 지역 현황

① 서울특별시 강서구는 2015년 기준으로 총인구 59만 명, 총 면적 41km²의 도심지역이다. 이 지역은 한강 유역에 인접해 있으며, 서해안의 조수에 대한 변동, 여름의 집중호우로 인하여 대상지역 일대의 지하수위 변동이 큰 것으로 관측되고 있다. 지하수위 변동은 지반응력 상태를 변화시키며 기초구조물의 지지력감소 및 예상치 못한 지반침하를 유발시킨다.

② 강서구 지역은 2010년 중부지역에 내린 집중호우로 인하여 17억 원의 피해를 입을 만큼 홍수에 의한 피해가 심했으며, 신규 사회기반시설이 많이 건설되고 있다. 강서구의 마곡동은 한강에 인접해 있기 때문에 사계절 강수량의 변동폭이 큰 국내 환경의 영향으로 인해 기후변화에 의한 지지력 또한 크게 변동한다. 따라서 지하수위 변동에 의한 지반응력 변화를 고려하기 위해 한강유역 도심지역인 마곡동을 사례 분석 지역으로 선정하였다.

(2) 기후 현황

① 대상지역인 서울시 마곡동은 앞 절에서 언급한 바와 같이 도심지역에 위치하고 있으며 한강과 인접해 있다. 대상지역의 연평균 강우량은 1,344mm이며, 30년간 월별 평균 강우량은 그림 2.2.1과 같다. 그림과 같이 서울시 마곡동의 강우는 7~8월에 집중되어 있고, 1~2월에 매우 적은 양상을 보인다.

(3) 수문 및 지반특성

① 대상지역의 16.5m 깊이까지 투수성이 큰 흙으로 구성되어 있으며, 그 밑으로는 암반층이 존재한다. 지질주상도는 12월에 작성되었으며 이 시기의 지하수위는 지표로부터 약 5m 깊이에 존재한다.

② 그림 2.2.3은 대상지역 지하수위와 강우량, 하천수위의 상관관계 분석한 결과를 나타낸다. 이를 바탕으로 이 지역의 지하수위 변동 메커니즘은 지표면으로 떨어진 강우가 지표면 포장 및 잘 갖추어진 하수시스템으로 인하여 직접 침투하지 못하고 하수관거를 통하여 한강으로 유출되며, 한강으로 유입된 우수는 팔당댐에서 방류된 유량과 함께 한강수위 상승에 기여하여 대상지역의 지하수위 변동을 발생시키는 것으로 유추할 수 있다.

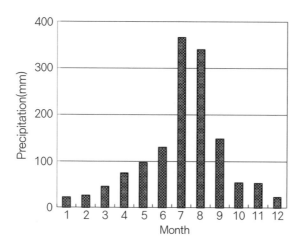

출처 : 기상자료개방포털(https://data.kma.go.kr)

그림. 2.2.1 서울시 마곡동의 30년간 월별 평균 강우량 분포

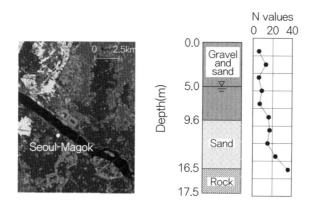

출처 : 국도환경정보센터 (http://www.neins.go.kr), 서울특별시 지반정보통합관리시스템 (https://surveycp.seoul.go.kr)

그림 2.2.2 서울시 마곡동의 지반조사 결과

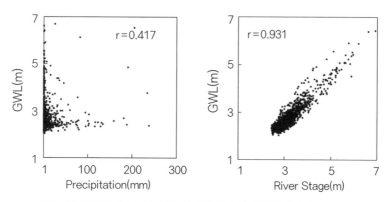

그림 2.2.3 서울시 마곡동의 지하수위와 강우량, 하천수위와의 상관분석

2.3 기후변화 시나리오

2.3.1 대상지역 지하수위 변동

(1) 관측데이터

그림 2.3.1은 대상지역에서 관측된 지하수위와 강우량, 하천수위를 보여준다. 그림을 통하여 지하수위, 강우량, 하천수위가 모두 계절적 주기성을 보이며, 세 인자들 변동 시기나 양상이 모두 유사한 것을 확인할 수 있다. 그림 2.3.1로부터 이와 같은 양상이 과거 30년 동안 유지되었음을 유추할 수 있다.

(2) 지하수위 변동 시나리오

미래 지하수위는 제1장의 그림 1.3.2에서 소개된 이동평균 모델로 간단히 예측할 수 있다. 본 장에서는 RCP4.5의 강우 시나리오를 이용하여 대상지역의 지하수위를 예측하였고, 그림 2.3.1은 RCP4.5의 강우량과 예측한 지하수위 변동을 보여준다.

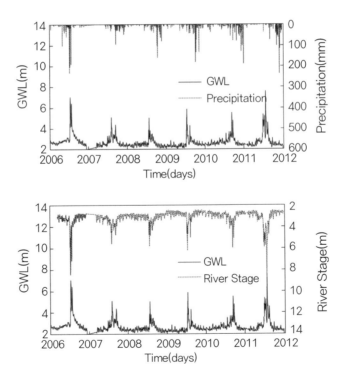

출처 : 국가수자원관리종합정보시스템(http://www.wamis.go.kr)

그림 2.3.1 서울시 마곡동에서 관측된 지하수위 및 강우량, 하천수위

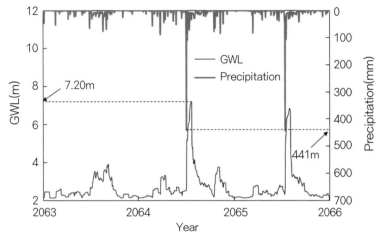

그림 2.3.2 RCP4.5 시나리오에 의한 대상지역 강우량 및 지하수위 예측 결과

2.4 기후변화 영향평가

2.4.1 기존의 고정 지하수위를 고려할 경우

대상지역에서 20m×20m의 전면기초구조물을 대상으로 하여 지지력을 계산하였다. 지지력 계산은 기초구조물설계기준해설(2015)의 식 (2.4.1)을 이용하였으며, 계산을 간단히 하기 위하여 기초가 치표면 위에 놓여 있다고 가정하였으며, 지반조사 자료로부터 대상지역 지반을 점착력이 없는 사질토 지반으로 간주하였다. 위의 사항을 반영하면 기초구조물설계기준해설의 식 (2.4.1)은 다음과 같이 정리될 수 있다.

$$q_{ult} = \beta \left[\{ \gamma_t (D_w) + \gamma' (B - D_w) \} / B \right] B N_\gamma \qquad \text{식 (2.4.1)}$$

여기서, q_{ult}는 얕은기초의 극한 지지력, β는 기초의 형상계수, γ_t는 습윤단위중량, γ'는 유효단위중량(포화단위중량 − 물의 단위중량), D_w는 지표로부터 지하수위 깊이, B는 기초폭, N_γ은 지지력계수이다. 본 예제에서는 그림 2.2.2의 지반조사 결과를 바탕으로 β=0.4, B=20m, N_γ=19.13, γ_t=16.27kN/m³, D_w=5m를 사용하였으며, 계산된 q_{ult}는 1,632kN/m²이다.

2.4.2 변동 지하수위를 고려할 경우

그림 2.4.1은 대상지역 인근에서 2013년에 해발고도 기준으로 관측된 지하수위이다. 이 지역의 지하수위는 평수위 시기에 해발고도 기준 약 2.5m이며, 여름철 홍수위 시기에 5.17m까지 상승하였고, 여름철 이후에 약 2m까지 하강하는 양상을 보인다. 이런 지하수위 변동 특성을 고려하여 대상지역 2013년도의 지하수위 변동을 2.67m(5.17m − 2.50m)로 하였다. 식 (2.4.1)을 이용하여 지하수위가 가장 높이 상승한 극한상태(D_w =2.33m)의 지지력을 계산하였다. 계산된 q_{ult}는 1,480kN/m²이다. 이는 지반조사 당시 관측된 지하수위를 고정수위로 간주하여 계산한 값의 약 91%에 해당한다.

2.4.3 기후변화 시나리오를 고려한 지하수위의 경우

본 절에서는 그림 2.3.1에 나타난 바와 같이 RCP 4.5의 강우 시나리오와 Part II의 제1장 얕은기초 절에서 소개된 이동평균 모델을 이용하여 산정하였다. RCP4.5 시나리오에 의하면 2064년의 일최대 강우량이 441mm이며, 이에 따라 예측된 초기 및 첨두지하수위는 각각 2.1m, 7.2m이며, 지하수위 변동량은 5.1m(7.2m − 2.1m)이다. 이는 지하수위가 지표면까지 상승한 것으로 판단할 수 있으며, 이를 반영하여 계산된 q_{ult}는 1,347kN/m²이다. 이 값은 지하수위를 고정수위로 하여 계산한 지지력의 83%에 해당한다.

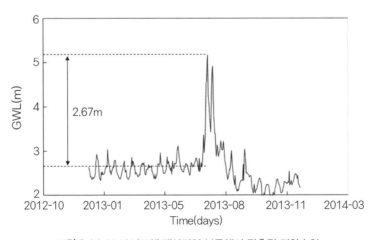

그림 2.4.1 2013년도에 대상지역 부근에서 관측된 지하수위

2.5 가치평가

2.5.1 기후변화 적응대책 편익 계산

(1) 정의

기후변화 적응 비용은 변동 지하수위를 반영한 지반구조물 확대 시공비로 정의하며, 기후변화 적응 편익은 안전율 확률분포에 근거한 상부구조물 자산가치 보존을 편익으로 한다.

(2) 평가대상 정보 구성

얕은기초에 대한 비용편익 분석을 위해 다음과 같은 자료를 활용한다(표 2.5.1).

(3) 기후변화 적응 기술 도입 비용

① 기존 지반구조물 건설 비용(C_1)

= 적응 전 지반구조물 부피 단위 지반구조물 시공비

= (20m×20m×2m)×18,000원/m³ = 14,400,000원

표 2.5.1 평가대상 정보 구성 – 얕은기초

평가대상 정보 구성	수치	단위	참고사항
지반구조물 시공비	18,000	원/m³	가정(2-2 세부과제 연구 결과)
기후변화 전 안전율	3.65	-	지하수위 : 10m 설계 지지력 : 525.13kN/m³ Terzaghi 공식 사용
기후변화 후 안전율	2.46	-	지하수위 : 1m 설계 지지력 : 525.13kN/m³ Terzaghi 공식 사용
기후변화 전 기초크기	20×20×2	m	가정
기후변화 후 기초크기	28.5×28.5×2	m	기후변화 전 동일 안전율 적용 크기
기후변화 전 기초 파괴 확률	0.0000001145	%	지반구조물의 안전율은 Lognormal 분포를 따른다고 가정 안전율 확률분포를 0부터 1까지 적분하여 0파괴 확률을 산출
기후변화 후 기초 파괴 확률	1.034	%	지반구조물의 안전율은 Lognormal 분포를 따른다고 가정 안전율 확률분포를 0부터 1까지 적분하여 파괴 확률을 산출
건물자산가치	4,014,000	천 원	마곡동 한국도시가스 방화 공급 관리소 시공비를 사용

② 기후변화 적응 지반구조물 건설 비용(C_1')

　　= 적응 후 지반구조물 부피 단위 지반구조물 시공비

　　= (28.5m×28.5m×2m)×18,000원/m³ = 29,241,000원

③ 적응 기술 도입 비용(C)

$$= C_1' - C_1 \qquad\qquad\qquad 식 (2.5.1)$$

　　= 29,241,000원 − 14,400,000원 = 14,841,000원

(4) 1차 피해액(편익) : 극한 기후 사상 / 점진적 기후변화로 인한 피해액 계산

핵심 기후인자 : 강우

극한 기후 사상 : 강우

극한 기후 사상 & 점진적 기후변화 : 핵심 기후인자의 증가 / 감소로 인한 지하수위 변동과 그로 인한 지반구조물의 지지력 변화에 따른 구조물 파괴 확률 증가

① 구조물 파괴 확률 저하 편익(B) :

$$= (f_1 - f_1')\times(V) \qquad\qquad\qquad 식 (2.5.2)$$

　　= (1.0340% − 0.0000001145%) 4,014,000,000원 = 41,504,755원

여기서, f_1 = 적응 전 파괴 확률

　　　　f_2 = 적응 후 파괴 확률

　　　　V = 건물의 자산가치

(5) 2차 피해액(편익) : 적응 지역 피해액 계산

핵심 기후인자 : 없음

지반구조물의 안정성은 대상 구조물에만 작용하므로, 적응 지역 주변에 2차 피해액이 발생하

지 않는다.

(6) 기후변화 적응 순 편익 계산 결과

기후변화 적응 순 편익 :

$$= B - C \qquad\qquad 식\,(2.5.3)$$

$$= 41,504,755원 - 14,841,000원 = 26,663,755원$$

여기서, B = 구조물 파괴 확률 저하 편익

C = 적응 기술 도입 비용

CHAPTER 03

비탈면

정상섭 (연세대)
김정환 (서울기술연구원)

03 비탈면

3.1 검토개요

본 장은 지반구조물 중 "비탈면"에 대한 기후변화 영향과 이에 대한 가치평가 및 적응대책 수립에 관하여 사례를 중심으로 설명하였다. 기후변화 영향 등에 관한 검토는 시험지로 선정된 서울시 용마산 일대를 대상으로 하였으며, 예비검토를 통해 시험지 지역 중 산사태가 취약한 유역을 그림 3.1.1과 같이 상세 검토대상으로 최종 선정하였다. 상세 검토는 「기후변화를 고려한 사회기반시설의 설계매뉴얼(안)」의 그림 2.3.1의 검토 절차를 기반으로 수립한 그림 3.1.2의 상세 검토 절차에 따라 수행하였으며, 이를 통해 기후변화에 의한 비탈면의 취약성 평가 및 적응대책 수립 방법을 제시하였다.

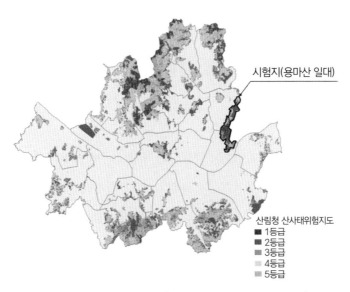

그림 3.1.1 검토대상 위치도(서울시 산사태 위험지도, 2013)

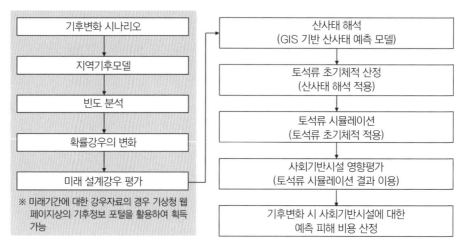

그림 3.1.2 산사태 취약 유역에 대한 상세 검토 절차

3.2 기초 조사

3.2.1 현황 조사

(1) 피해사례 분석

① 서울지역의 산사태 특성은 우기 시 집중호우가 주요 원인이며, 강우에 의한 전형적인 피해 형태인 산사태에 의한 피해와 토석류에 의한 피해가 복합적으로 발생하는 양상을 보이고 있다(서울형 산사태 예보 모델 개발 학술 용역 최종보고서, 2016). 산사태는 주요인자인 강우 이외에도 지반, 지형, 투수성, 임상 등의 영향을 받는 것으로 보고되고 있다.

② 시험지역인 용마산의 경우 1971년 이후 총 4회의 산사태 피해가 발생된 지역이다(그림 3.2.1).

③ 용마산의 유효 토심은 0.3~1m이며, 산지 사면의 경사는 16~40°의 분포를 보인다. 암종 분석결과 주로 화강암으로 이루어져 있음을 알 수 있다. 화강암을 기반으로 일부 저면에 편마암, 편암, 규암이 분포해 있으며, 이들 암종 경계가 산지 내부에 위치해 있다.

④ 이를 토대로 서울시 사면 안전 분류기준상 총 평가대상 37개소 중 C~D등급이 19개소로 분류되었으며, 산림청 산사태 위험등급기준상 대상 산지 총 면적 대비 1~2등급의 면적 비

율이 32%에 달하는 것으로 평가되었다.

⑤ 총 경사면 면적 5,321,359m² 중 급경사지의 경우 1,094,935m²를 차지하며 이는 총 면적 대비 20%에 해당한다.

⑥ 임상분포 조사 결과 전체 분포(5,343,714m²) 중 활엽수림의 경우 5%(286,227m²) 혼효림의 경우 21%(1,156,363m²)를 차지하며, 산사태 발생 위험이 높은 활엽수림과 혼효림 비율이 상당 부분 존재함을 알 수 있다.

⑦ 상기조사 결과를 기반으로 다음과 같은 조건에서 산사태의 발생 가능성이 비교적 높은 것으로 분석되었다.

    1) 과거 산사태 혹은 토석류의 이력이 있는 지역

    2) 유효 토심 50cm 이상, 경사 20~40°인 지역

    3) 지질경계나 단층구조가 변화하는 지역

    4) 산림청, 서울연구원에서 실시한 산사태 및 토석류 위험 평가의 위험등급 높은 지역

(2) 지역 현황

용마산 아래에 위치한 중랑구 면목동과 광진구 중곡동에는 각각 인구 8만여 명이 거주하는 주거지가 있고, 상가 등 건축물의 용도 또한 다양하여 폭우가 발생할 시 산사태로 인한 피해가 클 것으로 예상된다.

표 3.2.1 토지이용 현황(서울관측소 강우자료 활용)

구분	공공용도지	교통시설지	나지	녹지 및 오픈스페이스	도시부양시설지	상업 및 업무시설지	주택지	특수지역	혼합지	총합계
토지이용분포 현황(m²)	33,970	35,121	19,168	5,103,397	31,398	47,878	28,572	2,746	22,197	5,324,447
비율(%)	0.64	0.65	0.36	96	0.60	0.90	0.50	0.05	0.42	100
영향 범위 50m 내(m²)	121,582	48,858	1,222	157,052	297	48,096	229,399	-	252,533	859,038
비율(%)	14.15	5.70	0.14	18.28	0.03	5.60	26.70	0	29.40	100

그림 3.2.1 용마산 지역 및 피해 발생 위치

(3) 기후 현황

서울시 대부분의 산사태 발생은 우기 중 강우에 의해 발생하였으며, 산사태 원인을 강우로 특정하고 발생 당시의 강우를 분석하였다. 표 3.2.2～3.2.3은 서울관측소 기준의 주요 연도별 강수량 표이다. 강우조건과 산사태 발생이력을 분석하면, 그림 3.2.4와 같이 최대 일 강수량과 최대 강우강도가 크게 발생한 경우 산사태 발생비율이 높은 것으로 나타났으며, 서울시의 산사태는 250mm 이상의 최대 일 강수량을 보일 경우 1999년을 제외하고 모두 산사태가 발생하였다. 또한 그림 3.2.2～3.2.3으로부터 최대 강우강도가 산사태의 발생에 영향을 미치며 그 한계선은 점차 높아지고 있는 것으로 사료된다.

표 3.2.2 주요 산사태 발생 연도별 강수량(서울관측소 강우자료 활용)

구분	산사태 발생										
	1971	1972	1977	1984	1987	1990	1998	2001	2002	2010	2011
최대 강우강도 (mm/hr)	49.5	43.3	31.5	46.0	61.4	52.0	62.8	90.0	48.0	71.0	57.5
최대 일 강수량 (mm/day)	188.6	273.2	155.8	268.2	294.6	247.5	332.8	273.4	178.0	259.5	301.5
7일 누적강수량	247.8	455.8	286.2	392.5	448.9	488.4	849.7	327.1	479.9	302.5	512.5

표 3.2.3 주요 산사태 미발생 연도별 강수량(서울관측소 강우자료 활용)

구분	산사태 미발생						
	1983	1986	1995	1999	2003	2005	2006
최대 강우강도 (mm/hr)	58.3	44	43.6	39.1	64.5	46.5	40.5
최대 일 강수량 (mm/day)	131.6	147.8	149.2	261.6	177	115	241
7일 누적강수량	155.2	162.1	149.2	494.9	410.5	118.2	555.1

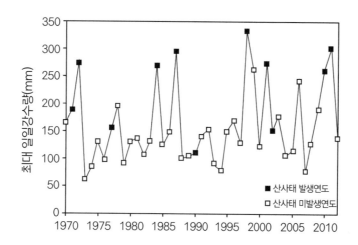

출처 : 서울관측소 강우자료 활용

그림 3.2.2 서울시 일일 누적 강수량

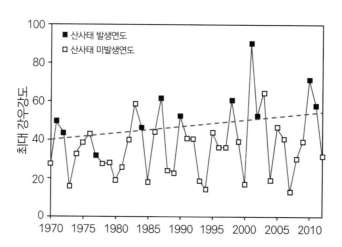

출처 : 서울관측소 강우자료 활용

그림 3.2.3 서울시 최대 강우강도

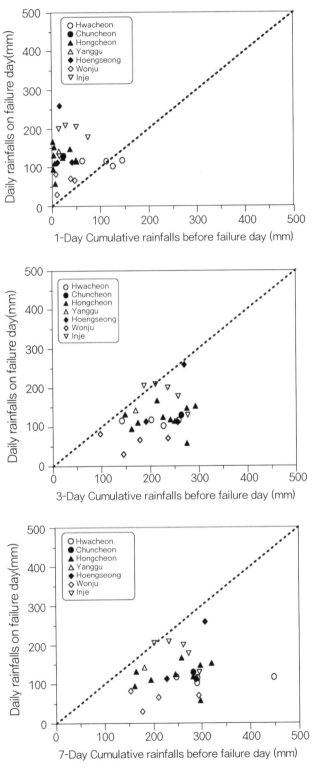

그림 3.2.4 강우량과 산사태 발생빈도의 관계

3.3 기후변화 영향분석

3.3.1 기후변화 영향인자

(1) 영향인자 선정

기후변화에 따라 구조물에 영향을 줄 수 있는 다양한 영향인자들이 발생하게 된다. 이들 중 폭염, 한파, 호우, 홍수, 폭설을 대표적인 기후변화 리스크 인자로 분류한다('공공기관 및 산업계 기후변화 적응역량 제고', 2014). 특히 사회기반시설 중 환경시설로 분류되는 산지에 대한 영향요소별 기후변화 영향요소별 피해사례는 그림 3.3.1에 도시되어 있다. 산지에 대한 다양한 영향인자들 중 호우에 따른 피해사례의 빈도가 높다는 것을 확인할 수 있고, 영향이 가장 크다는 것을 알 수 있다. 이에 따라, 본 장에서는 비탈면에 대한 기후변화 영향인자로 강우를 채택하였다.

(2) 특성별 영향인자 분류

앞서 언급한 바와 같이 서울지역의 산사태는 지형, 식생, 지질 등의 고정인자와 변동인자인 강우조건에 의해 발생한다. 고정인자의 경우 매우 장시간 또는 인위적인 외부충격에 의해서만 변화되지만, 변동인자인 강우는 기후변화의 대표적인 항목으로, 시간에 따라 불규칙하게 작용한다. 이에 따라 앞선 발생사례와 더불어, 비탈면 산사태에 대한 기후변화 주된 영향인자를 강우로 정의하고 이에 대한 영향분석 및 적응대책을 수립하였다.

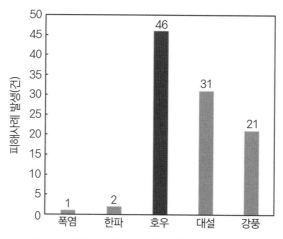

그림 3.3.1 기후변화 영향요소별 사회기반시설 피해사례

표 3.3.1 설계 적용 확률강우

구분			재현빈도(년)	지속시간(시간)	강우강도(mm/h)
과거기간(1980~2010)			100	24	17.89
미래기간	RCP 4.5	S1 (2011~2040)			18.37
		S2 (2041~2070)			20.07
		S3 (2071~2100)			21.70
	RCP 8.5	S1 (2011~2040)			16.87
		S2 (2041~2070)			19.56
		S3 (2071~2100)			22.40

3.3.2 기후변화 시나리오

(1) 본 절에서는 기후변화 시나리오 적용 전의 확률강우 및 기후변화 시나리오 RCP 4.5, 8.5에 따른 미래기간 전반기(S1), 중반기(S2), 후반기(S3)의 확률강우를 적용하여 비탈면 안정성 평가를 수행하였다. 또한 제시된 적응대책 중 사방댐 설계에 대하여 기후변화 적응 비용 및 편익을 산정하여 기후변화를 고려한 대상지역 사방댐 설계의 가치평가를 수행하였다.

(2) 비탈면 안정성 평가에 사용되는 하중은 앞서 설명한 바와 같이 기후변화 시나리오 적용 전후의 확률강우이며, 일반적으로 적용할 수 있는 설계계획빈도 100년, 강우지속시간 24시간에 대한 강우강도를 적용하였다. Part III. 가치평가를 통한 적응지침 예제 − 제1장 기후변화 시나리오를 참고하여 표 3.3.1과 같이 산정된 확률강우를 사용하였다.

3.4 기후변화 리스크 평가

3.4.1 검토대상 선정

(1) 상세 검토대상

서울시에서는 기후변화로 인해 발생하는 산사태에 대비하고 시민의 재산과 안전을 보호하기 위하여 2013년 306개 산사태 취약지역 및 발생 우려지역을 조사하였다(서울시, 2014). 조사 결과를 바탕으로 산림청과 서울시는 용마산 지역의 산사태 위험등급을 각각 3등급[1(매우 위험)~5(안전)], D등급[A(안전)~E(매우 위험)]으로 구분하였다. 그 결과 용마산 27-D-01 유역이 D등급으로 구분되어 위험지역으로 판명되었다. 본 보고서에서는 이 유역을 분석 대상으로 채택하였다.

(2) 검토대상지 상세분석

용마산 27-D-01 유역은 표 3.4.1과 같은 지형 및 지질특성을 가진다.

3.4.2 취약시설 선정

기후변화에 의한 산사태 발생 시 취약시설은 그림 3.4.1에 표시된 바와 같다. 특히, 단독주택 등 해당 유역과 근접하여 산사태시 직접적인 영향을 받는 주거시설 5동이 있으며, 토석류 발생 시 산지 반경 50m 이내의 영향 범위로써 종교시설, 교통시설, 상업 및 업무시설 등이 있다.

표 3.4.1 용마산 27-D-01 유역특성

구분	측정결과
유역구분	토석류 발생 유역
유역면적	7.2ha
산사태 위험등급 등급	3등급
지질	화강암
조사개소	계류 1개소
주변환경	파트빌라, 진보아트 외

그림 3.4.1 27-D-01 유역의 산사태 발생 시 영향 범위

3.4.3 리스크 평가 방법

상세 검토대상의 유역 특성을 적용하여, 본 유역에 대하여 「기후변화를 고려한 사회기반시설의 설계매뉴얼(안)」의 제2장 비탈면의 그림 2.3.1과 2.3.2의 산사태 취약성 평가 및 적응대책 수립 방법과 산사태 안정성 평가 방법 순서도를 통해 취약성을 분석하며, 이를 기반으로 그림 3.1.2의 상세 검토 절차에 따라 평가를 수행하였다.

(1) 산사태 위험도 평가

비탈면 안정성 평가를 위해 지반의 불포화 특성 및 강우조건을 반영한 1차원 강우침투해석과 2차원 무한사면 안정해석을 연계한 광역적 산사태 위험도 평가모델을 사용하였다. 해석에 사용된 입력자료는 현장 지반조사와 실내시험으로부터 산정된 지반의 기본물성 및 불포화 특성으로 지반의 토심, 단위중량, 전단강도와 투수계수 및 식생을 고려하였다.

(2) 토석류 취약성 평가 방법

① 위험도 평가모델을 통해 비탈면에 대한 안정성 평가 결과, 해당 지역의 위험도를 도출해낼 수 있다. 그중 광역적 해석에 국한되는 산사태에 비하여 광역적 해석과 상세적 해석을 통해 비탈면에 대한 피해를 다양한 관점에서 해석할 수 있는 토석류 흐름에 대하여 해석을 수행하였고, 이에 상응하는 적응대책을 수립하였다.

② 비탈면 안정성 평가 결과로부터 정의된 토석류 초기체적을 이용하여 토석류 흐름 해석을 수행하고, 이 결과로부터 기후변화 전후의 예상되는 토석류 피해범위를 산정하였다. 표 3.4.2는 기후변화 적응 대상 중 용마산의 입력자료이다.

3.4.4 산사태 및 토석류 취약성 평가과정

(1) 산사태 및 토석류 해석을 위한 분석 방법

① 산사태 해석을 위해 시간에 따른 지하수의 다양한 분포에 대한 분석 방법과 무한사면파괴 모델을 결합한 GIS 기반의 YS-Slope 모형(Kim et al., 2012)을 활용하였다.

② 지반침식 및 연행작용을 고려한 토석류 해석을 위해 Flo-2D와 ABAQUS 등의 해석프로그

램을 사용하였다. 특히, 해석결과의 정확성을 위해 대변형 3차원 유한요소 해석(CEL)기법을 적용하여 거동을 분석하였다.

(2) 산사태 및 토석류 상세 분석 방법

① YS-Slope을 이용하여 본 유역에 대한 비탈면 해석을 통해 안정성 분석을 수행하였다. 본 모델은 GIS을 기반으로 개발되었기 때문에, 유역 내 위치별로 산사태 안전율 산정이 가능하였으며, 이를 토대로 산사태 우려지역에 대한 구분을 실시하였다.

② 산정된 안전율을 바탕으로 해당 유역의 위치별 해발고도, 급경사지 분포 등의 지형 특성과 토층 심도, 내부마찰각 및 점착력 등의 지질 특성과 식생 점착력을 고려하여 토석류의 발생 위치를 예측하였다(표 3.4.2). 붕괴 우려지역의 면적과 토층 심도의 분석을 통해 산사태 발생 시 토석류의 초기체적량을 산정하여 토석류 해석에 적용하였다.

(3) 취약성 평가 결과

① 표 3.2.1과 같이 본 유역의 산사태 해석을 위해 기후변화 시나리오로써 확률강우를 채택하였고, 이를 토대로 취약성 평가를 실시하였다. YS-Slope를 이용한 산사태 취약성 분석결과, 산사태 취약지역의 분포면적은 강우강도가 증가하고, 미래기간 S1~S3가 진행됨에 따라 확대되었다(그림 3.4.2, 그림 3.4.3).

② 토석류 초기체적 또한 미래기간 S1~S3가 진행됨에 따라 RCP 4.5 적용 시 2231~5732m³, RCP 8.5일 때 2054~6994m³의 변화 양상을 보이며 시나리오별, 기간별로 증가하였다(그림 3.4.2, 그림 3.4.3).

표 3.4.2 설계 입력자료

구분	입력자료
토층 심도(cm)	210
점착력(kPa)	16.3
내부마찰각(°)	26.4
투수계수(cm/sec)	6.203×10^{-4}
단위중량(kN/m³)	14.7
식생 점착력(kN/m³)	3

③ GIS를 기반으로 한 지형지물에 대한 공간정보와 실측된 정보(표 3.4.2)를 바탕으로 한 모델링을 통해 토석류에 의한 인근 지역 시설물의 피해 범위를 예측할 수 있다(그림 3.4.6). 미래 기간 S1~S3가 진행됨에 따라 RCP 4.5 적용 시 토석류에 의한 피해 범위가 시설물 21~41개소로 확대되었고, RCP 8.5 적용 시 18~51개소로 확대되었다.

④ 위의 결과를 고려해보았을 때 기후변화 시나리오를 적용한 경우, 과거기간에 비하여 비탈면 안정성이 낮게 평가되었으며, 토석류 초기체적이 크게 증가되었다. 또한 RCP 4.5와 비교했을 때, RCP 8.5에서 비탈면 안정성이 더욱 낮게 평가되었다. 강우강도가 심화됨에 따라 사회기반시설을 포함한 도심지의 피해 범위 또한 확대됨을 알 수 있다.

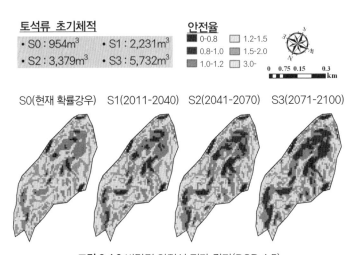

그림 3.4.2 비탈면 안정성 평가 결과(RCP 4.5)

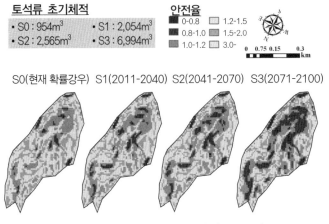

그림 3.4.3 비탈면 안정성 평가 결과(RCP 8.5)

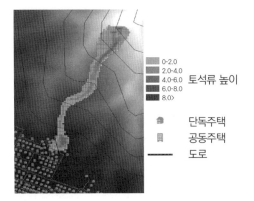

그림 3.4.4 기후변화 시나리오 적용 전 토석류 흐름 해석결과

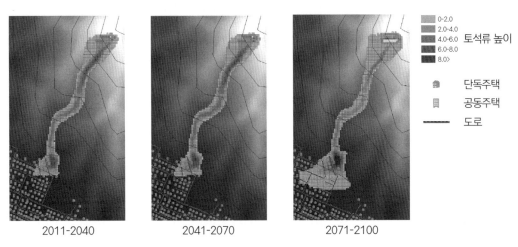

2011-2040   2041-2070   2071-2100

그림 3.4.5 RCP 4.5 시나리오 적용 시 토석류 흐름 해석결과

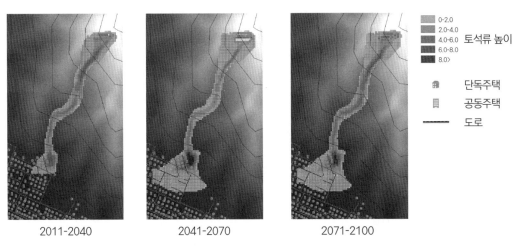

2011-2040   2041-2070   2071-2100

그림 3.4.6 RCP 8.5 시나리오 적용 시 토석류 흐름 해석결과

3.5 적응대책 검토

3.5.1 대책공법

(1) 대책공법 선정

앞서 기후변화 시나리오를 적용하여 RCP 4.5와 RCP 8.5일 때 미래기간에 따른 비탈면 재해에 대한 취약성 평가를 수행하여 피해범위를 산정하였다. 산정결과, 산사태의 경우 유역 종단부 시설물 1개소 정도로 피해범위가 미미하였다. 하지만 토석류의 경우 최대 51개소의 사회기반시설과 주택 등 민간시설에 광범위한 피해를 입혔다. 이를 토대로 본 장에서는 피해범위와 복구 비용이 상대적으로 큰 토석류에 대한 적응대책 검토를 수행한다.

① 기후변화에 따른 산사태 발생의 대책공법에는 선제적 조치수단으로 널리 쓰이는 앵커, 네일, 록볼트, 억지말뚝 등이 있다.

② 토석류 대책공법으로 사방댐과 토석류 포획망 등이 있다. 본 장에서는 토석류 발생에 대한 적응대책 중 가장 널리 쓰이는 방법인 사방댐을 채택하였다.

(2) 상세 적응대책 검토

① 사방댐은 토석류로 인한 시설물의 피해를 방지 또는 저감시키기 위한 시설물로 토석류가 발생하여 피해가 예상되는 시설물의 인근에 대해서 설치한다.

② 사방댐 설치 시 토석류 발생 가능성과 시설물의 중요도와 피해 가능성을 고려하여 합리적이고 효과적인 대책이 되도록 한다.

③ 설치 계획은 시험지의 지형, 지질, 수리 및 수문특성에 대한 조사를 토대로, 토석류 유발요인, 대책시설 설치의 용이성, 효과 그리고 향후 유지관리의 용이성, 환경친화적 요소 등을 종합적으로 고려한다.

④ 이를 토대로 기후변화의 영향을 반영한 효율적인 투자와 사방사업 및 사방댐 설치를 위해 기후변화 시나리오에 따른 산사태 및 토석류 피해를 예측하고 적절한 사방댐 설계에 대한 가치평가를 수행하였다.

3.6 가치평가 및 적용시기 검토

3.6.1 기후변화 적응대책 편익 계산

(1) 정의

기후변화 적응 비용은 사방댐 건설 비용으로 정의하며, 기후변화 적응 편익은 사방댐 건설로 인해 수반되는 산사태 피해 저감 편익과 사방댐의 수명변화로 인한 유지관리 비용 변화 등으로 정의한다. 또한 계산과정상의 기본 가정 사항으로 강우를 핵심 기후인자로 설정하고, 극한 기후 사상에 의한 파괴는 고려하지 않는다.

(2) 평가대상 정보 구성

용마산 27-D-01 유역에 설치된 사방댐에 대한 비용편익 분석을 위해 다음과 같은 자료를 활용한다(표 3.6.1).

표 3.6.1 평가대상 정보 구성 사방댐

평가대상 정보 구성	수치	단위	참고사항
평가대상 지역	-	-	용마산 27-D-01 지구
기후변화 미고려 사방댐 설계기준	2771	m^3	100년 빈도 강우 발생 시 토석류 양 (기후변화 전)
기후변화 고려 사방댐 설계기준	22388/23834	m^3	RCP 4.5/RCP 8.5 시나리오 기준 발생 토석류 양
기후변화 미고려 사방댐 건설 비용	255,570,366	원	서울특별시, 2012
기후변화 고려 사방댐 건설 비용	2,065,142,681/ 2,198,549,015	원	RCP 4.5/RCP 8.5, 서울특별시, 2012
적응 지역 내 건물 내용물 가치	36,584,322	원/세대	건설교통부, 2004
산사태 복구 비용	11,090	원/m^2	산림청, 2014
우면산-임광 지역(기준) 사방댐 건설 비용	371,357,996	원	서울특별시, 2012
우면산-임광 지역(기준) 발생 가능 토석류	4025	m^3	서울특별시, 2012

(3) 기후변화 적응 기술 도입 비용

적응 기술 도입 비용$(B_A - B_{Ai})$

$$= [B_i \times (\alpha_A)] - [B_i \times (\alpha_{Ai})] \qquad \text{식 (3.6.1)}$$

여기서, B_A : 기후변화 고려 사방댐 건설 비용,

$\quad\quad\quad B_{Ai}$: 기후변화 미고려 사방댐 건설 비용,

$\quad\quad\quad B_i$: 우면산 – 임광 지역 사방댐 건설 비용,

$$\quad\quad\quad \alpha_A : \frac{\text{용마산 기후변화 고려 설계기준}}{\text{우면산 – 임광 설계기준}}$$

$$\quad\quad\quad \alpha_{Ai} : \frac{\text{용마산 기후변화 미고려 설계기준}}{\text{우면산 – 임광 설계기준}}$$

① RCP 4.5 가정 : 371,357,996×(22388/4025) − 371,357,996×(2771/4025)

$\quad\quad\quad\quad\quad$ = 2,065,142,681 − 255,570,366 = 1,809,572,315원

② RCP 8.5 가정 : 371,357,996×(23834/4025) − 371,357,996×(2771/4025)

$\quad\quad\quad\quad\quad$ = 2,198,549,015 − 255,570,366 = 1,942,978,649원

(4) 1차 피해액(편익) : 극한 기후 사상 / 점진적 기후변화로 인한 피해액 계산

점진적 기후변화를 고려하기 위해 연당 128mm/72hr의 강우량을 넘는 날의 횟수를 기준으로, 표 3.6.2와 같이 강우 시나리오 RCP 4.5 기준으로 2100년까지 열화곡선 시뮬레이션을 적용한다 (우면산 사방댐 해석결과를 바탕으로 사방댐 규모에 비례하여 계산하며, 용마산 테스트 베드의 경우 우면산의 약 1.1배 규모 사방댐 건설을 가정한다).

표 3.6.2 강우량에 따른 사방댐 열화 상태 등급

사방댐 열화 상태	연당 128mm/72hr의 강우량을 넘는 날의 횟수
좋음	0일
보통	1~9일
나쁨	10일 이상

① 2100년까지 적용 전 사방댐 유지보수 비용 :

    －RCP 4.5 가정 : 9,781,942,322원

    －RCP 8.5 가정 : 12,453,635,840원

② 2100년까지 적용 후 사방댐 유지보수 비용 :

    －RCP 4.5 가정 : 6,765,836,766원

    －RCP 8.5 가정 : 3,200,387,836원

(5) 2차 피해액(편익) : 적응 지역 피해액 계산

2100년까지의 기후변화 강우 시나리오에 기반하여 산출된 토석류에 따라 다음과 같은 계산을 산정한다.

토석류 발생으로 인한 적응 지역 피해

$$= [(H_D \,/\, H_B) \times C_B] + [A_D \times C_R] \qquad\qquad \text{식 (3.6.2)}$$

여기서, H_D : 토석류 높이

       H_B : 피해면적 내 건물 높이

       A_D : 토석류 면적

       C_B : 피해 건물 내용물 가치

       C_R : 산사태 복구 비용

→ [시뮬레이션 결과] 기후변화 미고려 : 348,943,004원

① RCP 4.5 : (176,689,430＋276,964,200＋706,920,619)＝1,160,574,249원

② RCP 8.5 : (264,159,113＋754,647,730＋379,567,795)＝1,398,374,638원

(6) 기후변화 적응 순 편익 계산 결과

기후변화 적응 순 편익

$$= B_R + B_D - C_A \qquad \text{식 (3.6.3)}$$

여기서, B_R (유지보수 편익) : 2100년까지 수명 증가로 인한 유지보수 비용 편익,

B_D (토석류 피해 편익) : 2100년까지 기후변화 적응 전후 토석류 시뮬레이션을 통해 산정된 산사태 피해에 대한 편익,

C_A (기술도입 비용) : 기후변화 적응 기술 도입 비용

① RCP4.5 : (9,781,942,322원 − 6,765,836,766원) + (1,160,574,249원 − 348,943,004원) − (2,065,142,681원 − 255,570,366원) = 2,018,164,486원

② RCP8.5 : (12,453,635,840원 − 3,200,387,836원) + (1,398,374,638원 − 348,943,004원) − (2,198,549,015원 − 255,570,366원) = 8,359,700,989원

사방댐 건설로 토석류 피해가 100% 절감된다고 가정, 기후변화 전 상태에 맞추어 설계된 사방 댐은 348,943,004원(기후변화가 발생하지 않을 때 100년 빈도 강우 적용 시 토석류로 인해 발생하는 피해액)만큼 저감한다고 가정한다.

CHAPTER 04

콘크리트 도로

김장호 (연세대)

04 콘크리트 도로

4.1 검토개요

본 장은 콘크리트 구조물 중 "콘크리트 도로"에 대한 기후변화 영향과 이에 대한 가치평가 및 적응대책에 대하여 설명하였다. 콘크리트 구조물은 사용기간이 지남에 따라 노후화 현상이 발생한다. 콘크리트 성능 저하 현상에 가장 큰 영향을 미치는 것은 구조물 시공 시 타설되는 시기, 주변 환경과 위치의 영향을 상당히 많이 받는 것으로 나타났다. 따라서 본 가치평가를 통한 적응지침 예제를 통해 서울지역의 콘크리트 도로포장인 동부간선도로 군자교 사거리~중랑구 상봉동 성력빌딩까지의 대상지역을 선택하고 이를 바탕으로 대상지역의 기후변화와 콘크리트 구조물의 밀접한 관계를 알아본다. 또한 기후변화와 콘크리트의 밀접한 관계를 통하여 가치평가에 적용 시킨 후 적응대책 수립 방법을 제시하였다.

4.2 기초 조사

4.2.1 기후변화 및 콘크리트

콘크리트는 건설재료로써 탁월한 내구성능을 지니고 있으며, 사회기반시설물 건설에 사용되는 건설재료의 70% 이상을 차지한다. 그러나 타설 직후 콘크리트의 경화조건은 노출환경에 따라 물리, 화학적인 요인으로 성능 저하 현상이 발생하기도 한다.

콘크리트 구조물의 경우 초기 수화반응이 제대로 이루어져야 정상적인 강도 발현을 할 수 있으나 외부로부터 급격히 습도가 저하되거나 온도가 상승하게 되면 콘크리트 내부의 수분증발로 온도균열, 장기강도 저하현상이 발생한다. 이와 반대로 온도가 낮을 경우 응결 및 경화반응이 상당히 지연되어 강도 저하현상이 나타나게 된다. 또한 양생과정 중 지속적으로 바람과 일조시간이 발생하게 되면 콘크리트 시편 내부의 수분이동, 증발과 점진적인 온도 상승 현상이 나타나 콘크리트 내부에 수화온도가 급격히 상승하며 균열이나 부식 등의 내구성 문제가 발생할 수 있다.

4.2.2 현황 조사

(1) 지역 현황

동부간선도로 군자교 사거리~중랑구 상봉동 성력빌딩 구간은 서울특별시 중랑구 상봉동, 면목동, 광진구 중곡동을 포함하는 지역으로 인구 약 45만 명이 거주하는 주택지 및 상업지이다. 대상 구간은 상습 정체 구간으로 도로의 균열 및 파괴가 발생한다면 재시공 및 보수보강이 필수적이며, 이러한 경우에는 통행에 큰 영향을 미칠 것으로 예상된다.

4.3 기후변화 영향분석

4.3.1 기후변화 영향인자

(1) 영향인자 선정

콘크리트 구조물의 경우 양생과정에서 다양한 기후환경에 노출되게 된다. 그리고 이러한 다양한 기후환경 조건에 따라 콘크리트 내구성능이 상당히 달라지게 된다. 따라서 본 지침서에서는 콘크리트에 상당히 영향을 미칠 것으로 판단되는 기후인자 요소인 온도, 습도, 풍속, 일조시간을 고려한다. 그리고 다양한 기후인자에 따른 콘크리트 강도평가와 내구성 평가를 실시하고 이를 바탕으로 성능중심평가(PBE : Performance Based Evaluation)를 실시한다. 또한 대상지역의 미래기후를 조사하여 성능중심평가에 접목시킨 후 열화곡선을 통하여 가치평가를 실시하였다.

4.3.2 기후변화 시나리오

표 4.3.1, 4.3.2, 4.3.3, 4.3.4는 과거 10년간의 온도, 습도, 풍속과 미래 2046~2055년, 2091~2100년의 온도, 습도, 풍속, 일조시간을 비교한 표이다. 표 4.3.1을 살펴보면 과거 10년간의 총 평균 온도는 12.84°C가 나온다는 것을 알 수 있으며, 2046~2055년의 경우 13.39°C로 약 0.5°C의 미세한 온도 상승 변화를 볼 수 있다. 하지만 2091~2100년의 경우 평균 온도는 16.64°C로 과거 10년보다 약 4°C 정도 급격하게 증가하는 것을 확인할 수 있다. 또한 표 4.3.2의 과거 10년 상대습도의 경우 약 61.48%로 측정되며 2046~2055년의 경우 72.11%로 약 18.5%의 상승률이 나타났으며, 2091~2100년의 경우 71.98%로 2050, 2100년대의 상대습도 변화율이 유사하게 나타나는 것을 알 수 있다. 표 4.3.3의 경우 과거 10년간 평균 풍속은 2.42m/s로 나오는 것을 알 수 있고 2046~2055년은 2.62m/s, 2091~2100년은 2.56m/s로 온도, 상대습도와 반대로 거의 차이가 나지 않으며 100년간 거의 변화가 없다는 것을 알 수 있다. 표 4.3.4 일조시간의 경우 10년간 평균 일조시간은 5.34hrs로 나오는 것을 알 수 있고, 2046~2055년은 4.74hrs, 2091~2100년은 5.65hrs로 풍속과 유사하게 나타나는 것을 확인할 수 있다.

표 4.3.1 기간별 평균 온도

Temperature Avg(°C)			
Period	Past 10(years)	2046~2055(years)	2091~2100(years)
Jan.	-2.14	-1.48	1.55
Feb.	1.44	0.44	3.68
Mar.	5.7	6.47	10.06
Apr.	12.34	13.28	16.14
May.	18.15	19.13	21.94
Jun.	22.39	23.17	26.58
Jul.	24.62	26.48	29.7
Aug.	25.63	27.2	30.75
Sep.	21.6	22.65	26.25
Oct.	15.04	15.48	18.99
Nov.	6.99	7.68	11.3

출처 : 기상청

표 4.3.2 기간별 평균 습도

Relative humidity Avg(%)			
Period	Past 10(years)	2046~2055(years)	2091~2100(years)
Jan.	56.6	66.22	68.64
Feb.	54.5	64.08	65.79
Mar.	54.5	65.36	68.87
Apr.	53.7	72.63	71.66
May.	59.6	75.16	74.86
Jun.	65.2	77.1	76.47
Jul.	77	82.56	78.42
Aug.	73.5	78.36	73.73
Sep.	66.9	72.98	71.31
Oct.	60.5	70.66	72.56
Nov.	59.2	71.71	73.29

출처 : 기상청

표 4.3.3 기간별 평균 풍속

Wind speed(m/s)			
Period	Past 10(years)	2046~2055(years)	2091~2100(years)
Jan.	2.35	2.69	2.67
Feb.	2.54	2.99	2.99
Mar.	2.83	3.3	2.89
Apr.	2.83	3.16	2.74
May.	2.5	2.45	2.42
Jun.	2.36	2.24	2.34
Jul.	2.31	2.48	2.63
Aug.	2.34	2.26	2.57
Sep.	2.05	2.26	2.29
Oct.	2.05	2.38	2.26
Nov.	2.37	2.57	2.31

출처 : 기상청

표 4.3.4 기간별 평균 일조시간

Period	Sunlight exposure time(hrs)		
	Past 10(years)	2046~2055(years)	2091~2100(years)
Jan.	5.45	3.61	3.51
Feb.	5.74	3.94	3.36
Mar.	5.81	4.52	3.33
Apr.	6.15	3.43	4.88
May.	6.48	5.95	4.82
Jun.	5.59	4.09	3.31
Jul.	2.84	3.21	4.75
Aug.	4.01	5.78	10.69
Sep.	5.11	12.43	18.44
Oct.	6.5	4.06	4.16
Nov.	5.06	3.69	4.08

출처 : 기상청

4.4 기후변화 리스크 평가

4.4.1 검토대상 선정

대상지역으로 선정된 동부간선도로 구간은 길이 4,800m, 폭 26m, 깊이 0.4m의 콘크리트 도로이며 그림 4.4.1과 같이 나타난다. 대상지역의 행정구역은 서울특별시 중랑구 상봉동, 면목동, 광진구 중곡동을 포함하는 지역으로써 인구 약 45만 명이 거주하는 주택지 및 상업지이다. 동부간선도로의 위 구간은 수도권 북부와 인근 지역 주민이 서울 중심부로 진입하기 위해 통과하는 구간이며, 집중호우가 발생하였을 때 상습적인 침수가 발생하는 구간이다. 과도한 통행량과 기후인자의 영향으로 인해 노면상태가 상당히 불량한 상태이지만 통행량이 많은 고속화도로의 특성상 도로 재포장이 어려워 간헐적인 도로의 보수 및 보강만이 이뤄지고 있는 실정이다. 따라서 대상 구간에는 부분적 콘크리트 도로의 재포장이 시급한 실정이다. 하지만 도로의 재포장의 경우 다양한 기후변화와 다수의 차량통행으로 인하여 성능중심평가를 바탕으로 최적의 콘크리트 배합설계를 통한 도로 재포장을 수행하여야 할 것이라고 판단된다.

출처 : 네이버 지도

그림 4.4.1 대상지역 현황(동부간선도로(성력빌딩 – 군자교))

4.4.2 기후변화를 고려한 콘크리트 도로 안정성 평가

(1) 기후변화를 고려한 콘크리트 안정성 평가 절차

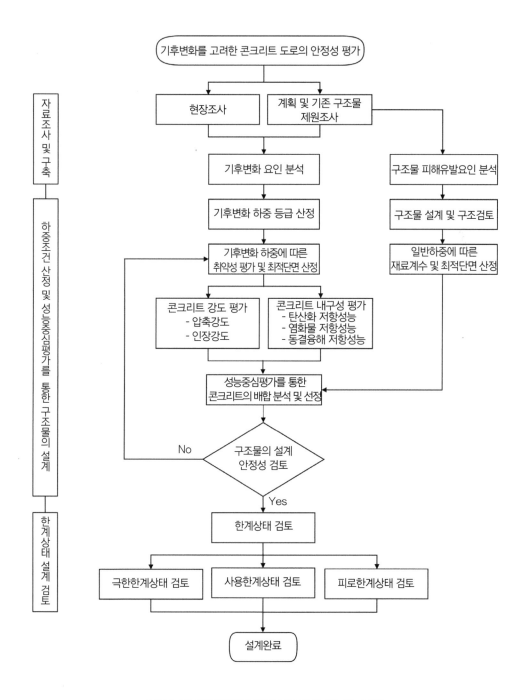

그림 4.4.2 대상지역의 온도에 따른 강도 성능중심평가

(2) 기후변화를 고려한 콘크리트 강도 평가

그림 4.4.3~4.4.6은 기후변화에 따른 강도 성능중심평가(만족도 곡선) 작성 후 열화곡선에 적용한 그래프이다. 각 그래프는 온도, 습도, 풍속, 일조시간에 따른 콘크리트의 시간별(yrs) 강도 저하량을 나타내었다. 콘크리트 강도의 경우 습도를 제외하고 온도, 풍속, 일조시간의 변화량이 유사하게 나타나는 것을 확인할 수 있다. 온도의 경우 미래 50년, 100년의 변화량의 경우 현재보다 대략 35%, 45% 저하되는 것을 확인할 수 있다. 그리고 풍속의 경우 미래 50년, 100년의 변화량의 경우 현재보다 대략 37%, 50% 저하되는 것을 확인할 수 있다. 또한 일조시간의 경우 미래 50년, 100년의 변화량의 경우 현재보다 대략 34%, 50% 저하되는 것을 확인할 수 있다. 그러나 습도의 경우 온도, 풍속, 일조시간과 다르게 미래 50년, 100년의 변화량의 경우 현재보다 대략 5%, 25% 저하되며 상대적으로 변화량이 적다는 것을 확인할 수 있다. 전체적으로 콘크리트의 경우 다양한 기후변화와 접촉 시 성능이 저하되는 것을 확인할 수 있다.

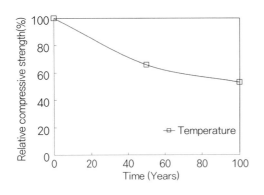

그림 4.4.3 대상지역의 온도에 따른 강도 성능중심평가

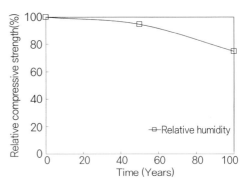

그림 4.4.4 대상지역의 습도에 따른 강도 성능중심평가

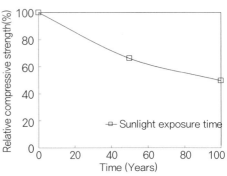

그림 4.4.5 대상지역의 풍속에 따른 강도 성능중심평가   **그림 4.4.6** 대상지역의 일조시간에 따른 강도 성능중심평가

(3) 기후변화를 고려한 콘크리트 내구성 평가

그림 4.4.7～4.4.10은 시간에 따른 구조물의 사용수명을 나타낸 그래프이다. 그림 4.4.7의 경우 균열폭에 따라 미래 100년까지의 사용수명을 나타낸 것으로 균열이 발생할 경우 사용수명이 급격하게 줄어드는 것을 확인할 수 있다. 미래 50년의 경우 대략 30～55%로 급격히 낮아지고 미래 100년의 경우 55～70%까지 수명이 줄어든다. 또한 그림 4.4.8의 경우 다양한 균열들의 평균수명을 나타낸 것으로 전체적으로 미래 50, 100년의 경우 35～50%까지 저하되는 것을 확인할 수 있다. 그림 4.4.9의 경우 염화물 확산량에 따라 미래 400년까지의 사용수명을 나타낸 것이다. 미래 200년의 경우 대략 10～20%로 낮아지고 미래 400년의 경우 30～40%까지 수명이 줄어든다. 또한 그림 4.4.10의 경우 다양한 염화물 확산량의 평균수명을 나타낸 것으로 전체적으로 미래 200, 400년의 경우 15～35%까지 저하되는 것을 확인할 수 있다. 전체적으로 균열이 크게 발생하거나 염화물 침투량이 많을 경우 콘크리트 사용수명이 급격하게 줄어드는 것을 확인할 수 있다.

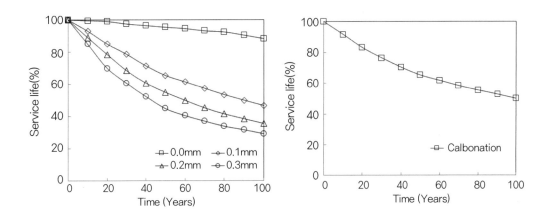

그림 4.4.7 대상 구조물의 탄산화 침투깊이에 따른 내구성 **그림 4.4.8** 대상 구조물의 탄산화 평균깊이에 따른 내구성
성능중심평가 성능중심평가

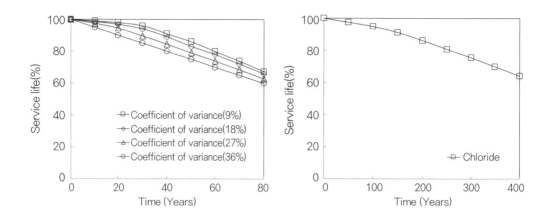

그림 4.4.9 대상 구조물의 염화물 확산계수에 따른 내구성 **그림 4.4.10** 대상 구조물의 염화물 확산평균에 따른 평균수명
성능중심평가

4.5 적응대책 검토

4.5.1 대책공법

미래에 온도, 습도, 풍속, 일조시간의 변화로 인하여 콘크리트에 다양한 문제점들이 초래된다.
따라서 이러한 문제점들을 해결하기 위하여 다음과 같은 문제 해결 방안을 제시하고자 한다.

(1) 강도

우선 첫 번째로 콘크리트 강도를 증진시키는 것이다. 콘크리트 강도를 증진시키기 위해서는
W/B가 감소되어야 하며, 단위 수량도 줄어들어야 한다. 또한 강도가 증진할수록 단위 시멘트량
이 많기 때문에 시멘트 대체 재료인 플라이 애쉬, 고로 슬래그 분말과 같이 혼화재로 치환하기도
한다. W/C의 경우 5% 감소 시 강도는 5% 상승한다. 슬래그의 경우 40% 치환 시 강도의 경우 약
5% 정도 강도 상승효과를 나타낸다. 그러나 혼화재의 경우 치환율에 따라 강도의 증가율은 다르
게 나타난다. 이러한 다양한 방법을 적용하여 콘크리트 강도 증진을 통하여 미래 기후에 대응할
수 있는 콘크리트 개발이 가능할 것이다.

(2) 내구성

콘크리트 구조물의 경우 탄산화 영향을 받으면 철근 부식으로 인하여 내구성 저하가 나타난다. 탄산화에 대하여 저항할 수 있는 방법으로 배합에서 가장 큰 영향을 가지는 W/B를 약 5% 낮추면 탄산화 깊이를 약 30% 줄일 수 있으며, 배합과정에서 일반 포틀랜드 시멘트보다 조강포틀랜드 시멘트를 사용할 경우 탄산화 속도를 약 40%로 지연시킬 수 있다. 또한 일반 시공에서 콘크리트 두께를 충분히 확보하는 경우도 있으며 굳은 콘크리트의 경우 다양한 코팅을 통하여 탄산화에 대해 저항을 가질 수 있도록 한다. 중성화 저항성의 경우 나노합성 hybrid계 폴리머형 코팅제의 경우 90%, 기존 에폭시계 코팅제의 경우 약 50% 억제 효과가 나타난다.

마지막으로 염해 침투의 경우 탄산화와 마찬가지로 철근 부식을 초래하여 철근콘크리트의 구조물로서의 성능을 저하시킬 수 있다. 이러한 문제를 해결하는 방법으로는 콘크리트의 강도를 높이고 혼화제, 혼화재 사용을 통하여 수밀성을 높인다. 혼화재의 경우 슬래그 약 40% 증가할 경우 확산계수는 약 40%로 감소시킬 수 있다. 또한 콘크리트 표면 코팅과 철근의 피복 코팅을 통하여 부식 속도에 대하여 30배 가까이 저항성을 높일 수 있을 것을 알 수 있고, 에폭시 코팅제의 경우 50%, 나노합성 hybrid계 폴리머형 코팅제의 경우 90%까지 감소시킨다.

4.6 가치평가

4.6.1 기후변화 적응대책 편익 계산

(1) 정의

- 기후변화 적응 비용 : 기후변화 적응형 콘크리트 배합설계 및 시공 비용
- 기후변화 적응 편익 : 기후변화 적응형 콘크리트 수명증가로 인한 도로 사용 편익

(2) 평가대상 정보 구성

서울시 동부간선도로(군자교사거리~성력빌딩 구간)에 대한 비용편익 분석을 위해 표 4.6.1과 같은 자료를 활용한다.

표 4.6.1 평가대상 정보 구성 – 동부간선도로

평가대상 정보 구성	수치	단위	참고사항
길이/폭/깊이	3800/26/0.4	미터	동부간선도로 (군자교 – 성력빌딩 구간)
기존 콘크리트 재료비	82,810	원/m³	240MPa 콘크리트 기준 (건설연구원, 2016)
기후변화 적응형 콘크리트 재료비	91,091	원/m³	240MPa 콘크리트 기준 (건설연구원, 2016)
콘크리트 시공비	3,388	원/m³	10% 재료비 증가 가정
기후변화 미고려 도로 수명	90	년	가정
기후변화 고려 교량 수명	100	년	가정
동부간선도로 평균 교통량	95,560	대/일	(한국개발연구원, 2006)
연간 동부간선도로 사용 이익	34,004,000	천 원	- 9.6 km 구간 - 118,017 대/일 기준 (한국개발연구원, 2006)

(3) 기후변화 적응 기술 도입 비용

기후변화 적응형 콘크리트 추가 비용 :

$$=(CB_c - CB_n) = [B \times (C_c + C_{cm}) - (C_c + C_{nm})] \qquad \text{식 (4.6.1)}$$

여기서, CB_c : 기후변화 고려 도로 콘크리트 타설 비용

CB_n : 기후변화 미고려 도로 콘크리트 타설 비용

B : 도로 면적

C_{cm} : 기후변화 고려 콘크리트 재료비

C_{nm} : 기후변화 미고려 콘크리트 재료비

C_c : 기후변화 고려 및 미고려 콘크리트 시공비

기후변화 적응 도로 콘크리트 타설 비용 – 기존 도로 콘크리트 타설 비용

$= (3{,}800 \text{ m} \times 26 \text{ m} \times 0.4 \text{ m}) \times (3387.69\text{원/m}^3 + 91{,}091\text{원/m}^3) - (3387.69\text{원/m}^3 + 82{,}810\text{원/m}^3)$

$= 3{,}733{,}797{,}829 - 3{,}406{,}532{,}709 = 327{,}265{,}120\text{원}$

(4) 1차 피해액(편익) : 극한 기후 사상 / 점진적 기후변화로 인한 피해액 계산

핵심 기후인자 : 강우, 온도, 풍속, 일조량

극한 기후 사상 : 기후 현상으로 인한 파괴는 고려하지 않음

점진적 기후변화 : 핵심 기후인자의 증가/감소에 대한 콘크리트 수명 변화로 인한 도로 사용 편익 변화

구조물 수명 증가 편익 :

$$= (L_c - L_n) \times P \qquad\qquad 식 (4.6.2)$$

여기서, L_c : 기후변화 고려 도로 수명

L_n : 기후변화 미고려 도로 수명

P : 연간 동부간선도로 사용 이익

(적응 후 도로 수명 − 적응 도로 전 수명)×(연간 동부간선도로 사용 이익)

$= (60년 - 50년) \times 340,040,000,000원 = 3,400,400,000,000원$

(5) 2차 피해액(편익) : 적응 지역 피해액 계산

핵심 기후인자 : 없음

교량의 수명변화에 의한 편익은 대상 구조물에만 작용하므로, 적응 지역 주변에 2차 피해액이 발생하지 않는다.

(6) 기후변화 적응 순 편익 계산 결과

기후변화 적응 순 편익 :

$$= CB_p - T \qquad\qquad 식 (4.6.3)$$

여기서, CB_p : 기후변화 고려 콘크리트 도로 수명 증가 편익

T : 기후변화 적응 기술 도입 비용

도로 수명 증가 편익－기후변화 적응 기술 도입 비용＝3,400,400,000,000원－327,265,120원
＝3,400,072,734,880원

CHAPTER 05

강교량

김승억 (세종대)

05 강교량

5.1 검토개요

기후변화 적응형 강교량 설계기술은 미래 기후변화로 인해 증가하는 하중에 대하여 안전하도록 강교량을 설계하는 기술이다. 기존 설계기준단면으로 강교량을 설계할 경우, 기후변화로 인해 풍하중이 증가하면 교량의 파괴 확률이 증가하게 되어 이에 따른 자산 손실이 발생한다. 반면, 기후변화 적응형 강교량 설계 기술을 적용하여 단면을 설계할 경우 풍하중이 증가하여도 파괴 확률이 증가되지 않으므로 교량의 자산 손실을 방지할 수 있다. 본 장은 콘크리트·강교량 중 실제 가설된 "강교량"에 대한 기후변화 영향과 이에 대한 가치평가 및 적응대책 수립에 관하여 설명하였다. 기후변화 영향 등에 관한 검토는 특히 풍하중에 취약한 현수교를 대상으로 하였으며, 예비 검토를 통해 전라남도 고흥군 도양읍 소록연륙교를 상세 검토대상으로 최종 선정하였다. 상세 검토는 5.4.2 기후변화를 고려한 강교량 안정성 평가 및 적응 방법을 기반으로 수행하였다. 이를 통해 기후변화에 의한 강교량의 취약성 평가 및 적응대책 수립 방법을 제시하였다.

5.2 기초 조사

5.2.1 현황 조사

ISDR(재해감소를 위한 국제전략기구)에서 조사한 자료에 따르면 전 세계 태풍, 홍수, 지진은 꾸준히 증가하는 추세이다. 하지만 현재 풍하중 및 유수압의 산정방법은 기존의 설계시방서에서 1995년도까지의 기상자료를 바탕으로 설계풍속 및 유수압을 산정하고 있다. 1973년부터 2012년까지의 연도별 풍속의 평균과 변동폭의 증감경향을 토대로 산정한 결과 풍속의 풍하중이 증가하고 있다. 이처럼 기후변화로 인한 태풍, 홍수 등의 강도가 커지기 때문에 사회기반시설에 가해지는 풍하중 및 유수압이 증대되어 사회기반시설의 구조부재가 커지는 문제가 발생한다. 따라서 구조물에 작용하는 풍하중 및 유수압 저감을 위하여 사회기반시설의 설계지침이 필요하다.

5.3 기후변화 영향분석

5.3.1 기후변화 영향인자

(1) 영향인자 선정

강교량에서 기후변화 영향인자는 도로교설계기준을 근거로 풍하중, 온도, 유수압, 설하중, 파압이 있다. 이들 중 설하중, 파압은 정성적으로 기술되어 있으며, 유수압은 설계 홍수 시의 설계유속(m/s)으로 되어 있어 기후변화를 고려한 설계 홍수 시의 설계유속을 사용하면 되므로 문제가 발생하지 않는다. 그러나 풍속은 기본 풍속(V_{10})을 사용하는데 이는 재현기간 100년에 해당하는 개활지에서의 지상 10m의 10분 평균 풍속이며, 온도는 평균 온도의 개념이 아닌 설계 시 기준으로 택했던 온도와 최저 혹은 최고 온도와의 차이 값이다. 결론적으로 풍속과 온도는 기후변화를 고려하여 정량적으로 수치를 산정하는 것이 필요하다. 본 장에서는 현수교에 대한 기후변화 영향인자로써 풍하중을 채택하였다.

5.3.2 기후변화 시나리오

(1) 본 절에서는 도로교 설계기준(기후변화 시나리오 적용 전)의 풍속 및 ISDR에 따른 풍하중의 증가를 고려한 풍속을 적용하여 강교량의 안정성 평가를 수행하였다. 1973년부터 2012년까지의 연도별 풍속의 평균과 변동폭의 증가추세를 토대로 풍속의 증가추세를 확인할 수 있다. 또한, 제시된 적응대책 중 강교량 설계에 대하여 기후변화 적응 비용 및 편익을 산정하여 기후변화를 고려한 대상교량의 가치평가를 수행하였다.

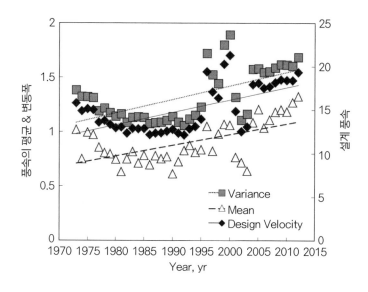

출처 : 기상청

그림 5.3.1 연도별 풍속의 평균과 변동폭의 증감경향(고흥)

(2) 강교량 안정성 평가에 사용되는 풍하중은 앞서 설명한 바와 같이 기후변화 시나리오 적용 전
후의 풍속이며, 일반적으로 적용할 수 있는 재현기간 100년에 해당하는 개활지에서의 지상
10m의 10분 평균 풍속이다.

5.4 기후변화 리스크 평가

5.4.1 검토대상 선정

소록연륙교는 국가지원 지방도 27호선에 위치한 고흥군 도양~소록도~금산(거금도)을 연결
하는 노선 중 도양과 소록도를 연결하는 총연장 1,160m의 연륙교이다. 이 중 주경간교는 총 톤수
500톤급의 선박이 통과할 수 있도록 연장 470m³ 경간 연속 자정식 현수교로 시공하였으며, 접속
교량은 경간장 77.5m의 강상판 상형교로 하였다. 개발된 기후변화 적응형 강교량 설계 기술은 풍
하중의 증가에도 안정된 성능을 확보할 수 있는 거더를 설계하는 기술로 교량의 안정성을 높여
자산가치를 보존하는 효과가 있다. 해당 기술을 남해에 위치한 소록연륙교에 적용하면, 기후변화

출처 : google 지도

그림 5.4.1 대상지역 현황

출처 : GGDO 거금도닷컴

그림 5.4.2 소록연륙교 조감도

후 증가하는 하중에 대해 기술 적용 전 교량 대비 파괴 확률이 증가되지 않으므로, 교량의 자산가치 손실을 막을 수 있을 것으로 기대된다. 기후변화에 대응하는 기후변화 적응형 강교량 설계 기술의 성능을 평가하기 위하여 전라남도 고흥군 도양읍의 소록연륙교를 사례 분석 지역으로 선정하였다.

5.4.2 기후변화를 고려한 강교량 안정성 평가 및 적응 방법

기후변화를 고려한 강교량의 안정성 평가 시 Part II. 제3장 콘크리트·강교량에서 다룬 것과 같이 기후변화에 따른 하중을 사용해야 한다. 본 절에서는 기후변화의 영향으로 증가되는 하중으로 인해 교량에 큰 영향을 미치는 하중인자인 풍하중을 적용하여 안전성 평가를 수행하였다. 또한, 제시된 적응대책 중 강교량 설계의 기후변화 적응 비용 및 편익을 산정하여 기후변화를 고려한 대상지역의 가치평가를 수행하였다.

(1) 단면 선정

대상 현수교의 총 연장 470m(110＋250＋110)의 3경간 연속 자정식 현수교이다. 주케이블은 일면 케이블로 설계가 되었고, 보강형 및 주탑 단면은 그림 5.4.3～5.4.4와 같다. 상부 및 하부 플랜지, 내측 및 외측 웨브, 중간 다이아프램 및 기타 부재들은 SM490을 사용하였다. 주탑은 총 놈피 87.4m이고 교면에서의 높이는 58.09m로 SM520을 사용하였다.

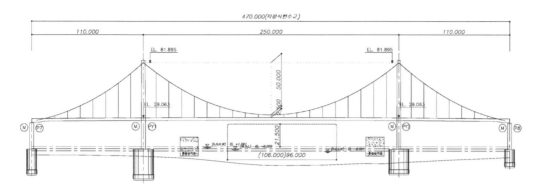

출처 : 소록연륙교 실시설계 T/K 보고

그림 5.4.3 대상 현수교 종단면도

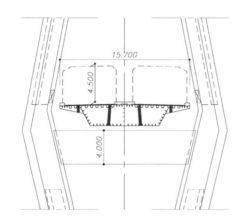

출처 : 소록연륙교 실시설계 T/K 보고

그림 5.4.4 대상 현수교 횡단면도

표 5.4.1 하중조합

CASE	하중조합
극한한계상태 하중조합 III	1.25DC+1.4WS

출처 : 도로교 설계기준 2016

(2) 하중조합 선정

하중조합은 여러 조건과 구조에 따라 적절하게 선정하여야 한다. 본 예제에서는 풍속 25m/s를 초과하는 풍하중을 고려하는 하중조합인 StrengthIII을 선정하였다.

(3) 하중산정

케이블 강교량 설계지침의 정적 풍하중 재하 방법으로 풍하중을 산정하여 적용하였다. 풍하중 산정을 위한 기본 풍속은 내풍설계의 기준이 되는 풍속으로 재현기간 100년에 대하여 최대풍속의 비초과확률이 60%에 해당하는 해면상 10m의 고도에서 10분간 평균 풍속으로서 $V_{10} = 40\text{m/s}$를 적용하였다. 설계 풍하중의 산정과 내풍안정성 검증의 기준으로 적용하는 설계풍속 V_d는 기본풍속 V_{10}에 구조물의 고도에 의한 보정계수 및 구조물의 수평기일, 연직길이에 의한 보정계수를 곱하여 산출하였다.

$$V_d = v_1 \times v_2 \times V_{10}(\text{수평방향으로 긴 구조물}) \qquad \text{식 (5.4.1)}$$

$$V_d = v_1 \times v_3 \times V_{10}(\text{수직방향으로 긴 구조물}) \qquad \text{식 (5.4.2)}$$

여기서, v_1 = 고도에 대한 보정계수

v_2 = 수평길이에 대한 보정계수

v_3 = 수평길이에 대한 보정계수

정적 설계에서는 설계 풍하중으로 공기력의 항력성분만을 고려한다. 설계 풍하중 P_d는 공기밀도, 보정계수, 항력계수, 바람을 받는 투영면적을 곱하여 산출하였다.

$$P_d = \frac{1}{2} \times \rho \times V_d{}^2 \times v_4 \times C_D \times A(\text{수평방향으로 긴 구조물}) \qquad \text{식 (5.4.3)}$$

$$P_d = \frac{1}{2} \times \rho \times V_d{}^2 \times v_5 \times C_D \times A(\text{수직방향으로 긴 구조물}) \qquad \text{식 (5.4.4)}$$

여기서, ρ = 공기밀도

v_4 = 수평길이에 대한 보정계수

v_5 = 수직길이에 대한 보정계수

C_D = 항력계수

A = 투영면적

표 5.4.2 하중

구분	투영면적 A(m²)	보정계수		설계 풍속 V_d(m/s)	설계 풍하중 (kN/m)	10% 증가된 풍하중(kN/m)
		v_4	C_D			
보강형	1.17	1.20	-	56.16	10.30	11.3
케이블	1.29	1.20	-	61.92	0.89	0.979
행거	1.29	-	1.20	61.92	0.28	0.308
주탑	1.27	-	1.20	60.96	16.57	18.227

위의 식들을 활용하여 보강형, 주 케이블, 주탑, 행거의 설계 풍하중을 산출하여 표 5.4.2에 나타내었다.

(4) 해석 방법 및 결과

강교량의 파괴 확률 산정 방법은 그림 5.4.5와 같으며, 이 Flow Chart는 '사장교의 시스템 신뢰성 분석의 효율적인 방법(Hung and Kim 2017)'으로 이를 현수교에 적용하여 파괴 확률을 산정하였다. 파괴 확률 해석결과, 기후변화 적응 기술 도입 전 파괴 확률은 0.651%, 도입 후 파괴 확률은 0.457%로 평가되었다.

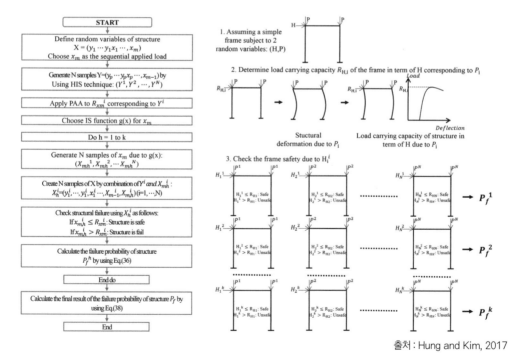

출처 : Hung and Kim, 2017

그림 5.4.5 신뢰성 해석절차 Flow Chart

5.5 적응대책 검토

5.5.1 대책공법

(1) 구조적 대책 – 기후변화 적응형 강교량의 설계기술

기존 설계기준에 따른 하중과 기후변화로 인해 증가하는 하중을 산정하였다. 산정결과 강교량의 경우 온도, 설하중, 파압으로 인한 파괴 확률은 미미하였으나 풍하중 및 유수압으로 인한 파괴확률은 증가하였다. 또한 풍하중으로 인한 교량의 붕괴사례를 토대로 본 장에서는 풍하중에 상대적으로 영향이 큰 현수교에 대한 적응대책 검토를 수행한다.

① 기후변화 적응형 강교량의 설계기술로 기후변화의 영향으로 하중이 증가하면, 구조단면을 증대시킴으로써 구조물의 안전성을 확보할 수 있다. 풍하중의 증가에 대한 적응대책으로 기후변화를 고려한 하중을 선정하고 구조해석을 통해 단면을 선정하였다.

② 바람이나 유수압 등 횡방향 하중을 지지하고, 하중 분배의 역할을 하는 브레이싱을 설치하여 구조물의 강도를 증가시킬 수 있다.

(2) 상세 적응대책 검토

① 구조물의 설계는 시험지의 현장조사와 기존 구조물의 제원조사를 토대로 기후변화의 요인을 분석해야 한다.

② 기후변화로 인한 풍하중의 증가는 인근 기상관측소의 장기풍속기록(태풍 또는 계절풍)과 지역적 위치를 동시에 고려하여 극치분포로부터 추정하거나 태풍자료의 시뮬레이션 등의 합리적인 방법으로 추정한다.

③ 구조단면의 증대 시 구조물의 안정성, 경제성, 시공성, 유지관리, 미관 등을 종합적으로 고려한다.

④ 이를 토대로 기후변화의 영향을 반영한 효율적인 투자와 구조물설치를 위해 기후변화 시나리오에 따른 하중의 증가를 예측하고 적절한 강교량 설계에 대한 가치평가를 수행하였다.

5.6 가치평가

5.6.1 기후변화 적응대책 편익 계산

(1) 정의

- 기후변화 적응 비용 : 풍하중 증가를 반영한 거더의 공사비 증가

- 기후변화 적응 편익 : 파괴 확률에 근거한 구조물 자산가치 보존 편익

(2) 평가대상 정보 구성

전라남도 고흥군 도양읍 소록연륙교에 대한 비용편익 분석을 위해 표 5.6.1과 같은 자료를 활용한다.

표 5.6.1 평가대상 정보 구성 – 소록연륙교

평가대상 정보 구성	수치	단위	참고사항
단위 강재 시공비	2,860,000	원/톤	구리 IC 원가계산서 참조 (재료비 + 노무비 + 경비)
기존 풍하중 적용 시 Load Factor	1.94	-	설계 풍하중 : 10kN/m (기존 단면)
10% 증가된 풍하중 적용 시 Load Factor	1.79	-	설계 풍하중 : 11kN/m (기존 단면)
기후변화 전 설계 거더 중량	43.1	톤	Hollow Rectangular 1×1×0.1(m, 기존 단면)
기후변화 후 설계 거더 중량	47.3	톤	기후변화 전 동일 안전율 적용 크기 (증가된 단면)
기후변화 적응 전 파괴 확률	0.651	%	10%증가된 풍하중 적용(기존 단면)
기후변화 적응 후 파괴 확률	0.457	%	10%증가된 풍하중 적용(증가된 단면)
교량자산가치	122,400	백만 원	소록대교 공사비
1일 우회 방지 편익 (=1일 도로 사용 편익)	270,389	천 원	2016년 기준 우회방지편익 (한국개발연구원, 2004)
파괴로 인한 도로 우회 일수	1825	일	가정

(3) 기후변화 적응 기술 도입 비용

기후변화 적응형 강교량 설계 기술 적용으로 인한 공사비 증가(C_W)

$$= (W_t - W_0) \times \alpha \qquad \text{식 (5.6.1)}$$

여기서, W_t : 기후변화 적응 기술을 적용한 설계 거더 중량,

W_0 : 기후변화 적응 기술을 적용하지 않은 설계 거더 중량,

α : 단위 강재 시공비(대상교량의 시공비 자료가 가용치 못한 경우에는 2,860,000원/

톤 사용 가능)

① 소록연륙교 적용 : (47.3톤 − 43.1톤)×2,860,000원/톤 = 12,012,000원

(4) 1차 피해액(편익) : 극한 기후 사상 / 점진적 기후변화로 인한 피해액 계산

점진적 기후변화 : 핵심 기후인자의 증가로 인한 교량의 파괴 확률이 야기하는 구조물 파괴 기

대 자산가치 편익(B_1)

$$= (P_0 - P_t) \times V \qquad \text{식 (5.6.2)}$$

여기서, P_0 : 기후변화 적응 기술을 적용하지 않은 파괴 확률,

P_t : 기후변화 적응 기술을 적용한 파괴 확률,

V : 교량의 자산가치

① 소록연륙교 적용 :

핵심 기후인자 : 풍속

극한 기후 사상 : 풍속

(0.651% − 0.457%)×122,400,000,000원 = 237,456,000원

(5) 2차 피해액(편익) : 교량의 파괴로 인해 차량이 우회하는 손익을 평가

핵심 기후인자의 증가로 인한 교량의 파괴가 야기하는 도로 우회 방지 기대값(B_2)

$$=(P_0-P_t)\times D\times B \qquad \text{식 (5.6.3)}$$

여기서, P_0 : 기후변화 적응 기술을 적용하지 않은 파괴 확률,

　　　　P_t : 기후변화 적응 기술을 적용한 파괴 확률,

　　　　D : 파괴로 인한 도로 우회 발생 일수,

　　　　B : 1일 우회 방지 편익(=1일 도로 사용 편익)

① 소록연륙교 적용 :

핵심 기후인자 : 풍속

(0.651%−0.457%)×1825일×270,389,000원=95,731,225,450원

(6) 기후변화 적응 순 편익 계산 결과

기후변화 적응 순 편익

$$=B_1+B_2-C_W \qquad \text{식 (5.6.4)}$$

여기서, B_1+B_2 : 핵심 기후인자의 증가로 인한 교량의 파괴 확률이 야기하는 구조물의 파괴

　　　　기대 자산가치 편익,

　　　　C_W : 기후변화 적응형 강교량 설계 기술 적용으로 인한 공사비 증가

① 소록연륙교 적용 :

핵심 기후인자 : 풍속

237,456,000원+95,731,225,450원−12,012,000원=95,956,669,450원 Part III. 가치평가를 통한

적응지침 예제−제1장 기후변화 시나리오

CHAPTER 06

TRC(Textile Reinforced Concrete) 교량

박선규 (성균관대)

06 TRC(Textile Reinforced Concrete) 교량

6.1 검토개요

현재의 사회기반 시설물은 철근콘크리트와 강으로 건설되고 있으며, 특히 교량의 경우 중·소 교량은 철근콘크리트, 장대교량은 강을 중심으로 건설되고 있다. 본 장에서는 철근콘크리트 중 심의 중·소 교량의 대체를 위한 새로운 합성소재로 텍스타일을 제시하고 이를 활용한 TRC 교량 을 중심으로 기후변화 적응예제를 설명하였다. TRC (Textile Reinforced Concrete)는 기존 콘크리 트 부재의 철근 부식에 의한 내구성 감소를 억제하고자 철근을 섬유 재료의 텍스타일(textile)로 대체한 복합구조체이다. 국외에서는 15여 년 동안 연구가 진행되었으며, 국내에서는 연구 초기 단계로 면밀한 구조설계에 따른 비교는 불가능하지만 재료적 측면에서 기후변화 영향 및 가치평 가를 수행하고 적응대책으로의 가능성을 살펴보았다. 검토대상은 TRC 교량 연구의 목표인 도심 지 중·소규모 철근콘크리트 교량을 대상으로 하였으며, 예비 검토를 통해 서울 중랑구 면목동 겸 재교를 상세 검토대상으로 최종 선정하였다. 상세 검토는 '6.4.2 기후변화를 고려한 콘크리트 교 량 바닥판 탄산화 평가'를 기반으로 수행하였다. 이를 통해 기후변화에 의한 콘크리트 교량 바닥 판의 취약성 평가 및 TRC 교량의 적응대책의 가능성을 검토하였다.

6.2 기초 조사

6.2.1 기후변화 및 TRC

지구온난화 현상이 가속화됨에 따라 온도변화의 폭이 자연적인 기후 변동성의 범위를 벗어나고 그 기간이 장기화되고 있으며, 폭염이나 혹한 등의 극한 현상의 발생빈도가 증가하고 있다. 이러한 기후변화는 대부분의 사회기반 구조물에 영향을 미치며 그중 철근콘크리트 구조물의 경우, 큰 폭의 장기적인 온도변화에 따라 수축과 팽창이 반복되어 온도 균열 및 피로 균열이 발생하며, 높은 온도에서 콘크리트의 탄산화에 의한 철근 부식이 촉진된다. 텍스타일 합성부재(TRC)는 기존 철근콘크리트의 철근을 섬유 계열의 텍스타일로 완전 대체하거나 인장 보강재로 사용하는 복합구조체이다. 텍스타일의 특성상 일반철근과 달리 부식 방지를 위한 피복두께가 필요하지 않으며, 섬유재료를 이용하는 만큼 매우 얇은 층으로도 제작이 가능하다. 또한 철근콘크리트에 비해 보다 자유로운 성형과 부재의 경량화가 가능하며, 표면적이 넓은 만큼 콘크리트와의 부착성 역시 강하다. 이러한 특징을 바탕으로 TRC 합성부재는 이상기후 현상으로 인한 철근콘크리트 구조물의 내구성 하락을 효과적으로 제어할 수 있을 것으로 기대되고 있다.

6.2.2 현황 조사

IPCC에서 제공하고 있는 연도별 CO_2 대표농도경로 시나리오(RCP)에 따르면 현 상황을 유지할 경우 CO_2의 농도는 지속적으로 증가하는 추세이며, 기상청에서 제공하는 전국 평균 기온 또한 점차 증가하는 추세이다.

교량에서의 이러한 변화는 염해 및 탄산화에 간접적인 영향을 미칠 것으로 판단된다. 염해에 따른 교량 바닥판의 손상은 전국 평균 기온의 상승에 따른 제설제 사용량 감소로 점차 적어지고, CO_2 농도는 지속적으로 증가하고 있어 탄산화에 의한 콘크리트의 열화 및 철근의 부식을 초래할 가능성은 높아질 것으로 판단된다. 또한 CO_2는 온도가 높을수록 콘크리트에 더 많은 영향을 미치게 된다. 이처럼 기후변화에 따른 CO_2 농도와 평균 기온의 상승은 철근콘크리트 구조물의 탄산화를 초래할 가능성을 높일 수 있다.

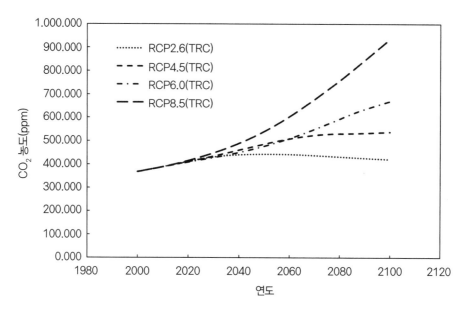

그림 6.2.1 연도별 CO_2 대표농도경로 시나리오

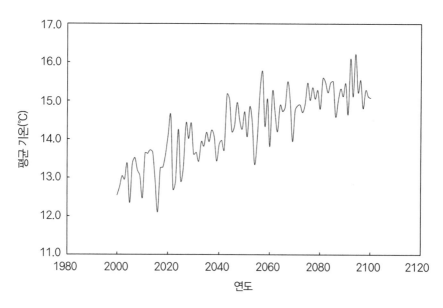

그림 6.2.2 전국 평균 기온 변화

6.3 기후변화 영향분석

6.3.1 기후변화 영향인자

(1) 영향인자 선정

콘크리트의 열화의 주된 내적 요인과 외적 요인은 표 6.3.1과 같이 분류할 수 있다. 다양한 열화 요인 중 콘크리트의 내구성 평가로 활용되는 요인은 외적 요인 중 환경적 요인에 해당하는 탄산 화, 염해, 동결융해, 화학적 침식, 알칼리 골재반응이다. 이 중 제설제 사용에 따른 염해 피해가 가 장 크며, 탄산화 및 동결융해에 의한 피해도 상당수 보고되고 있다. 그러나 '6.2.2 현황 조사' 예측 에 따라 기후변화에 따른 콘크리트 교량의 주요 열화요인은 탄산화에 따른 철근의 부식이 될 것 으로 판단되므로, 콘크리트의 탄산화를 주요 기후변화 열화인자로써 선정하였다.

6.3.2 기후변화 시나리오

(1) 본 절에서는 기후변화 시나리오 적용 전후를 비교하고 다양한 환경에 따른 평가를 수행하기 위하여 '6.2.2 현황 조사'에 제시된 RCP 2.6, 4.5, 6.0, 8.5에 따른 CO_2 농도 변화와 기상청의 연 도별 전국 평균 기온 변화를 반영하여 탄산화 깊이를 평가하였다.

(2) 콘크리트의 탄산화는 느린 속도로 진행되기에 2100년까지의 시나리오를 모두 적용하였다.

표 6.3.1 콘크리트 열화 요인

내적 요인		외적 요인	
설계 요인	시공 요인	환경적 요인	하중 조건
부재의 형상 및 치수, 피복두께, 배근, 설계기준강도, 배합조건, 재료의 품질 등	굳지 않은 콘크리트의 상태, 타설방법, 양생방법 등	탄산화, 염해, 동결융해, 화학적 침식, 알칼리 골재반응	피로, 과대하중 등

6.4 기후변화 리스크 평가

6.4.1 검토대상 선정

겸재교는 서울시 동대문구 면목동 중랑천 위에 위치한 교량이다. 총 길이 393m 4차선 2층으로 설계된 겸재교는 1층에는 사람이 통행할 수 있는 보도가 설치되어 있으며 2층에는 차량이 통과하는 차도가 위치해 있다. 하천을 통과하는 주교량은 박스교 형태의 Extradosed 교량이며 접속교는 Preflex Beam교로 강합성교로 구성되어 있다. 본 장에서의 TRC 합성부재 연구는 콘크리트 슬래브(교량 바닥판)를 주요 연구범위로 설정하고 있어 접속교의 바닥판을 대상으로 선정하였다.

6.4.2 기후변화를 고려한 콘크리트의 탄산화 평가

기후변화를 고려한 콘크리트의 탄산화 평가 시 기후변화에 따른 CO_2 농도 변화 및 전국 평균 기온 분석자료 등 신뢰할 수 있는 자료를 사용해야 한다. 본 절에서는 IPCC CO_2 자료 및 기상청의 자료를 활용하였다.

출처 : Daum 스카이뷰(http://map.daum.net)

그림 6.4.1 겸재교 위성도

(1) 단면 선정

겸재교의 접속교량인 Preflex Beam교는 시점부와 접속부 총 2개소로 주요제원은 표 6.4.1 및 그림 6.4.2와 같다.

접속교의 바닥판을 대상으로 한정하면 높이 0.240m, 폭 14.9m로 단위 길이당 부피는 약 3.6m³이다. 설계도서상 종방향 철근은 D22@122, 횡방향 철근은 D16@8 (30.8m)이며 항복강도는 400MPa이다. 철근콘크리트 바닥판의 재료 및 시공에 따르는 비용은 '표준적산'에 따라 산정하였다.

텍스타일의 경우 실험 결과에 따라 700MPa을 적용하였으며, 적용한 단면적은 철근이 사용된 단면적에 강도 차이만큼 조정하였다. 사용된 콘크리트의 비용은 '표준적산'에 따라 산정하였으며, 텍스타일의 비용은 단위면적(m²) 당 1,980원을 적용하였다.

표 6.4.1 접속교 제원

위치	연장(m)	폭원(m)	사각(°)	비고
시점부	2@40=80	15	시점부 90 종점부 75	연속형 Preflex 거더교
종점부	2@40=80	15	시점부 75 종점부 90	

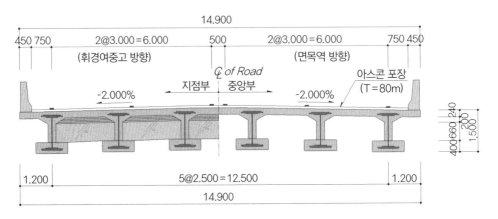

출처 : 실시설계 보고서

그림 6.4.2 대상 현수교 종단면도

(2) 기후변화를 고려한 탄산화 깊이 평가 방법

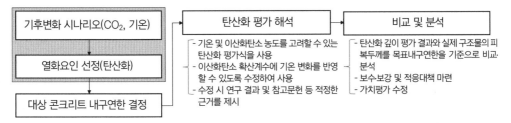

그림 6.4.3 콘크리트 교량(바닥판) 탄산화 깊이 평가 절차

표 6.4.2 콘크리트 내구연한 기준

등급	내구연한	비고
1등급	100년	특별히 높은 내구성이 요구되는 구조물
2등급	65년	높은 내구성이 요구되는 구조물
3등급	30년	비교적 낮은 내구성이 요구되는 구조물
기타	-	특정 요소를 구성하는 콘크리트 부재일 경우 각 부재의 특성에 맞추어 설정

6.4.3 기후변화를 고려한 콘크리트 교량 바닥판 탄산화 평가

(1) 탄산화 속도 모델 및 탄산화 깊이

탄산화 경계면의 콘크리트 표면으로부터 거리를 탄산화 깊이로 보고, 외부에서 유입된 CO_2 농도를 대기 중의 CO_2 농도로 치환하면 다음과 같다.

$$C_x = \sqrt{\frac{2 \cdot D_{CO_2}}{a} \times C_{CO_2} \times t} = A \cdot \sqrt{t}$$

여기서, C_x = 경과한 시간에서의 탄산화 깊이(cm)

D_{CO_2} = CO_2의 확산계수(cm^2/s)

C_{CO_2} = 대기 중의 CO_2 농도(g/cm^3)

a = CO_2 흡착량

t = 콘크리트의 탄산화 경과시간(s)

A = 탄산화 속도계수(cm^2/s)

(2) 기후변화를 고려한 CO_2 확산계수

CO_2의 확산계수인 D_{CO_2}는 다음과 같이 구할 수 있다.

$$D_{CO_2}(t) = D_1 \times t^{-n_d}$$

여기서, D_1 = 1년 경과 후의 CO_2 확산계수

n_d = 확산계수의 감소를 반영한 시간계수

W/C의 배합비율에 따른 D_1과 n_d값은 표 6.4.3을 따르도록 한다.

이때, 기후변화에 따른 연평균 온도변화를 반영하기 위하여 CO_2 확산계수 D_{CO_2}를 다음과 같이 가정한다(Song HW et al.(2006), S. Talukdar(2012)).

$$D(T) = D_{ref} \times e^{\left[\frac{Q}{R}\left(\frac{1}{T_{ref}} - \frac{1}{T}\right)\right]}$$

여기서, Q = 콘크리트에서 확산되는 CO_2의 확산 활성화 에너지(39,000J/mol K)

R = 기체상수(8.314J/mol K)

T_{ref} = 298K

T = 연평균 온도

표 6.4.3 D_1 및 n_d 값

	W/C	D_1	n_d
D_{CO_2}-45%	0.45	0.6496	0.2180
D_{CO_2}-50%	0.50	1.2358	0.2348
D_{CO_2}-55%	0.55	2.2248	0.2395

(3) 탄산화 평가 결과

위와 같은 탄산화 평가 절차를 이용하여 2000년부터 2100년까지 RCP 시나리오에 따른 탄산화 평가를 진행하였으며, 탄산화 상태평가 기준을 표 6.4.4에 탄산화 평가 결과를 그림 6.4.4에 나타내었다. 모든 RCP 시나리오에 따라 평균 바닥판 수명인 30년까지는 동일한 탄산화 속도를 보였으며, 교량 구조물의 평균 피복두께인 40mm에 도달하였다. 이후부터는 각 RCP 시나리오에 따라 탄산화 속도가 증가하였다. 기후변화 정도에 상관없이 피복두께가 40mm인 RC 구조물의 경우 교체가 시급한 것으로 평가되었다.

표 6.4.4 탄산화 상태평가 기준

기준	탄산화 잔여 깊이	철근부식의 가능성
a	30mm 이상	탄산화에 의한 부식 발생 우려 없음
b	10mm 이상 30mm 미만	향후 탄산화에 의한 부식 발생 가능성 있음
c	0mm 이상 10mm 미만	탄산화에 의한 부식 발생 가능성 높음
d	0mm 미만	철근부식 발생
e	-	-

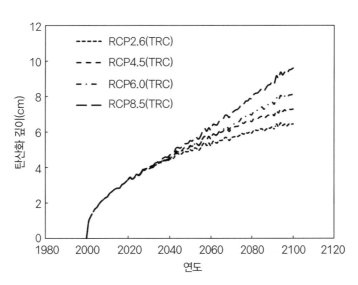

그림 6.4.4 기후변화에 따른 탄산화 평가

6.5 적응대책 검토

6.5.1 대책공법

(1) 대책공법 선정

보수·보강 설계를 위하여 다음과 같이 'KDS 14 20 40 콘크리트구조 내구성 설계기준'을 따른다.

① 손상된 콘크리트 구조물에서 안전성, 사용성, 내구성, 미관 등의 기능을 회복시키기 위한 보수는 타당한 보수설계에 근거하여야 한다.

② 기존 구조물에서 내하력을 회복 또는 증가시키기 위한 보강은 타당한 보강설계에 근거하여야 한다.

③ 보수·보강 설계를 할 때는 구조체를 조사하여 손상 원인, 손상 정도, 저항내력 정도를 파악하고 구조물이 처한 환경조건, 하중조건, 필요한 내력, 보수·보강의 범위와 규모를 정하며, 보수·보강 재료를 선정하여 단면 및 부재를 설계하고 적절한 보수·보강시공법을 검토하여야 한다.

④ 보강설계를 할 때에는 보강 후의 구조내하력 증가 외에 사용성과 내구성 등의 성능향상을 고려하여야 한다.

⑤ 책임구조기술자는 보수·보강 공사에서 품질을 확보하기 위하여 공정별로 품질관리검사를 시행하여야 한다.

(2) 상세 적응대책 검토

① 콘크리트 구조물의 탄산화 평가 결과 해당 부재의 심각한 결함으로 교체가 필요할 시에 TRC를 고려할 수 있다.

② TRC는 기존 RC(Reinforced Concrete)의 철근을 섬유 계열의 Textile 재료로 완전 대체하거나 Textile을 인장 보강재로 사용하는 복합구조체로, 재료 특성상 부식이 발생하지 않아 기존 구조물의 내구성 하락 및 이상기후 현상으로 인한 내구성 하락을 효과적으로 제어할 수 있을 것으로 기대되고 있다.

③ 텍스타일 합성부재의 경우 탄산화에 의한 부식이 발생하지 않기 때문에 RC와 동일한 성능

을 가지고 있을 때, 그림 6.4.4의 평가에 따라 탄산화에 의한 교체는 고려하지 않아도 될 것으로 평가하였다.

④ 이를 토대로 기후변화의 영향을 반영한 효율적인 투자와 구조물 건설을 위해 TRC를 활용할 수 있을 것으로 기대되며, TRC 전문 기술자 및 다양한 연구 결과를 바탕으로 충분한 안전성·안정성 검토를 수행하여야 한다.

6.6 가치평가

6.6.1 기후변화 적응대책 편익 계산

(1) 정의

기후변화 적응 비용은 TRC 합성 부재 적용 추가 비용으로 정의하며, 기후변화 적응 편익은 TRC 합성부재 적용을 통한 교량 수명 증가로 정의한다.

(2) 평가대상 정보 구성

서울시 동대문구 면목동 중랑천에 위치한 겸재교에 대한 비용편익 분석을 위해 표 6.6.1과 같은 자료를 활용한다.

(3) 기후변화 적응 기술 도입 비용

TRC 합성 부재 적용 추가 비용

$$= (B_A - B_{Ai}) \times D \qquad \text{식 (6.6.1)}$$

여기서, B_A : TRC 합성 부재 재료비 + 시공비

B_{Ai} : 기존 재료비 + 시공비

D : 콘크리트 타설량

① TRC 합성 부재 적용 추가 비용 :

$$(2,182,702원/m^3 + 307,816원/m^3) - (277,732원/m^3 + 307,816원/m^3) \times 576m^3 = 1,097,262,720원$$

(4) 1차 피해액(편익) : 극한 기후 사상 / 점진적 기후변화로 인한 피해액 계산

핵심 기후인자 : 온도, CO_2 농도

극한 기후 사상 : 기후 현상으로 인한 파괴는 고려하지 않음

점진적 기후변화 : 핵심 기후인자의 증가/감소에 대한 콘크리트 수명 변화로 인한 교량 사용 편익 변화

구조물 수명 증가 편익

$$= A_{50} - A_{30} \qquad\qquad 식 (6.6.2)$$

여기서, A_{50} : 50년간 교량 사용 편익

A_{30} : 30년간 교량 사용 편익

① 구조물 수명 증가 편익 : 88,973,000,000원 − 77,646,000,000원 = 11,327,000,000원

(5) 2차 피해액(편익) : 적응 지역 피해액 계산

핵심 기후인자 : 없음(교량의 수명변화에 의한 편익은 대상 구조물에만 작용하므로, 적응 지역 주변에 2차 피해액이 발생하지 않는다.)

(6) 기후변화 적응 순 편익 계산 결과

기후변화 적응 순 편익

$$= A - B \qquad\qquad 식 (6.6.3)$$

여기서, A(수명증가 편익) : TRC 적용을 통한 구조물 수명 증가 편익,

B(TRC 적용 비용) : TRC 합성부재 적용에 따른 추가 비용

① 기후변화 적응 순 편익 : 11,327,000,000원 — 1,097,262,720 = 10,229,737,280원

표 6.6.1 평가대상 정보 구성 - 겸재교

평가대상 정보 구성	수치	단위	참고사항
대상 구조물 콘크리트 타설량	576	m³	가정(2-4 공동 연구 결과)
기존 재료비	277,732	원/m³	가정(2-4 공동 연구 결과)
TRC 부재 재료비	2,182,702	원/m³	가정(2-4 공동 연구 결과)
시공비	307,816	원/m³	기존 철근콘크리트와 TRC 합성 부재의 콘크리트 시공비는 동일하다고 가정 가정(2-4 공동 연구 결과)
기후변화 적응 전 교량 수명	30	년	가정(2-4 공동 연구 결과)
기후변화 적응 후 교량 수명	50	년	가정(2-4 공동 연구 결과)
평가 기간 중 교량 사용 편익 (적응 전/적응 후)	77,646/88,973	백만 원	• 2028년 이후 교량 사용 편익은 일정할 것이라고 가정 • 유지관리 비용은 같은 증가추세로 증가할 것이라고 가정 • 사회적 할인율 5.5% 적용으로 평가 연도까지의 순 현재가치 산출(서울시 도로계획과, 2005)

CHAPTER
06

투수성 보도블록

윤태섭 (연세대)

07 투수성 보도블록

7.1 검토개요

본 장은 "투수성 보도블록"에 대한 기후변화 영향과 이에 대한 가치평가 및 적용대책 수립에 관하여 사례를 중심으로 설명하였다. 기후변화 영향 등에 관한 검토는 시험지로 서울특별시 중랑구 신내동을 대상으로 선정하였다. 이 지역은 총 인구 63,584명(통계청, 2015)이 거주하는 지역으로 대규모 택지개발로 인해 아파트가 밀집되어 있다. 서울 중랑구 지역은 2010년 1억 6천만 원, 2011년 1억 3천만 원의 홍수피해(WAMIS, 2015)가 발생하는 등 기후변화에 취약하다(그림 7.1.1). 상세 검토는 그림 7.3.1의 검토 절차를 기반으로 수립한 그림 7.1.2의 상세 검토 절차에 따라 수행하였으며, 이를 통해 기후변화에 의한 침수 취약성 평가 및 적용대책 수립 방법을 제시하였다.

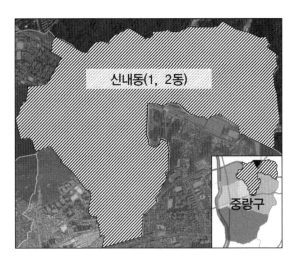

출처 : 통계지리정보서비스(SGIS), https://sgis.kostat.go.kr/view/index

그림 7.1.1 검토대상 지역

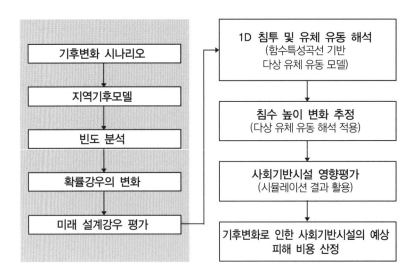

그림 7.1.2 침수 취약 지역에 대한 상세 검토 절차

7.2 기초 조사

7.2.1 현황 조사

(1) 피해사례 분석

① 1998년 7~8월 기간 집중호우로 인해 조사 대상지역인 서울특별시 중랑구 신내동은 약 0.19 ha 면적이 12 hr 이상 침수에 노출되었다. 해당 침수피해는 하수관거 불량으로 인한 우수 역류로 인해 발생하였다(표 7.2.1).

② 재산피해액 규모는 점차 줄고 있으나 중랑구 일대에서는 1998~2014년 사이 7회의 침수피해가 발생하였다. 중랑구 신내동에 침수피해가 발생한 1998년 재산피해액은 약 25억으로 추산되며 32명의 이재민이 발생한 것으로 조사되었다(표 7.2.2).

표 7.2.1 홍수지도 기본조사 보고서

위치	토지 이용현황	침수면적(ha)	침수원인
서울특별시 중랑구 망우, 신내동	주택지	0.08	하수관거시설 불량으로 인한 하구관 역류
서울특별시 중랑구 상봉, 망우, 신내동	주택지	0.11	하수관거 합류부 불량으로 인한 하구관 역류

표 7.2.2 침수흔적종합보고서

연도	총 액(천원)	이재민(명)	인명(명)	침수면적(ha)
2014	0	0	0	0.0
2013	0	0	0	0.0
2012	0	0	0	0.0
2011	125,969	121	1	0.0
2010	163,800	587	0	0.0
2009	0	0	0	0.0
2008	0	0	0	0.0
2007	0	0	0	0.0
2006	250,000	0	0	0.0
2005	15,000	0	1	0.0
2003	438,000	0	0	0.0
2001	4,019,404	9	3	0.0
1999	987,347	0	1	0.0
1998	2,553,308	32	2	4.6

(2) 기후 현황

① 1998~2014년 사이 조사 대상지역이 포함된 서울특별시의 연도별 최대 일 강수량은 대체적으로 감소하는 경향을 보인다(표 7.2.3).

② 서울특별시 치수 정책 보고서에 따르면 1962~2011년 사이 10년간 연평균 강수량은 1498.4mm(1962~1971년)에서 1613.7mm(2002~2011년)로 115mm가량 증가하였다. 계절별 강우량은 여름철 강우량은 720.0mm(1972~1981년)에서 1038.8mm(2002~2011년)로 40%가량 증가한 반면 겨울철 강우량은 감소하여 여름철 집중호우로 인한 재해 발생 가능성은 증가하였다. 또한 일 강우량 50mm/day 및 80mm/day 이상 강우일수가 대체적으로 증가하는 경향을 보인다(표 7.2.4).

CHAPTER 07

표 7.2.3 연도별 최대 일 강수량(mm)

연도	강수량 (mm)	월	일	연도	강수량 (mm)	월	일	연도	강수량 (mm)	월	일
1998	332.8	8	8	2004	108.5	7	16	2010	259.5	9	21
1999	261.6	8	2	2005	115.0	7	28	2011	301.5	7	27
2000	122.9	8	25	2006	241.0	7	16	2012	137.0	8	21
2001	273.4	7	15	2007	76.0	7	2	2013	165.0	7	13
2002	178.0	8	7	2008	127.5	7	24	2014	59.5	7	25
2003	177.0	8	24	2009	190.0	7	09	-	-	-	-

표 7.2.4 서울특별시 1962~2011년 강우특성 변화

구분		1962~1971	1972~1981	1982~1991	1992~2001	2002~2011
강우 일수 (일)	50mm 이상	6.5	5.3	6.7	7.5	7.8
	80mm 이상	3.3	1.9	2.6	3.5	3.9

(3) 지역 현황

① 서울특별시 치수 정책 보고서에 따르면, 1970~1980년 도심지 집중 개발 당시 체계적인 방재대책 도입이 미비하여 지하주택 35만 가구 중 약 4만 가구가 침수취약지역에 위치하고 있다. 도심지역의 자연지반 상실로 침투·저류할 수 있는 녹지공간은 줄어들고, 불투수면이 증가하여 배수처리시설의 과부하를 야기하였다. 우수 중 표면유출량은 1962년 11%에서 2010년 49%로 증가하였다(그림 7.2.1).

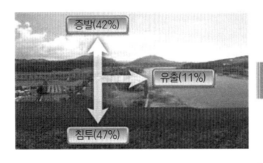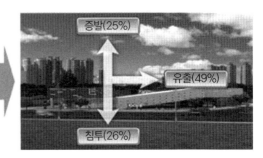

출처 : 서울정책아카이브(Seoul Solution), "서울시 치수관리 정책"

그림 7.2.1 서울시 40년간 불투수면 변화에 따른 물순환 변화(치수정책관리과)

7.3 기후변화 영향분석

본 매뉴얼에서는 앞서 설명한 기후변화에 대한 기반시설의 적응을 위하여 도심지 불투수면 감소 대책의 일환으로 투수성 보도블록 시스템의 설치를 제안하였다.

7.3.1 기후변화 영향인자 선정

(1) 기후영향인자에는 앞서 설명한 것과 같이 강우강도, 강우량 및 강우반복성이 해당한다. 위 인자들이 투수성 보도블록 및 노반에 미치는 영향을 확인하기 위하여 실내 배수시험을 수행하였다(그림 7.3.1). 두 종류의 시판 투수성 보도블록(P10, SP10)을 사용하였으며, 모래 안정층이 투수성 보도블록의 성능에 미치는 영향을 확인하고자 대조군으로써 보도블록 하부에 모래 안정층을 깔아 추가적으로 배수성능을 실험하였다.

(2) **실험 결과**

① 그림 7.3.2-a, b 및 c는 각각 0.13 L/min, 0.25 L/min 및 0.5 L/min 의 유량에 시료를 노출시킬 때 표면유출 높이의 변화를 보여준다. 유량이 0.13 L/min에서 0.5 L/min으로 증가할수록 자연

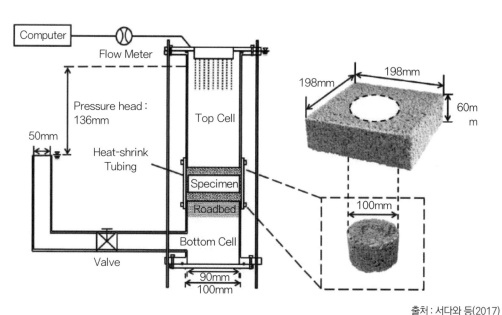

출처 : 서다와 등(2017)

그림 7.3.1 투수성 보도블록 실내 배수시험

히 표면유출 높이가 높아진다. 투수성 보도블록의 표면유출 높이는 재료의 성질 외에 외부 환경조건인 강우강도가 영향을 줄 수 있다는 것을 알 수 있다.

② 그림 7.3.3-a, b는 각각 P10, SP10가 유량조건과 시간 반복성 조건에 노출될 경우를 의미하며 7.3.3-c는 P10과 모래 안정층이 함께 위 조건에 노출될 경우를 의미한다. P10과 SP10에 큰 유량에 노출이 반복될수록 배수성능이 상대적으로 낮아짐을 알 수 있다(7.3.3-a, b). 또한, P10과 모래 안정층이 함께 같은 조건에 노출될 경우 위 경우보다 현격히 배수성능이 감소함을 알 수 있다. 이는 모래 안정층에서 발생하는 증발이 포화도를 감소시킴으로써 투수성 보도블록 및 모래 안정층에서의 배수성능에 지대한 영향을 미친 것으로 판단된다(그림 7.3.3-c).

③ 이에 따라 투수성 보도블록에 영향을 미치는 기후변화 영향인자로 강우량 및 강우강도 그리고 강우 반복성을 설정하였다.

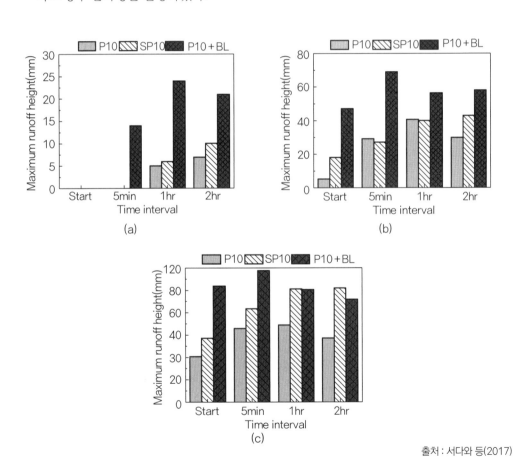

출처 : 서다와 등(2017)

그림 7.3.2 강우강도에 따른 표면유출 높이의 변화

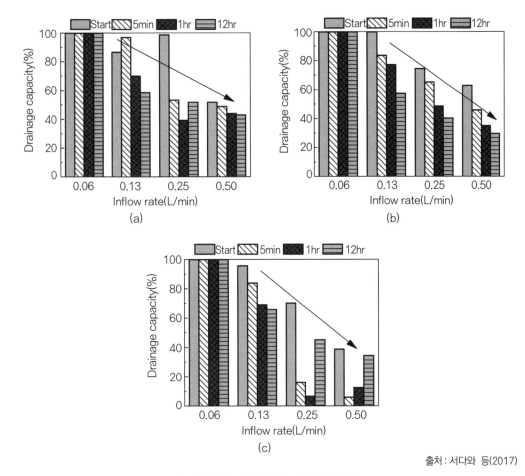

출처 : 서다와 등(2017)

그림 7.3.3 반복 강우에 의한 배수성능의 감소

(3) 해당 기후영향인자의 투수성 보도블록 시스템에 대한 영향을 고려하기 위하여 시스템을 구성하는 각 요소의 상대투수곡선을 활용하여 우수가 불포화된 상태의 시스템에 유입될 경우의 거동양상을 구현할 수 있다. 본 절에서는 분석과정 소요시간 단축을 위하여 각 요소의 X-ray CT 영상 기반 수치해석을 수행하였다(그림 7.3.4).

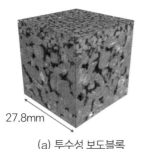
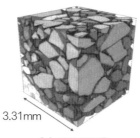
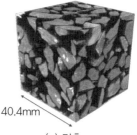

27.8mm	3.31mm	40.4mm
(a) 투수성 보도블록	(b) 모래 안정층	(c) 기층
(Pervious Block, PB)	(Bedding layer, BL)	(Sub-base layer, SL)

출처 : 서형석 등(2017)

그림 7.3.4 투수성 보도블록 시스템 내 각 요소의 X-ray CT 영상

표 7.3.1 설계 적용 확률강우

구분	재현빈도(년)	지속시간(시간)	강우량(mm/h)
과거기간(1976~2005)	100	1	93.5
RCP 8.5 후반기			115

7.3.2 기후변화 시나리오

(1) 본 장에서는 100년 재현빈도의 확률강우를 적용하여 투수성 보도블록 시스템의 기후 적응 성능을 평가하였다. 사용되는 하중은 앞서 설명한 바와 같이 기후변화 시나리오 적용 후의 확률강우이다. 과거기준기간(1976~2005)의 강우기록에 Gumbel 확률분포 및 확률가중모멘트법을 적용하여 금회 I-D-F(Intensity-Duration-Frequency) 곡선을 도출하였다. 한편, RCP 8.5 시나리오에 따른 확률강우량 산정결과에 대해 Huff 3분위를 활용함으로써 RCP 8.5 후반기 확률강우량을 추정하였다. 이에 따라 설계계획빈도 100년, 강우지속시간 1시간의 경우, 과거기간 강우량은 93.5mm/h에 해당하며 RCP 8.5 후반기 설계강우량은 115mm/h에 해당한다(표 7.3.1).

7.4 물성 조사 및 투수성 보도블록 시스템 설계

7.4.1 투수성 보도블록 시스템 물성 조사

(1) 본 절에서 사용한 투수성 보도블록 시스템의 재료 입도 분포는 다음과 같다. 하부의 기층(SL)

의 평균입경 d_{50}이 상부의 모래 안정층(BL)에 비해 충분히 크므로 골재 선정이 적합한 것으로 판단된다(그림 7.4.1).

(2) 본 절에서 사용한 투수성 보도블록 시스템의 절대투수계수는 실내투수시험기준(ASTM-D2434)을 바탕으로 측정하였다(표 7.4.1).

7.4.2 재료의 함수특성곡선 도출

(1) 본 절에서는 Pore Network Model을 기반으로 투수성 보도블록 시스템의 각 요소 내 유체 유동해석을 실시하였다. 수치해석을 통하여 도출한 함수특성곡선을 바탕으로 Brooks and Corey(1964) 등의 경험식을 적용하여 상대투수곡선을 획득할 수 있다. 재료의 상대투수특성을 알게 되면 불포화된 재료 내에서의 유체 거동을 결정할 수 있다(그림 7.4.2~7.4.4).

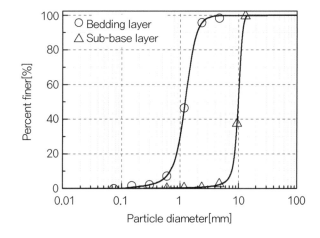

출처 : 서형석 등(2017)

그림 7.4.1 기층(BL)과 모래 안정층(SL)의 입도분포곡선

표 7.4.1 투수성 보도블록 시스템의 절대투수계수　　　　　　　　　　　　　　　　(단위 : mm/s)

포장재료	투수성 보도블록	기층	모래 안정층
실내투수계수	2.159	8.737	0.422

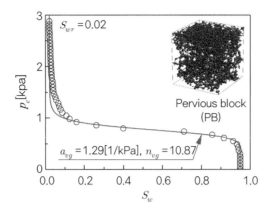

출처 : 서형석 등(2017)

그림 7.4.2 투수성 보도블록의 함수특성곡선

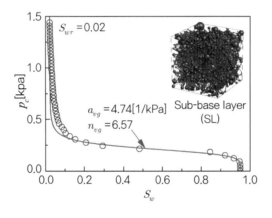

출처 : 서형석 등(2017)

그림 7.4.3 모래 안정층의 함수특성곡선

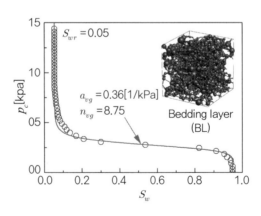

출처 : 서형석 등(2017)

그림 7.4.4 기층의 함수특성곡선

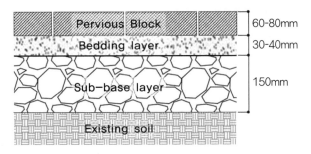

* Pevious block : 투수성 보도블록; Bedding layer : 모래 안정층; Sub-base layer : 기층; Existing soils : 원지반

출처 : 서형석 등(2017)

그림 7.4.5 투수성 보도블록 시스템 구성도

7.4.3 투수성 보도블록 시스템 설계

(1) 본 절에서는 보도블록 설계 시공 매뉴얼(서울특별시) 및 보도관리 및 설치 지침(국토교통부)
에 따라 투수성 보도블록 시스템의 각 요소의 두께를 결정하였다(그림 7.4.3).

7.5 1차원 침투 모델링 및 기후변화 리스크 평가

7.5.1 리스크 평가 방법

「기후변화를 고려한 사회기반시설의 설계매뉴얼(안)」의 제4장 투수성 보도블록의 취약성 평
가 내용을 반영하여 그림 7.1.2의 상세 검토 절차에 따라 검토대상 지역의 기후변화 리스크 평가
를 수행하였다.

(1) 투수성 보도블록 시스템 위험도 평가

투수성 보도블록 시스템의 안정성 평가를 위해서 앞 절의 기후영향 인자들에 의해 시스템에
가해지는 부담은 고려되어야 한다. 검토대상 지역의 미래 설계강우량, 강우강도 및 강우의 반복
성을 1D 침투 해석 시에 입력하여 시스템의 거동양상을 파악할 수 있다.

(2) 투수성 보도블록 시스템 취약성 평가 방법

1D 침투 해석 모델을 통한 투수성 보도블록 시스템의 거동양상 평가 결과, 해당 지역의 위험도를 도출해낼 수 있다. 입력인자인 강우 조건 변화에 의한 투수성 보도블록 시스템의 침투율 변화를 추적함으로써 투수성 보도블록 시스템의 기후변화 취약성을 검토할 수 있다.

7.5.2 투수성 보도블록 시스템의 취약성 평가과정

(1) 투수성 보도블록 시스템의 1D 침투 다상 유체 유동 해석모델의 검증

① 본 절의 대상 유체 유동 해석의 유효성을 검증하기 위하여 실제 크기의 Test-bed를 구축하였다. Test-bed의 7.4절의 투수성 보도블록 시스템 설계안에 따라 시공되었으며 원지반(In-situ soil), 모래 안정층(BL)과 기층(SL)의 중간 깊이에 각각 6개의 함수비센서(TDR)를 설치하였다(그림 7.5.1-a,b).

(2) 투수성 보도블록 시스템의 1D 침투 다상 유체 유동 해석을 위한 분석 방법

① 투수성 보도블록 시스템 내 각 구성요소(투수성 보도블록, 모래 안정층, 기층 및 원지반)들의 함수특성곡선을 FEM 기반 상용 프로그램(PLAXIS 2D)에 입력함으로써 특정 강우조건에 따른 우수의 투수성 보도블록 시스템 침투해석을 실시하였다. 원지반(In-situ soil)의 두께를 1m로 가정하였으며 그림 7.5.2에 따라 하부 경계조건에서의 수두는 1m가 된다.

(a) Test-bed 상부 사진

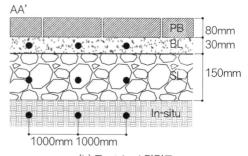

(b) Test-bed 단면도

출처 : 서형석 등(2017)

그림 7.5.1 송도 Test-bed

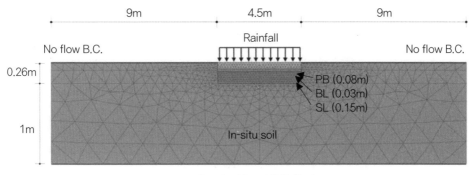

출처 : 서형석 등(2017)

그림 7.5.2 실규모 거시해석을 위한 Test-bed domain

(3) 취약성 평가 결과

① 시뮬레이션과 60mm/hr 강우강도가 1시간 유지하는 인공강우실험을 병행 실시하였다. 해석결과와 실험 결과를 비교하면 전체적으로 유사한 양상을 보이나 기층(BL)에서 시뮬레이션의 포화도 감소가 함수비 센서를 통하여 실제 측정한 값보다 다소 느리게 감소하는 것을 알 수 있다(그림 7.5.3). 이는 시뮬레이션 과정 중 자연 상태의 증발이 반영되지 않아 유발된 것으로 판단된다. 그러나 실제 활용될 장기간 시뮬레이션의 규모에 비추어볼 때, 본 절에서 소개한 유체 유동 해석 방법은 충분히 적합한 접근이 될 것으로 보인다.

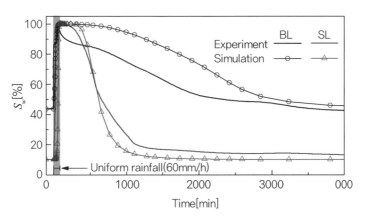

출처 : 서형석 등(2017)

그림 7.5.3 해석결과와 Test-bed 내 함수비센서(TDR) 데이터의 비교

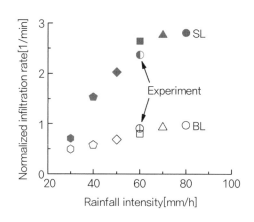

출처 : 서형석 등(2017)

그림 7.5.4 강우강도와 정규화한 침투율의 관계(BL : 모래 안정층; SL : 기층)

② 해석결과 : 위 시뮬레이션을 바탕으로 강우강도에 따른 모래 안정층(BL)과 기층(SL)에서의 침투율 변화를 알 수 있다(그림 7.5.3). 그림 중 Experiment 값은 인공강우시험 시 얻은 실제 데이터를 의미한다. 두 투수성 보도블록 시스템 요소의 침투율은 강우강도가 증가함에 따라 함께 증가하다가 강우강도 60mm/hr를 기준으로 증가경향이 둔화되며 80mm/hr 지점에서는 수렴하는 것으로 보인다. 이에 따라 80mm/hr 이하의 강우강도에서는 투수성 보도블록 시스템의 배수기능이 적절히 작동하여 기후인자에 대한 적응성을 발휘할 것으로 판단된다. 반면, 100mm/hr 이상의 강우강도에서는 표면유출이 발생할 것으로 보인다(그림 7.5.4).

7.6 가치평가

7.6.1 일반사항

본 절에서는 기후변화 적응 전 및 RCP 8.5 시나리오에 따른 적응 후 확률강우를 적용하여 기후변화 적응 비용 및 편익을 산정함으로써 기후변화를 고려한 대상지역 투수성 보도블록 시스템의 가치평가를 수행하였다. 투수성 보도블록 시스템을 통해 보도블록 하부에 우수 저류기능이 향상될 경우 침수면 높이가 낮추는 효과가 발생한다. 다음 예제는 이에 따라 발생하는 편익 산정에 반영되는 요소들을 기술한다.

7.6.2 기후변화 적응 편익 계산

(1) 기후변화 적응 비용과 편익 정의

기후변화 적응 비용 : 기후변화 적응형 투수성 보도블록 재료 및 시공 비용

적응 편익 : NOx 포집에 의한 온실가스 저감 이익, 투수성 보도블록 사용에 따른 홍수 피해 저감금액

(2) NOx 포집에 의한 온실가스 저감 이익

"NOx removal rate of photocatalytic cementitious materials with TiO₂ in wet condition (Seo and Yun, 2017)"에 따르면 광촉매 이산화티타늄(TiO₂)을 포함한 보도블록의 경우 질소산화물(NO)에 대한 제거력이 우수하며 이는 질소산화물이 상시 발생하는 차로의 공기오염을 완화하는 기능을 발휘할 수 있다. 이 예제에서는 광촉매 이산화티타늄이 포함된 보도블록을 설치할 경우 조사대상지역에서 확보할 수 있는 공기정화 편익을 추가적으로 산정하였다.

(3) 평가대상 정보 구성

표 7.6.1 평가대상 정보 구성

평가대상 정보 구성	수치	단위	참고사항
길이/폭	110/1.76	m	중랑구 신내로 115 10단지 신내아파트 주변
일반보도블록 자재비	11,833	원/m²	**
투수보도블록 자재비	16,333	원/m²	**
일반보도블럭 투수계수	0.1	mm/sec	국내 보도블록 투수계수 기준(KS F 4419)
투수보도블럭 투수계수	0.3	mm/sec	***
일반보도블록 투수계수 유지율	100	%	****
투수보도블록 투수계수 유지율	100	%	****
아파트 거주가구 부동산 평가액	307,708,000	원/가구	통계청, 2006
일반보도블럭(적응 전) 설치시 침수높이	0.3	m	*****
불투수면 침수높이	0.4	m	*****
가구당 기타자산 평가 금액	50,000,000	원/가구	
홍수피해 기준 일일 강수량	120	mm/일	
보도블록의 NOx 포집량	0.001	g/m²/sec	***
CER price	0.975682	$/ton	2012-2016 평균 CER price

** 시중 일반, 투수성 보도블럭 거래 단가 평균.
*** 투수성 보도블럭 시편 실험 결과치에 근거하여 산출.
**** 강우량의 누적에 따라 투수계수가 감소 할 수 있지만 본 예제에서는 감소가 없다고 가정함.
***** 침수 시뮬레이션 등 도심 침수 예측 방법을 사용하여 산출.

(4) 기후변화 적응 기술 도입 비용

적응 기술 도입 비용(B - A)

① 일반 보도블록 도입 비용(A) = 재료가격 + 시공비

- 재료가격 = 보도블록 + 모래(30cm 높이 가정) + 기계대여비용(굴삭기) + 기계대여비용(콤팩터) + 잡재료비

- 시공비 = 노무비 + 경비

- 각 항목의 비용은 표 7.6.2와 같다.

- A = (2,290,869 + 68,999 + 114,720 + 11,568 + 40,068) + (3,426,400 + 175,480) = 6,128,104원

② 투수성 보도블록 도입 비용(B) = 재료가격 + 시공비

재료가격 = 보도블록 + 투수성 시트 + 모래(30cm 높이 가정) + 기계대여비용(굴삭기) + 기계 대여 비용(콤팩터) + 잡재료비

시공비 = 노무비 + 경비

각 항목의 비용은 표 7.6.3과 같다.

표 7.6.2 기후변화 적응 기술 도입 비용 - 일반 보도블록

구분	대상	내용	비용(원)
재료가격	보도블록	면적(193.6m^2) × 단위면적당 가격(11,833원/m^2)	2,290,869
	모래(30cm 높이 가정)	체적(193.6m^2 × 0.3m = 58.08m^3) × 단위체적당 가격(1,188원/m^3)	68,999
	기계대여비용(굴삭기)	작업시간(8시간) × 대여비(14,340시간/원)	114,720
	기계대여비용(콤팩터)	작업시간(8시간) × 대여비(1,446시간/원)	11,568
	잡재료비	노무비의 5%	40,068
시공비	노무비	굴삭기 인부(1명×8시간×28,259원/시간) +콤팩터 인부(1명×8시간×20,106원/시간) +보통인부 4명(4명× 5일×94,338원/일) +특별인부 2명(2명×5일×115,272원/일)	3,426,400
	경비	굴삭기 인부(1명×8시간×21,373원/시간) +콤팩터 인부(1명×8시간×562원/시간)	175,480

표 7.6.3 기후변화 적응 기술 도입 비용 – 투수성 보도블록

구분	대상	내용	비용(원)
재료 가격	보도블록	면적(193.6m²) × 단위면적당 가격(16,333원/m²)	3,162,133
	투수성 시트	면적(193.6m²) × 투수성시트 가격(900원/m²)	174,240
	모래(30cm 높이 가정)	체적(193.6m² × 0.3m = 58.08m³) × 단위체적당 가격(1,188원/m³)	68,999
	기계대여비용(굴삭기)	재료비(8시간 × 14,340시간/원)	114,720
	기계대여비용(콤팩터)	재료비(8시간 × 1,446시간/원)	11,568
	잡재료비	노무비의 5%	40,068
시공비	노무비	굴삭기 인부(1명 × 8시간 × 28,259원/시간) + 콤팩터 인부(1명 × 8시간 × 20,106원/시간) + 보통인부 4명(4명 × 5일 × 94,338원/일) + 특별인부 2명(2명 × 5일 × 115,272원/일)	3,426,400
	경비	굴삭기 인부(1명 × 8시간 × 21,373원/시간) + 콤팩터 인부(1명 × 8시간 × 562원/시간)	175,480

- B = (3,162,133 + 174,240 + 68,999 + 114,720 + 11,568 + 40,068) + (3,426,400 + 75,480)

  = 7,173,608원

- B − A = 7,173,608 원 − 6,128,104 원 = 1,045,504원

(5) 1차 피해액(편익) : 극한 기후 사상 / 점진적 기후변화로 인한 피해액 계산

투수성 보도블록 시스템의 경우, 극한 기후 사상 / 점진적 기후변화에 따른 강우량의 증감이 구조물의 파괴 혹은 수명의 변화가 없다고 가정한다.

(6) 2차 피해액(편익) : 투수성 보도블록 적용에 의한 손익 평가

① 홍수피해 저감 이익은 투수성 보도블록 설치에 따른 홍수피해 저감금액(C1)과 일치한다고 가정하여 산정한다.

투수성 보도블록 설치에 따른 홍수피해 저감금액(C1)

$$= C_g \times \left[(H_{f,A}) - \left(H_f - \left(H_f - (H_{f,A}) \times \frac{k_B \times \alpha_B}{k_A \times \alpha_A} \right) \right) \right] \div H_B \times \text{day} \qquad \text{식 (7.6.1)}$$

여기서, C_g : 구역 내 총 자산

H_f : 불투수면 침수높이

$H_{f,A}$: 일반 보도블록 사용 시 침수높이

k_A : 일반 보도블록 투수계수

α_A : 일반 보도블록 투수계수 유지율

k_B : 투수 보도블록 투수계수

α_B : 투수 보도블록 투수계수 유지율

H_B : 아파트 높이

day : 홍수 일수

$$C1 = (307,708,000원/가구 \times 150가구 + 50,000,000원/가구 \times 150가구) \times$$

$$\left[0.3\text{m} - \left(0.4\text{m} - \left(0.4\text{m} - 0.3\text{m} \right) \times \frac{0.3\text{mm/sec} \times 100\%}{0.1\text{mm/sec} \times 100\%} \right) \right] \div 45\text{m} \times 7일$$

$$= 1,669,304,000원$$

② NOx 포집 기능성을 보도블록에 적용할 경우 온실가스 저감 이익(C2)이 발생한다.

온실가스 저감 이익(C2)

$$= A \times V_{NOX} \times \beta \times GWP(NOx) \times CCO_2 \times hr \times N_y \qquad 식 (7.6.2)$$

여기서, A : 설치면적

V_{NOX} : 단위면적당 NOx 포집량

β : 포화도에 따른 NOx 포집 효율

GWP(NOx) : NOx의 Global Warming Potential

CCO_2 : 탄소배출권 가격

hr : 일조시간

N_y : 보도블록 사용연한

$$C2 = 193.6m^2 \times 2.68 \times 10^{-3} g/sec/m^2 \times 65\% \times 33 \times [0.975682\$/ton \times (ton/1,000,000g) \times$$

$$(1,263/\$)] \times [(3,600sec/hour) \times (12hour/day) \times (365day/year)] \times 10year = 2,162,476원$$

(7) RCP 8.5 기후변화 적응 순 편익 계산 결과

기후변화 적응 순 편익 = 홍수피해 저감 이익(C1) + NOx 포집 이익(C2)

− 기후변화 적응 기술 도입 비용(B − A) = 1,669,304,000원 + 2,162,476원 − 1,045,504원

= 1,670,420,972원

CHAPTER 08

투수성 아스팔트 포장

문성호 (서울과기대)

08 투수성 아스팔트 포장

8.1 검토개요

본 장은 국내의 설계 및 시공에서 사용되는 도로분야 경제성 분석에 대해 언급하고자 한다. 도로분야는 타 분야와 다르게 경제성 분석을 실시하는 경우, 모든 공정에 대해 세분화하여 경제성 분석을 실시해야만 정확한 가치평가를 이끌어낼 수 있다. 한 예로, 도로분야에는 토공사, 배수공사, 포장공사, 부대공사, 전기공사 등의 공정이 모여 도로공사에 대한 가치평가가 도출된다.

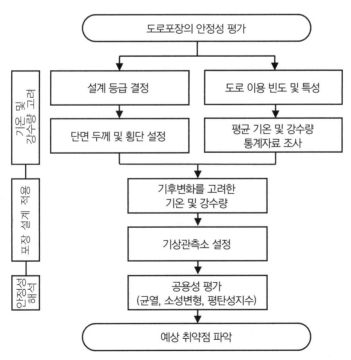

그림 8.1.1 배수성 포장설계에 대한 상세 검토 절차

이 때문에 어느 도로 공사에 대한 일괄적 분석은 각 공정의 경제성 분석 결과에 대한 합이라 할 수 있다.

그러나 도로분야 내 각 공정에 대한 경제성 분석 중, 포장공사에 대한 경제성 분석은 현재 한국에서 활용 중인 다양한 프로그램으로 접근이 가능하다. 본 장에서는 도로분야 중 포장공사에 대한 경제성 분석을 수행하였으며, 검토대상지는 시험포장 구간인 충청남도 아산시 배방면에 위치한 왕복 2차선 도로를 대상으로 하였다.

8.2 기초 조사

8.2.1 현황 조사

(1) 지역 현황

① 기상청이 2012년 발표한 자료에 따르면 2100년까지 시나리오에 따라 2.8~5.3℃ 내외의 기온 상승이 일어날 것이라고 예측하였다. 아산 지역의 겨울 최저 기온은 −7.9℃이며, 여름 최고 기온은 30.1℃, 장마철(8월) 최대강수량은 298.3mm이다.

출처 : 네이버 지도

그림 8.2.1 충청남도 아산시 검토대상 지역

② 검토대상지인 아산시 배방면 도로의 경우 인접 마을에 의한 교통만이 존재하기 때문에 일
반적으로 도로포장설계 시 사용되는 교통량인 AADT(연평균일교통량)의 경우 무의미하
다. 따라서 교통흐름의 대다수가 일반 중형차로 가정하여 진행하였다.

8.3 기후변화 영향분석

8.3.1 기후변화 영향인자 및 시나리오

(1) 영향인자 선정

기후변화에 따라 아스팔트 콘크리트 포장에 영향을 줄 수 있는 다양한 영향인자들이 발생하게 된
다. 아스팔트 콘크리트는 골재와 아스팔트 바인더의 혼합물로 아스팔트에 의한 점탄성 성질로 인해
온도에 따라 영향을 받는다. 또한 이상기후 현상으로 인해 도심지 포트홀은 강수량이 집중된 여름철
에 주로 발생하여 강수량의 증가 또한 도로포장 파손과 연관되어 있다고 보고 있다. 이를 고려하여
본 장에서는 아스팔트 포장에 대한 기후변화 영향인자로써 기온 및 강수량을 선정하였다.

(2) 기후변화 시나리오

본 절에서는 기후변화 시나리오 적용 전의 기온 및 강수량과 기후변화 시나리오 후의 기온 및
강수량을 정의하였다. RCP 4.5, 8.5에 따른 2010년까지의 우리나라의 기후변동 예측 자료에 따르
면 기온은 2.8℃, 5.3℃ 상승하며, 강수 상승량은 각각 19.6%, 18.5% 상승한다고 예측하고 있다.
본 장에서는 기존의 시험시공 구간에 대해 기상청의 기후변동 예측 자료를 참고하여 기존 시험
시공 구간보다 기온 및 강수량이 높은 지역의 기상조건을 고려하여 분석하였다.

표 8.3.1 기후변화 시나리오 적용인자(기온, 강수량)

적용인자	아산	정읍
평균 최고기온(℃)	19.6	20.6
평균 최저기온(℃)	4.3	6.5
평균 강수량(mm)	106.3	116.8

여기서, 포장 단면 두께 및 교통량 등 동일 조건에서 기상정보만을 변경하여 기후변화에 대한 영향을 분석하였으며, 분석 시 한국형포장설계 프로그램을 활용하였다. 적용한 기상관측소는 아산(시험시공 구간)과 정읍(시나리오 구간)에 대하여 분석을 진행하였다. 이를 통해 기후변화 대비 투수성 아스팔트 적용 효과를 확인하고, 적응 비용 및 편익을 도로포장 부분에 대하여 산정하여 투수성 포장 설계의 가치평가를 수행하였다. 다음 표는 기후변화 시나리오에 적용한 기온 및 강수량이다.

8.4 기후변화 리스크 평가

8.4.1 검토대상 선정

(1) 검토대상

8.2에서 제안한 바와 같이, 기후변화로 인한 기온 및 강수량 상승의 영향과 배수성 포장 설치 효과를 검증하기 위한 지역으로 충청남도 아산시 배방면의 왕복 2차선 도로를 설정하였으며, 적용

출처 : 집필자 문성호

그림 8.4.1 충청남도 천안시 배수성 포장 시험시공 구간

교통량은 중차량으로 가정하여 진행하였다. 충청남도 아산시 배방면 왕복 2차선 도로는 이용용도가 대부분 인접 마을의 통행용도로 사용되며, 60m 정도의 구간으로 종단경사가 일정하지 않다. 이는 횡단배수 이외에도 종방향의 도로 위 물고임이 발생할 수 있으며, 균열부 물고임에 의한 우수 침투 시 도로포장의 조기파손을 유발할 수 있다. 이에 따라 여름철 기온 및 강수량을 고려하여 투수성 포장을 통해 원활한 도로 노면 위 우수배출의 필요성이 크다.

8.4.2 리스크 평가 방법

상세 검토대상의 유역 특성을 적용하여, 「기후변화를 고려한 사회기반시설의 설계매뉴얼(안)」 Part II. 시설물별 기후변화 영향평가 방법 – 제5장의 취약성 평가 및 적응대책 수립 방법과 안정성 평가 방법에 따라 역학적 – 경험적 설계법인 한국형포장설계법 프로그램(KPRP)을 활용하여 분석 및 평가를 수행하였다.

(1) 취약성 평가

① 평가를 위해 기후변화 적용 인자로 강우조건 및 기온을 고려하여 기존 아산지역 대비 평균 기온 및 강수량이 높은 지역인 정읍을 기준으로 한국형포장설계법 프로그램을 활용하여 분석을 진행하였다.

② 설계조건은 기존 설계지침에 근거한 설계조건 및 기후변화에 따른 장래 발생 가능한 도로 포장파손을 고려한 공용성 분석을 실시하였다.

8.4.3 취약성 평가과정

(1) 한국형포장설계 프로그램 활용 공용성 분석

① 기후변화 인자인 기온 및 강수량을 고려하여 기상관측소를 변경하여 한국형포장설계 프로그램을 통해 공용기간 10년에 대한 공용성 분석을 실시하였다.

(2) 상세 분석 방법

① 기온 및 강수자료는 증가량을 고려하여 한국형 포장설계법 프로그램 내의 기상관측소 변

경을 통해 적용하였다.

② 기후변화 시나리오의 단면 두께 및 적용물성은 동일하게 적용하였으며, 다음 (3)절의 취약성 평가에 나타내었다.

③ 분석 지역의 기상관측소를 통해 얻어진 월별 평균 기온 및 강수량을 고려하여 비교적 평균 기온이 높고 강수량이 많은 기상관측소를 선정하여 분석을 실시하였다.

④ 분석지역의 기상관측소와 기후변화 시나리오를 위한 기상관측소의 결과를 비교하여 도로포장 파손 중 균열, 소성변형, 종단평탄성에 대하여 공용기간 10년에 대한 공용성 분석을 진행하였다.

⑤ 이에 따라, 기후변화를 고려하여 투수성 포장층의 물성과 기후변화 시나리오를 적용하여 대안 분석을 실시하였다.

◉ 기상자료분석

구분	1월	2월	3월	4월	5월	6월
최고온도(℃)	4.4	8.8	13.6	20.0	25.5	28.8
최저온도(℃)	-12.4	-8.5	-2.1	3.5	10.4	15.9
강수량(mm)	21.5	26.4	40.8	73.2	85.3	144.3
구분	7월	8월	9월	10월	11월	12월
최고온도(℃)	30.0	32.2	27.2	21.9	15.7	7.6
최저온도(℃)	19.4	19.5	12.5	5.4	-2.4	-10.1
강수량(mm)	324.5	287.6	167.2	38.1	37.7	29.0

출처 : KPRP 프로그램에서 발췌

그림 8.4.2 분석지역 KPRP 기상자료분석(아산)

◉ 기상자료분석

구분	1월	2월	3월	4월	5월	6월
최고온도(℃)	6.4	10.0	14.0	20.6	25.5	28.8
최저온도(℃)	-9.2	-4.9	-0.6	4.9	11.4	16.7
강수량(mm)	36.5	45.9	52.7	81.7	90.8	131.3
구분	7월	8월	9월	10월	11월	12월
최고온도(℃)	31.6	33.0	28.2	23.8	16.8	8.5
최저온도(℃)	20.4	20.7	15.2	8.6	1.2	-6.1
강수량(mm)	329.7	346.5	146.9	39.6	48.3	51.9

출처 : KPRP 프로그램에서 발췌

그림 8.4.3 분석지역 KPRP 기상자료분석(정읍)

(3) 취약성 평가 결과

① 공용성 예측 시 허용기준은 균열률 20%, 소성변형 1.3cm, 평탄성지수 3.5m/km로 설정하였으며, 교통량은 AADT 30000으로 가정하였다.

② 분석지역의 시나리오 적용 전 분석결과 10년 동안 발생한 균열률은 17.54%, 소성변형 0.97cm, 평탄성지수 3.4m/km로 허용기준 이내로 나타났다.

③ 시나리오 적용 후 분석결과 10년 동안 발생한 균열률은 18.5%, 소성변형 1.02cm, 평탄성지수 3.49m/km로 허용기준 이내로 나타났지만, 균열률 및 평탄성 지수는 허용기준에 매우 근접하게 확인되었다.

④ 이에 따라 대안으로 투수성 포장층의 물성을 고려한 바인더 및 골재를 적용하여 분석한 결과, 균열률은 17.24%, 소성변형 0.98cm, 평탄성지수 3.39m/km로 기후변화 시나리오 적용에도 기존상태와 유사한 수준의 공용성이 확인되었다.

⑤ 투수 및 배수성 포장은 기존 포장 대비 아스팔트 혼합물의 성능이 우수하여 나타난 결과이며, 재료물성이 좋아짐에 따라 공용성능이 향상된 것으로 볼 수 있다.

⑥ 기상관측소 변경에 따른 동결심도는 포장두께를 증가시켜 배제하였다.

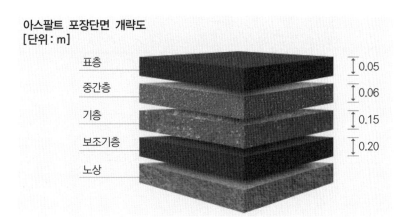

출처 : KPRP 프로그램에서 발췌

그림 8.4.4 분석 아스팔트 포장단면 개략도 및 두께

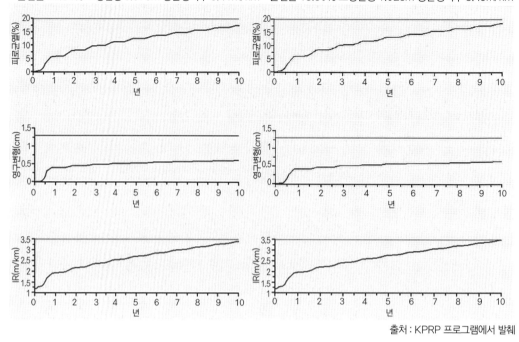

균열률 17.54% 소성변형 0.97cm 평탄성지수 3.41m/km   균열률 18.50% 소성변형 1.02cm 평탄성지수 3.49m/km

출처 : KPRP 프로그램에서 발췌

그림 8.4.5 공용성 분석결과(왼쪽 : 시나리오 적용 전, 오른쪽 : 적용 후)

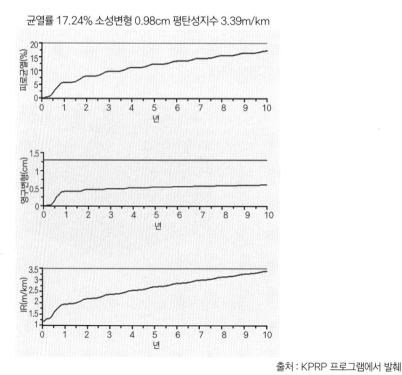

균열률 17.24% 소성변형 0.98cm 평탄성지수 3.39m/km

출처 : KPRP 프로그램에서 발췌

그림 8.4.6 공용성 분석결과(대안 적용 후)

8.5 적응대책 검토

8.5.1 대책공법

(1) 대책공법 선정

기후변화 시나리오를 적용하여 변경된 기상관측소의 기온 및 강수량에 따른 도로포장의 공용성 평가를 수행하였다. 분석 결과, 동일조건에서 기온 및 강수량 증가에 따라 공용성 또한 감소하는 것으로 나타났다. 본 장에서는 이에 대한 적응대책으로 배수 및 투수성 포장의 물성을 고려하여 공용성 분석 검토를 수행한다.

① 기후변화에 적응을 위한 도로포장설계는 관련 적응대책을 같이 고려해야 한다. 이러한 적응대책은 구조적 대책과 비구조적 대책으로 구분할 수 있으며, 시설물의 기후변화 적응능력을 향상시키기 위한 방안으로 강구될 수 있다.

② 본 장에서는 기존 도로포장에 대한 공용성 평가 결과를 토대로 개선을 통한 대책 수립을 검토하였다.

(2) 상세 적응대책 검토

① 도로포장의 기후변화 적응을 위해서는 기온 및 강수량 상승에 대한 도로포장의 설계수명 대비 공용성 기준에 부합 여부 판단이 필요하다.

② 설계조건인 교통량, 단면 두께, 각 재료물성을 고려하여 합리적이고 효과적인 대책이 되도록 해야 한다.

③ 설치 계획은 평가대상 지역의 기온 및 강수량에 대한 조사와 도로 이용 빈도 및 유지관리 등을 종합적으로 고려해야 한다.

④ 이를 토대로 기후변화의 영향을 반영한 효율적인 투자와 도로포장 개선을 위해 기후변화 시나리오에 따른 공용성을 예측하고, 이에 수반되는 가치평가를 수행해야 한다.

8.6 경제성 분석 일반

8.6.1 포장 경제성 분석

실제 포장에 대한 경제성 분석은 크게, 초기 공사비와 유지관리비의 두 가지 항목으로 결정된다. 다시, 초기 공사비는 인건비, 재료비, 경비 등의 항목으로 구성되며, 유지관리비는 보수 비용과 관리 비용으로 세분화될 수 있다. 이러한 면에서 보면, 초기 공사비는 현재 공사에 대한 품셈을 이용하여 표준화할 수 있으나, 유지관리비는 현장의 여건, 환경 등의 변수로 인해 표준화하기 어렵다. 또한, 지자체 및 발주처의 업무지시와도 관련성이 깊기 때문에 이를 단순화하여 표현하는 것이 어렵다. 이를 해결하기 위해 한국건설기술연구원에서는 모든 항목을 최소화시켜 단순한 대안 경제성 분석 방법을 제안하여 대안들에 대한 LCC 비교 분석하는 것을 제시했다.

8.6.2 일반사항

국내에서는 한국형 포장설계기준에 합당한 포장 대안이라면 경제성 분석을 실시하는 것이 가능하다. 만약 기준에 불합리한 포장 대안이라면, 이는 포장의 성능이 제 기능을 발휘하지 못해 조기손상이 발생하기 때문에 포장의 안정성 면에서 불확실성이 매우 커지게 된다. 이러한 불확실성에 대비하기 위해 한국형 포장설계의 공용성을 만족하는 대안을 활용하도록 한다. 생애주기비용 분석을 실시하는 것은 앞서 말한 것과 마찬가지로 설계대안들에 대해 경제적으로 가장 유리한 대안을 파악하는 것에 목적이 있다. 경제성 분석에 가장 중요하게 작용하는 인자는 분석기간(공용인정기간) 및 할인율(경제성)이다.

8.6.3 생애주기비용 분석

생애주기비용 분석을 수행하기 위한 분석기간은 35년을 기본적으로 파악하도록 국토교통부에서는 지침하고 있으며, 포장의 공용은 일반국도가 10년 공용, 10년 보수(절삭 후 덧씌우기)로 지정하고 있으며, 고속도로는 공용기간을 20년으로 보장하고 있다. 따라서 일반국도의 경우 최소 10년 이상이 생애주기비용 발생으로 판단할 수 있으며, 고속도로의 경우 최소 20년 이상의 생애주기비용 발생기간이라고 할 수 있다. 이에 대한 사항을 고려하여 관리자 비용과 사용자 비용을 계산해야 한다. 생애주기비용 분석에는 초기 투자 비용인 초기공사 관련 직간비와 유지관리에 대한 직간비가 포함된다. 설계대안 단면에 대한 공용기간과 보수시기 등은 한국형 포장설계 해석에서 결정되며 이를 근거로 유지비용이 산정된다. 도로포장 구조 설계는 초기비와 유지관리비 외에 사용자에 대한 발생비용이 추가로 산정되어 이는 유지보수 운영과 작업일 수에 기초하게 된다. 여기서, 사용자 비용이란 도로를 이용하는 사용자인 고객(운전자＋통행자 모두 포함)이 도로의 상태가 불량하거나 유지관리로 인해 정상적으로 도로를 이용하지 못하게 되어 발생하는 지불 비용의 합을 나타내며, 이는 차량운행비 및 운행 지연 보상비가 포함될 수 있다.

(1) 초기투자비 및 유지보수비

도로공사에서 단가산출 및 예산산출 시 재료비, 경비, 공사로 구분하며, 이를 단순화하여 재료비 및 시공비로 구분하기도 한다. 유지비용은 도로의 관리 권한을 가진 지자체의 유지보수 전략에 따라 유지보수비를 산정하지만, 이에 대한 전략이 세워지지 않거나 예상되지 않는 경우는 최소한의 공용기간 내에 시설물이 구조적으로 안정하다고 판단하여 이를 포함시키지 아니한다.

(2) 차량운행비

이는 크게 고정비용과 가변비용으로 세분화된다. 고정비용은 차량을 이용하지 않아도 발생하는 비용으로 순수하게 소유로 인해 고정적으로 발생하는 비용을 의미한다. 이는 차량의 감가상각비, 보험비, 차량 등록비 등이 이에 포함된다. 반면, 가변비는 차량이 운행하면서 발생할 수 있는 모든 비용을 의미하는 것으로 주유, 수리 등의 모든 지출 비용을 내포한다.

(3) 운행지연비

이는 도로 상태 및 주변 환경으로 인해 주행이 지연됨으로써 발생하는 경우 또는 보수 및 유지로 인해 차량 운행이 방해되어 운전자가 소비하는 시간에 대해 발생하는 상대적 가치 비용을 의미한다. 이는 다시 말해 통행시간을 경제적인 가치로 환산한 개념이다. 이는 항상 일반화되어 있는 값어치가 아니라, 통행자의 임금수준이나 개인의 시간가치 등이 기준으로 작용한다. 따라서 교통속도, 교통량, 지연을 발생시키는 요인 및 기간 등이 운행지연비에 영향을 미친다.

8.6.4 경제성 분석 방법

경제성 분석을 실시하는 경우 설계 및 시공 목표 포장 종류에 따라서 공사 시기와 공용연수가 다르기 때문에 대안들에 대한 명확한 비교 분석을 실시하려면, 포장에 대한 기준 시점을 정립해야 하며, 이 기준을 근거로 발생하는 가치를 평가해야 한다. 이 기준을 정한 뒤, 분석기간과 적용할 할인율을 선택해야 한다. 이러한 분석기간과 적용 할인율을 근거로 관리자 비용과 사용자 비용을 결정한다. 도로포장설계 요령에서는 이에 대한 분석기간을 기본적으로 35년, 할인율을 5.5%로 지정하고 있다. 그러나 이것은 공공투자 편람과 같은 자료를 활용하여 적절한 할인율을 파악하여 적용할 수 있다. 이는 실제로 물가상승률, 이자율과 매우 밀접한 관계를 가지고 있으며, 산출 방법은 다음 식과 같다.

$$\text{할인율} = \frac{\text{이자율} - \text{물가상승률}}{1 + \text{물가상승률}} \qquad \text{식 (8.6.1)}$$

이렇게 결정된 기준 및 요건을 이용하여 관리자 비용 및 사용자 비용을 산정하면 이는 다시 순 현재가치인 NPV(Net Present Value)로 환산된다. 이는 결국 대안들의 가치 비교 분석에 활용될 수 있다. 이러한 NPV는 초기 투자비, 유지관리비 및 사용자 비용으로 표현할 수 있으며, 이는 다음 식과 같다.

$$NPV = IIC + \sum_t (MC + UC)\left(\frac{1}{(1+DR)^t}\right) \qquad \text{식 (8.6.2)}$$

여기서, IIC, MC, UC, DR 및 t는 각각 초기투자 비용(Initial Investment Costs), 유지관리비(Maintenance Expenses), 사용자 비용(Users' Cost), 할인율(Discount Rate) 및 분석기간연수를 의미한다.

8.6.5 시험 현장의 생애주기비용 산정

현재 포장되어 있는 시험포장 구간은 3등급포장 구간으로써 중간층이 존재하지 않고, 카탈로

그 수량에 기초하여 설계 및 시공되었다. 시험포장 구간 역시 기상 여건을 고려하여 동상방지층의 설치가 이루어져야 하지만 포장의 성능을 파악할 목적으로 동상방지층을 시공하지 않았다. 이러한 동상방지층은 겨우내의 포장면 동상을 고려한 것이기 때문에 구조적인 영향을 미치지 못해 생략했다(한국형포장설계 미고려). 기간은 KPRP에서 제시한 35년과 3.0%의 할인율을 적용했다. 초기 투자 비용은 실제 시험포장을 실시하기 위해 발생한 모든 비용의 합으로 구성했으며 (재료, 경비, 인건비 등), 유지보수비는 공용기간은 10년으로 기준하였으나, 실제 포장의 성능, 동방층 부재 등의 사항을 고려하여 5년 주기 절삭 후 덧씌우기, 오버레이, 소파보수를 적용했으며 상시 유지관리 비용으로 이 보수에 해당하는 금액의 40%로 선정했다. 그림 8.6.1은 본 장에서 실시한 생애주기 산정결과이다.

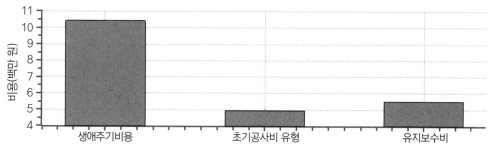

그림 8.6.1 시험포장 구간의 생애주기비용 산정(35년, 3%)

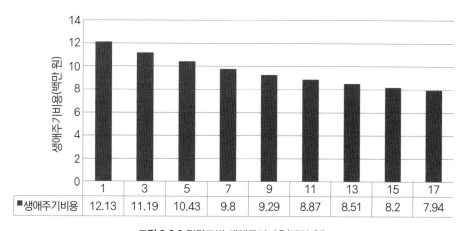

■생애주기비용	1	3	5	7	9	11	13	15	17
	12.13	11.19	10.43	9.8	9.29	8.87	8.51	8.2	7.94

그림 8.6.2 민감도별 생애주기비용(백만 원)

하수관거

배덕효 (세종대)
박준홍 (연세대)

CHAPTER 09 하수관거

9.1 검토개요

본 장은 사회기반시설물 중 "하수관거"에 대한 기후변화 영향과 이에 대한 가치평가 및 적응 대책 수립에 관한 사례를 중심으로 설명하였다. 기후변화 영향 등에 관한 검토는 서울시 군자배 수구역을 대상으로 하였다. 상세 검토는 그림 9.1.2의 상세 검토 절차를 따르며, 이를 통해 기후변 화에 의한 하수관거의 취약성 평가 및 적응대책 수립 방법을 제시하였다.

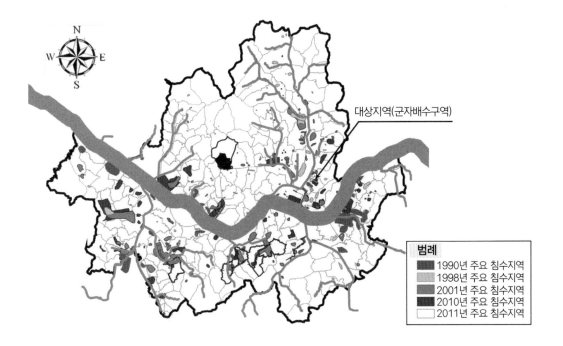

그림 9.1.1 서울시 주요 침수구역 및 대상지역 위치도

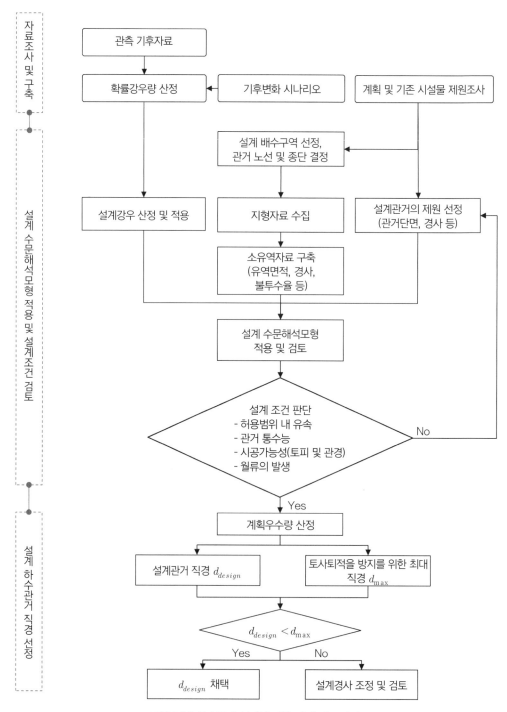

그림 9.1.2 하수관거 설계에 대한 상세 검토 절차

9.2 기초 조사

9.2.1 현황 조사

(1) 피해사례 분석

① 그림 9.2.1은 서울지역에 대하여 구체적인 자료 입수가 가능한 1965년 이후의 연도별 홍수 피해액을 조사하여 정리한 것이다. 홍수피해가 주로 컸던 연도는 1972년, 1984년, 1987년, 1998년, 2001년, 2010년 및 2011년인 것으로 나타났으며, 80년대 후반에 접어들면서 홍수 피해의 빈도와 규모가 증가하고 있음을 보여주고 있다.

② 피해 원인을 살펴보면 태풍, 장마 및 집중호우로 인해 시설물의 설계빈도를 초과하는 강우 가 발생하였으며, 하천 외수위 상승에 의한 내수배제 곤란, 하도 통수능 부족으로 인한 범 람, 유수지, 펌프 용량의 부족, 하수관거의 통수단면 부족 및 불투수 면적 증가에 따른 유출 량 증대 등이 피해의 주요 원인으로 조사되었다.

(2) 지역 현황

평가 대상지역의 경우, 1990년 이후 총 4회의 침수피해가 발생하였으며, 집중호우 시 능동지역 주변 우수는 천호대로의 하수관거로 집중되고 있으나 하수관거의 경사가 불량하고 용량이 부족 하여 침수피해가 발생하고 있는 실정이다. 따라서 시설물의 개선 및 관련 대책 수립을 고려해야 한다.

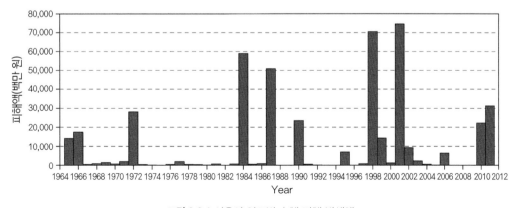

그림 9.2.1 서울시 연도별 수해 피해 발생액

(3) 기후 현황

서울 기상관측소의 관측강수자료를 이용하여 1시간, 12시간, 24시간 지속 최대 강우량, 연간 강우량에 대한 변동 특성을 분석한 결과 그림 9.2.2 ~ 9.2.5에서 보는 바와 같이, 연평균 강우량 및 지속시간별 최대 강우량은 점점 증가하는 것으로 나타났으며, 특히 5년 및 10년 이동평균법에 의한 연 강수량 패턴을 분석해보면 9 ~ 10년 주기로 증가 및 감소 추세가 반복되지만 전체적으로는 증가하는 양상을 나타내고 있다. 지속시간 1시간, 12시간 및 24시간 최대 강우량은 앞서 언급한 수해피해 규모와 일치한 것으로 확인되었다.

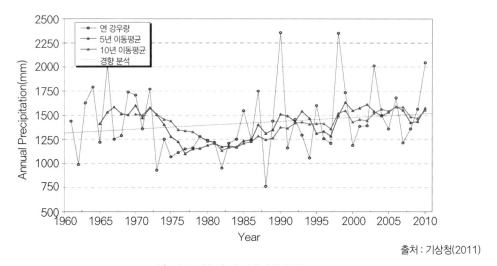

출처 : 기상청(2011)

그림 9.2.2 서울시 연 강우량의 변화

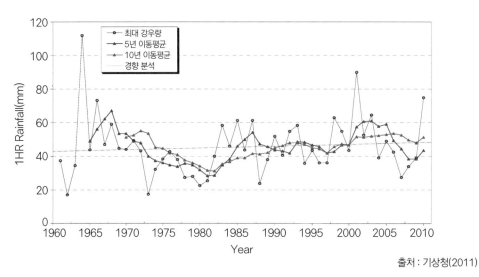

출처 : 기상청(2011)

그림 9.2.3 서울시 1시간 최대 강우량 변화

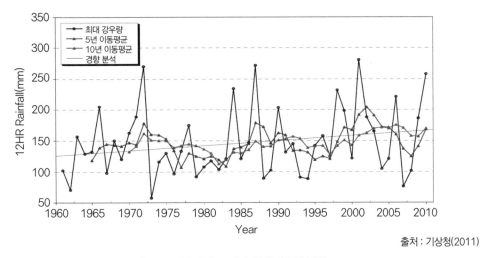

출처 : 기상청(2011)

그림 9.2.4 서울시의 12시간 최대 강우량 변화

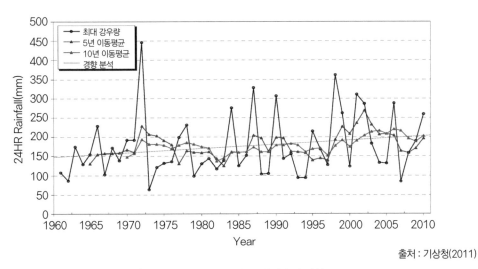

출처 : 기상청(2011)

그림 9.2.5 서울시의 24시간 최대 강우량 변화

9.3 기후변화 영향분석

9.3.1 기후변화 영향인자

(1) 영향인자 선정

기후변화에 따른 시설물에 영향을 미치는 인자는 다양하며, 특히 기후변화로 인한 강우 등의

수문 관련 인자의 변화는 배수 관련 기반시설에 대한 기능의 정도를 변화시킨다. 통상 도시 배수
관련 시설에는 다양한 인자들이 존재하나, 도시 홍수 및 침수의 발생원인 및 특성 중 강우에 의한
영향이 가장 크게 미치는 것으로 확인된다. 이에 따라 본 장에서는 하수관거에 대한 기후변화 영
향인자로써 강우를 채택하였다.

9.3.2 기후변화 시나리오

(1) 본 절에서는 하수관거의 기후변화 영향파악 및 설계를 위한 기간으로 과거기준기간(S0) 및
미래 3기간(전반기, 중반기, 후반기)을 고려하였다.

(2) 확률강우량 산정을 위한 빈도해석을 수행하기 위해 과거기준 및 미래기간에 대하여 각 기간
별 강우에 대해 다음과 같은 연 최대치 계열 자료를 구축하였다.

(3) 빈도해석 시 확률분포형으로 Gumbel 분포를 적용하고, 매개변수 추정으로 확률가중모멘트
법을 적용하였다.

(4) 설계강우 산정을 위한 강우의 시간분포는 금회 확률강우량 산정결과에 대해 Huff 3분위를 이
용하였다.

(5) 산정한 확률강우량은 표 9.3.2~9.3.4와 같다. 기간별 I-D-F 곡선은 그림 9.3.1과 같이 나타낼
수 있으며 시설물 설계에 활용 가능하다.

표 9.3.1 연 최대치 계열 자료 구축결과(과거기준기간)　　　　　　　　　　　　　　　　(단위 : mm)

연도	지속시간(시간)											
	1	2	3	4	5	6	9	12	15	18	24	48
1976	42	43	45	48	49	58	75	77	79	100	124	179
1977	38	67	72	73	76	81	111	133	147	163	199	214
1978	27	49	65	80	88	112	156	178	196	217	235	254
1979	28	51	72	88	90	90	91	91	91	94	97	109
1980	22	43	50	58	63	71	84	108	120	126	131	132
1981	25	36	51	58	72	86	102	117	124	135	142	168
1982	40	57	76	85	93	94	97	97	100	106	109	132
1983	58	98	100	100	100	105	114	114	124	130	131	144
1984	46	91	123	153	169	177	206	234	246	262	277	328
1985	61	62	66	66	67	75	107	121	124	124	125	127

표 9.3.1 연 최대치 계열 자료 구축결과(과거기준기간)(계속) (단위 : mm)

연도	지속시간(시간)											
	1	2	3	4	5	6	9	12	15	18	24	48
1986	44	57	78	91	116	139	145	147	147	147	152	154
1987	61	101	124	160	192	198	220	249	259	262	305	351
1988	24	27	38	53	62	73	75	89	99	100	103	103
1989	38	56	67	76	76	83	97	102	103	103	104	147
1990	52	79	98	106	121	138	178	203	222	245	298	359
1991	40	77	95	101	106	111	118	131	135	137	142	156
1992	54	81	97	109	115	118	132	145	149	150	153	159
1993	58	74	84	84	84	84	86	90	91	91	94	183
1994	35	58	65	68	68	68	76	84	88	90	90	94
1995	43	77	112	112	113	116	123	134	154	182	216	305
1996	36	60	73	75	81	82	146	157	165	190	200	276
1997	36	51	68	75	89	100	116	125	127	128	128	130
1998	62	99	137	156	165	176	192	209	245	316	361	378
1999	54	65	86	113	140	160	186	198	221	233	261	422
2000	43	64	69	70	75	92	115	122	122	123	127	225
2001	90	142	201	234	244	247	249	266	273	287	295	310
2002	52	88	119	131	138	150	164	175	186	195	274	332
2003	64	100	135	139	141	142	144	161	173	175	184	254
2004	38	44	53	61	76	77	99	104	105	108	132	161
2005	49	76	78	83	86	86	102	113	120	124	124	132

표 9.3.2 금회 과거기준기간 확률강우량 산정결과 (단위 : mm)

재현기간	지속시간(분)					
	60	120	360	720	1440	2880
2년	42.7	64.7	106.5	134.7	165.8	226.6
10년	65.3	101.9	172.6	213.2	283.1	407.7
20년	73.9	116.2	197.8	243.2	327.9	476.9
50년	85.1	134.6	230.5	282.1	385.9	566.4
100년	93.5	148.4	255	311.2	429.4	633.5
200년	101.8	162.1	279.4	340.2	472.7	700.4
500년	112.9	180.3	311.6	378.4	529.8	788.6

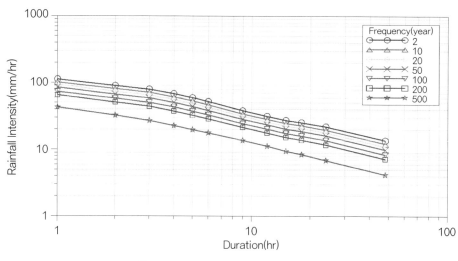

그림 9.3.1 I-D-F 곡선 산정결과(과거기준기간)

(6) 금회 산정한 RCP 4.5의 미래기간별 확률강우량 산정결과는 표 9.3.3과 같다.

표 9.3.3 금회 미래기간(RCP 4.5) 확률강우량 산정결과 (단위 : mm)

미래기간	재현기간	지속시간(분)					
		60	120	360	720	1440	2880
전반기	2년	44.6	67.6	111.4	140	173.3	207.3
	10년	67.6	106.3	178.9	221.6	292.3	355.4
	20년	76.3	121	204.6	252.8	337.8	412
	50년	87.7	140.1	238	293.2	396.7	485.2
	100년	96.2	154.4	263	323.4	440.8	540.1
	200년	104.7	168.7	287.9	353.6	484.8	594.8
	500년	115.9	187.5	320.8	393.4	542.8	667
중반기	2년	47.2	71.5	119.5	149.3	183.9	219.1
	10년	73.1	114.9	193.9	243.4	316.4	377.1
	20년	83	131.5	222.3	279.4	367	437.5
	50년	95.8	153	259.1	325.9	432.5	515.6
	100년	105.3	169	286.7	360.8	481.7	574.2
	200년	114.9	185.1	314.2	395.5	530.6	632.6
	500년	127.5	206.2	350.4	441.4	595.1	709.5
후반기	2년	52.2	79.1	132	164.6	200.6	238.3
	10년	84.8	132.9	218.6	273.4	343	409.1
	20년	97.2	153.4	251.7	315	397.4	474.4
	50년	113.3	180	294.5	368.8	467.9	558.8
	100년	125.3	199.9	326.6	409.2	520.7	622.1
	200년	137.4	219.8	358.6	449.3	573.3	685.2
	500년	153.2	245.9	400.8	502.4	642.7	768.4

표 9.3.4 금회 미래기간(RCP 8.5) 확률강우량 산정결과   (단위 : mm)

미래기간	재현기간	지속시간(분)					
		60	120	360	720	1440	2880
전반기	2년	40.2	61	102.3	127.8	157.2	187.7
	10년	61.8	97.8	164	206	267.4	318.6
	20년	70	111.8	187.7	235.9	309.6	368.7
	50년	80.7	130	218.2	274.6	364.1	433.4
	100년	88.7	143.6	241.1	303.6	404.9	482
	200년	96.6	157.1	263.9	332.4	445.6	530.3
	500년	107.1	175	294	370.5	499.3	594.1
중반기	2년	49.3	74.3	123.2	154.5	191.6	229.2
	10년	75.5	118.5	195.3	248.4	315.3	375.2
	20년	85.5	135.4	222.8	284.3	362.5	431
	50년	98.4	157.2	258.4	330.7	423.6	503.3
	100년	108.1	173.6	285.1	365.5	469.4	557.4
	200년	117.8	189.9	311.7	400.2	515.1	611.3
	500년	130.5	211.4	346.8	445.9	575.3	682.5
후반기	2년	47.8	74.7	124.5	154.3	192.3	226.6
	10년	77.7	123.1	206.4	264.8	345.9	407.7
	20년	89.1	141.6	237.7	307.1	404.6	476.9
	50년	103.9	165.6	278.3	361.8	480.6	566.4
	100년	115	183.5	308.7	402.7	537.5	633.5
	200년	126	201.4	338.9	443.6	594.2	700.4
	500년	140.6	225	378.9	497.4	669.1	788.6

(7) 금회 산정한 RCP 8.5의 미래기간별 확률강우량 산정결과는 표 9.3.4와 같다.

9.4 기후변화 리스크 평가

9.4.1 검토대상 선정

(1) 상세 검토대상

이 책에서는 과거 침수발생이력과 도시유역의 특성을 고려하여 서울시 군자배수구역을 분석 대상으로 채택하였다.

(2) 검토대상지 상세분석

① 적용 대상지역인 군자배수구역은 면적 96.4ha의 대표적인 도시유역으로써 중랑천 군자교 좌안에 위치하고 있고, 우수유출발생 시 관거를 따라 중랑교로 유출되는 구조이다.

② 대부분의 유역이 주택지 및 상업지로 구성되어 있고, 행정구역상으로 서울특별시의 군자동, 중곡동, 능동을 포함한다.

③ 지면경사의 경우 상류부 1/29, 중류부 1/250, 하류부 1/111를 보여 중·하류부는 비교적 경사가 완만한 형상을 나타내고 있다.

④ 주거지 및 상업지가 약 49%, 도로 및 공공시설물이 26%로, 약 75%의 도시화율을 나타내고 있다.

⑤ 유역의 토양형은 유출률이 비교적 낮은 B형이 99%를 차지하고 있다.

그림 9.4.1 대상지역 관망 및 맨홀 현황

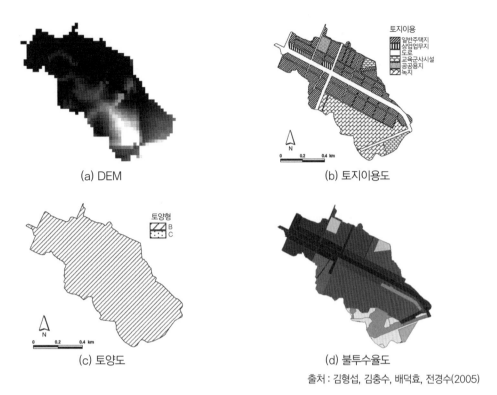

(a) DEM

(b) 토지이용도

토지이용
일반주택지
상업업무지
도로
교육군사시설
공공용지
녹지

(c) 토양도

토양형
B
C

(d) 불투수율도

출처 : 김형섭, 김충수, 배덕효, 전경수(2005)

그림 9.4.2 군자배수구역의 지형자료 현황

9.4.2 리스크 평가 방법

상세 검토대상의 유역 특성을 적용하여, 본 유역에 대하여 「기후변화를 고려한 사회기반시설의 설계매뉴얼(안)」 Part II. 시설물별 기후변화 영향평가 방법 – 제6장의 취약성 평가 및 적응대책 수립 방법과 안정성 평가 방법에 따라 분석 및 평가를 수행하였다.

(1) 취약성 평가

① 평가를 위해 강우조건 및 도시 유역의 특성을 반영한 도시 유출수문해석 모형을 사용하였다. 해석에 사용된 입력자료는 유역의 지형조건과 도시 배수시스템을 고려하였다.

② 설계조건은 기존 설계지침에 근거한 설계조건 및 기후변화에 따른 장래 발생 가능한 취약성을 고려하였다. 월류 및 관거의 통수능에 대한 해석을 수행하였고, 이에 상응하는 적응대책을 수립하였다.

9.4.3 취약성 평가과정

(1) 설계 수문해석모형의 선정

① 기후변화 인자인 강우를 고려하고, 하수관거 설계에 대한 실무 활용도를 고려하여 수문해
석모형으로 SWMM(Storm Water Management Model)을 활용하였다.

(2) 상세 분석 방법

① 강우자료는 기후시나리오를 고려하여 빈도별, 지속시간별 확률강우량과 시간분포를 적
용하였다.

② 유역 및 관망자료는 관련 지형자료 및 관망도를 수집하고 모형 구축에 필요한 제원을 도출
하여 입력자료 구축에 사용하였다. 금회 설계를 위해 고려한 하수관거의 총 연장은
10,055m이고, 간선 및 지선의 2차 관거를 포함한다. 관거 및 맨홀의 총개수는 각각 189개
(최소관경 : 600mm)이고 소유역은 233개이다.

③ 해당 지역의 실제 강우-유출 현상과 유출 모의에 의한 계산결과와의 차이를 최소화하기 위
해 모형의 매개변수 검·보정을 수행하였다.

④ 금회에는 하수관거의 확률연수(10년)를 고려하여 지속시간 1시간의 재현기간 10년 빈도
의 강우에 대한 기후변화 영향평가 및 설계에 대한 예시를 제시하였다.

⑤ 시공가능성의 경우, 현장상황에 따라 설계자의 판단이 요구되는 부분이며 예제의 검토과
정에서는 고려대상에서 제외하였다.

표 9.4.1 매개변수 검·보정을 위한 강우 이벤트

구분	강우사상	기간
보정	E1	2005.05.17. 17:50~22:00
	E2	2006.05.22. 11:40~13:50
검정	E3	2007.06.28. 07:20~09:00

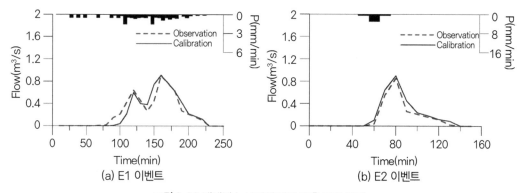

(a) E1 이벤트   (b) E2 이벤트

그림 9.4.3 매개변수 보정에 따른 유출 모의 결과

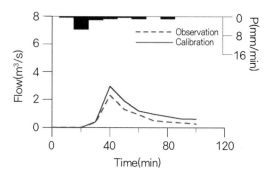

그림 9.4.4 최적 매개변수의 검정 결과

(3) 취약성 평가 결과

① 월류 발생 검토

– 미래기간별 월류 발생 맨홀 개수 및 월류 총량은 증가하는 경향을 나타낸다. 특히, S3에서의 월류 총량은 S0 대비 2.13∼2.18배로 나타나, 월류 발생 지점 증가에 따른 침수피해 범위의 확대가 예상된다.

– S3에서의 최대 월류량은 S0대비 약 13.5∼21%로 증가하는 것으로 나타났다. 월류 총량의 변화에 비해 상대적으로 작은 것으로 보아, 큰 월류량을 갖는 맨홀의 개수가 미래기간에 따라 증가하는 것으로 확인된다.

– 장래 월류 발생 상황에 대비할 수 있는 관거시설의 개선이 요구된다.

표 9.4.2 미래기간 월류 발생 맨홀 개수 및 총량

구분	S0	S1		S2		S3	
		RCP 4.5	RCP 8.5	RCP 4.5	RCP 8.5	RCP 4.5	RCP 8.5
월류 발생 맨홀 개수	5	7	7	8	10	17	10
월류 총량(m³)	2,610	2,818	2,543	4,247	4,456	5,678	5,564
월류량(m³) 범위	2~2,124	5~2,173	11~2,035	15~2,310	11~2,362	17~2,571	21~2,411

표 9.4.3 미래기간 통수능 부족 구간의 총연장

구분	S0	S1		S2		S3	
		RCP 4.5	RCP 8.5	RCP 4.5	RCP 8.5	RCP 4.5	RCP 8.5
통수능 부족 구간 총연장(m)	201.80	317.18	317.18	443.30	577.09	1009.93	612.52

② 관거 통수능 검토

– 미래기간별 통수능 부족 구간은 유출량의 증가에 따라 증가함을 나타낸다.

– 중상류의 지선으로부터의 유입 유량에 대한 관거의 용량 부족 현상이 발생하며, 해당 관들의 용량 확보가 필요한 것으로 판단된다.

(4) 기후변화 고려 시설물 설계 및 개선

① RCP 8.5 시나리오 기반의 미래 전반기 기간(S1)에 대하여 기후변화 적응을 위한 관거 개선 필요구간(998.43m)을 산정하였다.

② 통수능 개선을 위해 개선 필요구간 내의 관거 직경을 100~200mm 확대하고 월류 발생 지점에 대한 추가적인 관거 설치를 고려하였다.

③ 개선 전후를 비교하여 월류 총량을 비롯하여 전반적인 지표가 개선된 것으로 나타났다. 주요 결과를 비교하기 위해 월류 총량, 월류 발생 맨홀 개수, 범위, 통수능 부족 구간의 총연장을 검토하였다.

④ 실제 개선에 대한 적용을 위해서는 경제적 요인을 고려한 가치평가를 수행하여 설계조건에 대한 면밀한 검토가 필요하다.

표 9.4.4 기후변화 적응을 고려한 관거 개선 전후 주요 결과 비교

구분	개선 전	개선 후
월류 총량(m³)	2,818	362
월류 발생 맨홀 개수	7	5
월류량(m³) 범위	5~2,173	0.16~197
통수능 부족 구간 총연장(m)	317.18	237.28

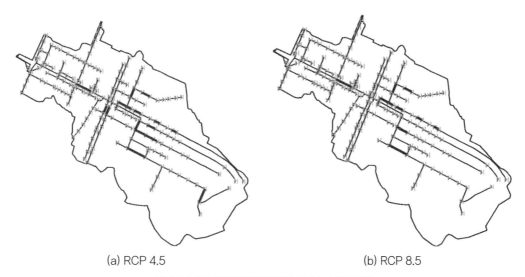

(a) RCP 4.5   (b) RCP 8.5

그림 9.4.5 대상지역의 미래기간 통수능 부족 구간

9.5 적응대책 검토

9.5.1 대책공법

(1) 대책공법 선정

기후변화 시나리오를 적용하여 미래 강우조건에 따른 시설물의 대응능력 평가를 수행하였다. 산정결과, 월류 및 통수능 등에 대한 설계조건을 충족하지 못하는 것으로 나타났다. 본 장에서는 이에 대한 적응대책 검토를 수행한다.

① 기후변화 적응을 위한 시설물 설계는 관련 적응대책을 같이 고려해야 한다. 이러한 적응대책은 구조적 대책과 비구조적 대책으로 구분할 수 있으며, 시설물의 기후변화 적응능력을

향상시키기 위한 방안으로 강구될 수 있다.

② 본 장에서는 기존 시설물에 대한 평가 결과를 토대로 시설물의 개선을 통한 대책 수립을 검토하였다.

(2) 상세 적용대책 검토

① 시설물의 기후변화 적응을 위해서는 설계관거에 대한 배수능력에 대하여 본래의 기능을 유지할 수 있는지 판단하는 것이 필요하다.

② 설계조건인 유속조건, 통수능, 월류의 발생, 시공가능성(토피 및 관경) 등을 검토해야 한다. 또한 시설물의 장래 발생 가능한 피해도를 고려하여 합리적이고 효과적인 대책이 되도록 한다.

③ 설치 계획은 평가 대상지역의 지형 및 수문특성에 대한 조사와 대책시설의 효용성 및 유지관리 등을 종합적으로 고려해야 한다.

④ 이를 토대로 기후변화의 영향을 반영한 효율적인 투자와 시설물 개선을 위해 기후변화 시나리오에 따른 시설물의 피해를 예측하고, 이에 수반되는 가치평가를 수행해야 한다.

9.6 가치평가

9.6.1 기후변화 적응대책 편익 계산

(1) 정의

기후변화 적응 비용은 하수관거시설물 개선으로 인해 수반되는 홍수 피해 저감 비용 및 하수 범람에 따른 피해 저감 등으로 정의한다. 또한, 계산과정상의 기본 가정 사항으로써 강우를 핵심 기후인자로 설정한다.

(2) 평가대상 정보 구성

대상지역에 설치된 시설물에 대한 비용편익 분석을 위해 다음과 같은 자료를 활용한다(표 9.6.1).

표 9.6.1 평가대상 정보 구성

평가대상 정보 구성	수치	단위	참고사항
적응 후 하수관거 직경	900	mm	가정(3-2 연구 결과), 미래 홍수 피해의 50%를 절감한다고 가정
중랑구 하수관거 총 연장	389,505.08	m	하수관거시설연장(통계청, 2016)
하수관거 단위 재료비	43,208	원/m	직경 900mm 철근콘크리트관 기준(건설연구원, 2016)
하수관거 단위 시공비	139,038.8	원/m	직경 900mm 철근콘크리트관, 고무링으로 접합, 깊이 2m 부설 시(건설연구원, 2016)
중랑구 연평균 침수면적	34,179	m^2	1972~2010년 침수면적의 연 평균값(국토교통부, 2016)
적응 전 침수 높이	1	m	가정(3-2 시뮬레이션 결과)
적응 후 침수 높이	0.5	m	가정(3-2 시뮬레이션 결과)
리터당 병원성 미생물의 양	0.001	g/L	가정(3-2 공동 연구 결과)
병원성 미생물로 인한 보건 비용	100,000	원/g	가정(3-2 공동 연구 결과)

(3) 기후변화 적응 기술 도입 비용

적응 기술 도입 비용

$$= [C_L \times (\alpha_i + \beta_i)] \qquad\qquad 식 (9.6.1)$$

여기서, C_L : 하수관거 설치 길이

α_i : 하수관거 단위 재료비

β_i : 하수관거 단위 시공비

RCP 시나리오 가정 : (389,505.08m)×(43,208원/m＋139,038.8원/m)＝70,986,054,414원

(4) 1차 피해액(편익) : 극한 기후 사상 / 점진적 기후변화로 인한 피해액 계산

극한 기후 사상과 점진적 기후변화를 고려할 때, 강우량의 증감으로 인한 하수관거의 파괴 혹은 수명의 변화는 없다고 가정하였으며 1차 피해액은 없는 것으로 가정하였다.

(5) 2차 피해액(편익) : 적응 지역 피해액 계산

2017년부터 2100년까지 중랑구에서 발생하는 홍수 피해를 로지스틱 회귀분석을 통해 다음과 같은 피해액을 산정한다.

$$\text{홍수 예상 피해액} = \frac{\text{피해액 범위}}{1 + e^{-a + \sum_{i=1}^{7} b_i x_i}} \qquad \text{식 (9.6.2)}$$

각 계수는 표 9.6.2와 같다.

위의 식에 RCP(Representative Concentration Pathway) 4.5 시나리오 기반 일 강우량을 대입하여 홍수 피해액을 산정한 결과, 2017년부터 2100년까지 892,308,355,000원의 홍수 피해가 일어나는 것으로 예상된다.

상하수도 범람에 의한 미생물 위해성 산정

$$= [(FD_B - FD_A) \times A_{ave} \times d \times M_i \times C_i] \qquad \text{식 (9.6.3)}$$

표 9.6.2 로지스틱 회귀분석 방법을 통한 피해액 산출 방법

변수	p1 0 < 피해액 < 1억	p2 1억 < 피해액 < 10억	p3 10억 < 피해액 < 98억
상수, a	-1.4389	-6.0230	
일 강우량, x1	-0.0299	-0.0132	
재산세, x2	$1.16 \cdot 10^{-4}$	$1.05 \cdot 10^{-4}$	
인구수, x3	$-4.19 \cdot 10^{-6}$	$-9.87 \cdot 10^{-7}$	
인구밀도, x4	$2.12 \cdot 10^{-4}$	$2.25 \cdot 10^{-4}$	1-p1-p2
면적, x5	0.1255	0.0947	
기초생활수급자수, x6	$5.14 \cdot 10^{-5}$	$3.93 \cdot 10^{-5}$	
제방 및 구거의 넓이, x7	$4.14 \cdot 10^{-6}$	$3.51 \cdot 10^{-6}$	

여기서, FD_B : 적응 전 침수심

FD_A : 적응 후 침수심

A_{ave} : 연평균 침수 면적

d : 평가기간

M_i : 리터당 병원성 미생물의 양

C_i : 병원성 미생물로 인한 보건 비용

→ [시뮬레이션 결과]

$(1m - 0.5m) \times 34,179m^2/년 \times 84년 \times 0.001g/L \times 1L/0.001m^3 \times 100,000원/g = 143,553,846,154원$

(6) 기후변화 적응 순 편익 계산 결과

기후변화 적응 순 편익

$$= B_R + B_D - C_A \hspace{4cm} 식 (9.6.4)$$

여기서, B_R(홍수 피해 저감 편익) : 홍수 피해 저감을 50%로 가정

B_D(상하수도 범람에 의한 미생물 위해성 저감 편익)

C_A(기술도입 비용) : 하수관거 확장 비용

→ [시뮬레이션 결과]

$(892,308,355,000원 \times 50\% + 143,553,846,154원) - 70,986,054,414원 = 518,721,969,240원$

생태제방

강호정 (연세대)

10 생태제방

10.1 검토개요

본 장은 호안/제방 구조물 중 "생태제방"에 대한 기후변화 영향과 이에 대한 가치평가 및 적응 대책 수립에 관하여 기술하였다. 검토대상지는 전라남도 순천시에 위치한 순천만 연안습지 일대를 대상으로 하였다(그림 10.1.1). 상세 검토는 그림 10.1.2의 절차에 따라 수행하였으며, 이를 통해 기후변화로 인한 해수면 상승에 적응하기 위한 생태제방 설계 방법을 제시하였다.

출처 : 국토지리정보원

그림 10.1.1 순천만 연안습지 지역

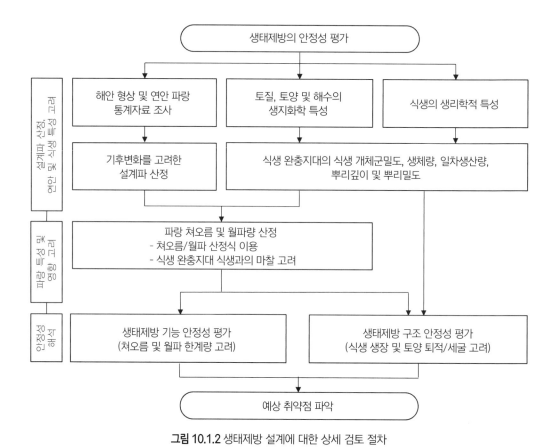

그림 10.1.2 생태제방 설계에 대한 상세 검토 절차

10.2 기초 조사

10.2.1 현황 조사

(1) 지역 현황

① 순천만 지역(34°84' N, 127°45' E)에 위치한 연안습지는 해수면 상승에 의해 침수될 가능성이 높은 지역이다. 기상청이 2012년 발표한 자료에 따르면 2100년까지 시나리오에 따라 70∼100cm 내외의 해수면 상승이 일어날 것이라고 예측되고 있다(기상청, 2012). 순천지역은 2010년, 2011년, 2012년에 각각 3억 8천만 원, 97억 원, 98억 원의 해수범람을 포함하는 홍수 피해가 발생하였다(국토해양부, 2014).

② 순천만 연안습지의 전체 면적은 약 27km²으로, 그중 약 5.4km²의 면적에는 식생이 서식하

고 있다. 하루에 2회 조석에 의해 해수 침수가 발생한다. 토양 texture는 대부분 loam이다.

③ 순천만 연안습지 지역의 기후는 온대기후이다. 연평균 기온은 14.3°C이고, 겨울 최저 기온은 −0.8°C, 여름 최고 기온은 28.9°C이다. 연평균 강수량은 1439mm이다.

10.3 기후변화 영향분석

10.3.1 기후변화 영향인자

(1) 영향인자 선정

기후변화에 따라 연안습지와 생태제방에 영향을 줄 수 있는 다양한 영향인자들이 발생하게 된다. 생태제방은 해수와 직접적으로 맞닿아 있어서 파랑의 영향을 지속적으로 받으며, 동시에 폭풍 발생 시 폭풍 해일 등에 의해서도 간헐적인 영향을 받는다. 또한 해수면의 높이와 형상은 생태제방의 기능인 해수 침입 방지, 월파, 연안 침식 등과 연계되어 있다. 이들 중 연안시설인 생태제방의 기능 및 안정성에 중대한 영향을 미치는 인자는 '해수면 상승'이다. 따라서 본 장에서는 생태제방에 대한 기후변화 영향인자로써 해수면 상승을 채택하였다.

10.3.2 기후변화 시나리오

(1) 본 절에서는 기후변화 시나리오 적용 전의 확률강우 및 기후변화 시나리오 RCP 4.5, 8.5에 따른 2100년까지의 해수면 상승량을 정의하였다. 그리고 제시된 생태제방 설계에 대하여 기후변화 적응 비용 및 편익을 산정하여 기후변화를 고려한 생태제방 설계의 가치평가를 수행하였다(표 10.3.1).

(2) 생태제방에 사용되는 하중은 기후변화 시나리오 적용 전후의 해수면 상승량이다. 해수면 상승을 적용하는 설계 해수면은 약최고고조위를 기준으로 한다. 설계파는 연안 구조물의 통상 재현주기인 50년 빈도의 유의파를 이용하여 산정하였으며, 파고 1m에 주기 14sec인 불규칙파로 설정하였다.

CHAPTER
10

표 10.3.1 우리나라의 기후변동 예측(1960-2100)

RCP Scenarios	RCP 4.5	RCP 8.5
CO_2	540ppm	940ppm
기온	+2.8℃	+5.3℃
강수량	+19.6%	+18.5%
해수면 상승	+73.3cm	+100cm
동해안	+90cm	+130cm
서해안	+65cm	+85cm
남해안	+65cm	+85cm

출처 : 기상청(2012)

10.4 기후변화 리스크 평가

10.4.1 검토대상 선정

(1) 검토대상

10.2절에서 제안한 바와 같이, 기후변화로 인한 해수면 상승의 영향과 생태제방 설치 효과를 검증하기 위한 지역으로 순천만 연안습지 지역을 설정하였다. 전라남도 순천시 도사동, 별량면, 해룡면에 둘러싸인 순천만 지역은 총 인구 5만 9천여 명(별량면 5,246명, 해룡면 42,630명, 도사동 10,860명)으로 구성된 연안 지역이다(통계청, 2015). 순천만 주변 주민들은 농업 의존도가 높기 때문에, 해수면 상승으로 인한 배후 농경지 침수가 일어나지 않도록 대비할 필요성이 크다.

또한 이 지역은 본래 갈대 자생지이기 때문에 생태제방과 주변 경관의 조화에 큰 이질성이 없으며, 갯벌에 갈대를 식재하여 식생 완충지대를 조성하기 수월한 이점이 존재한다. 그리고 근처 순천만 갈대공원의 관광자원과 연계하여 생태제방의 친수성을 극대화시킬 수 있어서 공공 이용성 부분에서 큰 장점을 가진다.

출처 : 국토지리정보원

그림 10.4.1 순천만 연안습지 방조제 설치 라인(흰색)

10.4.2 취약시설 선정

순천만 연안습지 지역에는 현재 약 1m 정도 높이의 방조제(그림 10.4.1)에 표시된 라인을 따라서 설치된 것이 연안 구조물의 전부이다. 방조제의 배후에는 농경지가 인접해 있어서, 해수면 상승이 발생하였을 경우 해수 범람이 발생하여 농업 활동에 큰 지장을 초래할 가능성이 높다. 그리고 연안에 서식하는 동식물들의 서식처 또한 파괴되게 된다. 따라서 현행 구조물에 아무런 추가 조치를 취하지 않는다면 주변 주민들 및 연안 생태계에 큰 피해를 줄 것이기 때문에 이 지역을 해수면 상승에 취약한 것으로 판단하였다.

10.4.3 리스크 평가 방법

상세 검토대상의 특성을 적용하여, 본 지역에 대하여 그림 10.4.2의 생태제방 설계에 대한 상세 검토 절차를 통해 취약성 분석 및 평가를 수행하였다.

해수면 상승의 범람 위험도 평가는 ArcGIS를 이용해서 순천만 연안습지 지역의 지형도를 입력한다. 그 후, 생태제방 설치 전후 해수면 상승에 따른 해수면 위치 변화를 산출하여 침수 면적을 모의해보았다.

10.4.4 해수면 상승으로 인한 연안 침수 면적 계산

(1) 해수면 상승으로 인한 침수 면적

① 기후변화 인자인 해수면 상승과 이에 따른 해안선 이동을 고려하기 위하여, 해발고도 정보를 포함한 순천만 지역 지도를 ArcGIS상으로 구현한다.

② 구현한 지도에 해수면 해발고도를 입력하고 해안선을 산출해낸다. 산출한 해안선의 위치를 이용하여 해수면 상승 발생 전후 침수되는 육지의 면적을 계산한다.

(2) 생태제방의 설치 효과 검증

① 생태제방 설계 제원은 해수면 상승량 정보 등을 종합하여 설정한다. 순천만 지역의 설계고 조위로 활용할 약최고고조위는 2016년 기준으로 323cm이다. 그리고 해수면 상승에 의해 조위가 상승하는 효과를 반영해야 하므로, RCP 4.5 시나리오 기준 2100년까지 65cm의 해수면 상승을 가정한다. 순천만 조위와 파랑 및 이 지역에서 일어날 것으로 예상되는 기후변화 시나리오를 참고하여, 2100년 기준 목표성능을 RCP 4.5 시나리오를 기준으로 하였다. 그 결과 해수 범람 및 월파가 일어나지 않도록 하는 생태제방 해발고도는 약 700cm로 계산되었다.

② 순천만 지역의 해발고도는 약 300cm이므로, 이곳에 설치되는 제방의 목표성능은 400cm이다. 따라서 생태제방의 지지 구조물의 높이는 그 절반인 200cm로 결정된다. 생태제방 설계 제원을(그림 10.4.2)에 나타내었다. 점선은 식생 완충지대이며, 실선은 지지 구조물이다.

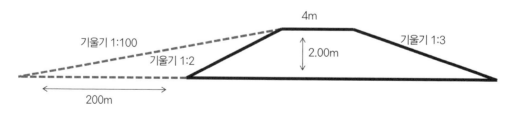

그림 10.4.2 생태제방 설계 제원

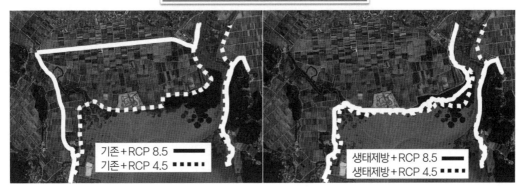

2100년도 시나리오별 해안선 변화

기존+RCP 8.5 ───
기존+RCP 4.5 ■■■■

생태제방+RCP 8.5 ───
생태제방+RCP 4.5 ■■■■

출처 : 국토지리정보원

그림 10.4.3 해수면 상승 모의 결과

(3) 해수면 상승 모의 결과

① 앞서 설명한 해수면 상승량 예측 정보와 생태제방 설계 제원을 이용하여 해수면 상승이 발생했을 때의 해안선 변화를 모의해보았다(그림 10.4.3).

② 모의 결과, 방조제만 설치된 현행대로 방치했을 경우 RCP 8.5 시나리오에서 약 2.7 km²의 배후 농경지 침수가 발생하였다. 반면, 생태제방을 설치하였을 경우에는 RCP 4.5와 8.5 시나리오 모두에 대해서 해수 범람을 방어해내는 것으로 나타났다.

③ 또한, 현행의 경우 RPC 4.5 시나리오로 가정하여도 2100년 이후 더 많은 시간이 지날 경우 결국 해수 범람이 발생하지만, 생태제방을 설치할 경우에는 반영구적인 해수면 상승 대응 효과를 얻을 수 있는 것으로 나타났다.

10.5 적응대책 검토

10.5.1 대책공법

(1) 대책공법 선정

앞 절에서 해수면 상승 시나리오를 적용하여 생태제방 설치 전후의 순천만 지역 해안선 변화를 알아보았다. 그 결과 생태제방을 설치하는 경우 모든 기후변화 시나리오에 대해서 대응 가능

CHAPTER 10

하다는 것을 확인하였다. 하지만 해수면 상승 외에도 기후변화가 생태제방에 미치는 영향은 다양하다. 기후변화로 인한 평상 및 이상 파랑의 규모 증가 혹은 식생 완충지대 서식 식생의 생장 변화 등이 일어날 수 있다. 그래서 다음 두 경우에 대한 대책이 정립되어 있어야 한다.

(2) 상세 적응대책 검토

① 평상 및 이상 파랑의 규모 증가는 설계 시에 더욱 큰 목표성능을 적용하는 방법도 있지만 이는 효율적인 대책공법이 아니다. 대신 식생 완충지대의 경사면을 계산식으로 구성하여 지면과 파랑의 마찰을 극대화시켜 파랑의 소산을 유도하는 방법이 있다. 또한, 아래 나열할 방법을 응용하여 식생 완충지대의 식생 생체량을 증가시켜, 식생과 파랑의 마찰을 이용한 소산을 증가시켜 파랑 규모 증가를 대비할 수 있다.

② 기후변화로 인한 기온이나 강수량 변화 등으로 식생 완충지대를 구성하는 식생의 생장이 저해되거나, 혹은 서식이 불가능해지는 경우도 발생할 수 있다. 만약 식생의 생장이 저해되는 경우에는 주변 농경지에서 배출되는 농업용수를 희석해서 식생 완충지대에 유기비료로 살포함으로써 식생의 생장을 촉진할 수 있다.

③ 또한, 식생 완충지대를 단일 식생으로 구성하는 것이 아닌, 여러 종의 식생을 혼합식재 혹은 구획화하여 식재함으로써 식생 생장을 안정화시키고 생태제방의 해수면 상승 대응 능력을 증가시킬 수 있다.

10.6 가치평가

10.6.1 생태제방 적응대책 편익 계산

(1) 정의

일반제방과 생태제방을 설치할 때의 건설 비용 및 유지보수 비용을 비교하여 절감 편익을 구한다. 그리고 생태제방 설치로 인한 온실가스 저감 편익과 생태 공원 가치 등을 고려하여 기후변화 적응 편익으로 계산한다.

표 10.6.1 평가대상 정보 구성 – 생태제방

평가대상 정보 구성	수치	단위	참고사항
일반 직립식 제방 구조물 부피(V)	143,550	m³	3-1 세부과제 연구 결과
생태제방 직립 구조물 부피(V')	94,200	m³	3-1 세부과제 연구 결과
직립 구조물 시공 비용(C)	230,000	원/m³	Hinkel et al.(2014)
습지 면적(A)	720,000	m²	가정(3-1 세부과제 연구 결과)
습지의 CO_2 저감량(R)	0.233	kg/m²/yr	Bernal(2012)
탄소배출권 가격(E)	1.232	원/kg	2012-2016 평균 가격
단위면적당 생태공원 가치(S)	288.29	원/m²/yr	De Groot et al.(2012)
유지보수 비용	건설 비용의 1%	원/yr	Hinkel et al.(2014)
인공 습지 조성 비용(W)	2,500	원/m²	3-1 세부과제 연구 결과
갈대 식재 비용(P)	2,000	원/m²	3-1 세부과제 연구 결과

(2) 평가대상 정보 구성

순천만 연안습지 지역에 생태제방을 설치하였을 경우 비용편익 분석을 위해 다음과 같은 자료를 활용한다(표 10.6.1).

(3) 기후변화 적응 생태제방 설치 시 절감 비용

① 일반 직립식 제방 건설 비용(C_1)

$= V \times C$

$= 143,550\text{m}^3 \times 230,000\text{원/m}^3$

$= 33,016,500,000\text{원}$

② 일반 직립식 제방 관리 비용(M_1)

$= C_1 \times 1\% \times \text{사용연한(50년)}$

$= 16,508,250,000\text{원(할인율 : 5.5\%)}$

③ 기후변화 적응 생태제방 건설 비용(C_2)

$= V' \times C$

$= 94,200\text{m}^3 \times 230,000\text{원/m}^3$

$$=21,666,000,000원$$

④ 기후변화 적응 생태제방 관리 비용(M_2)

$$=C_2 \times 1\% \times 사용연한(50년)$$

$$=10,833,000,000원(할인율 : 5.5\%)$$

⑤ 절감 비용

$$=(C_1+M_1-(C_2+M_2)) \hspace{4cm} 식 (10.6.1)$$

$$=33,016,500,000원+16,508,250,000원-(21,666,000,000원+10,833,000,000원)$$

$$=17,025,750,000원$$

(수식 기호는 표 10.6.1 참조)

따라서 순천만 연안습지 지역에 생태제방을 설치할 경우 얻을 수 있는 비용 절감 편익은 약 170억 원 정도이다.

(4) 1차 피해액(편익) : 해수면 상승으로 인한 침수 피해액 계산

해수면 상승으로 인해 제방 배후지 침수가 일어나는지 여부를 확인하고, 침수 면적을 계산하여 그 피해액을 산출한다. 그림 10.6.1은 기후변화 시나리오에 따른 2100년도 순천만 지역의 해안선 변화를 나타낸 그림이다. 일반제방과 생태제방 모두 배후지 해수 범람이 일어나지 않는 것으로 예측되었다. 따라서 제방의 형태에 따른 1차 피해액 차이는 발생하지 않는다.

(5) 2차 피해액(편익) : 적응 지역 추가 편익

생태제방은 식생 완충지대를 포함하므로, 여기에서 부가적인 편익을 창출할 수 있다. 대표적인 편익은 식생의 일차생산 활동으로 인한 대기 중 CO_2 저감이다. 기후변화의 주된 요인인 대기 중 CO_2 농도를 낮춤으로써, 생태제방은 기후변화로 인한 해수면 상승 대응과 더불어 기후변화를 완화시키는 효과까지 지니고 있다. 반면 일반 제방은 식생 완충지대가 없기 때문에 CO_2 저감 편

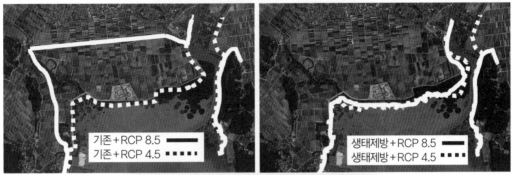

2100년도 시나리오별 해안선 변화

출처 : 국토지리정보원

그림 10.6.1 해수면 상승에 따른 침수면적 계산

익이 존재하지 않는다. 저감 편익을 계산하면 다음과 같다.

① 온실가스 저감 편익

$$= A \times R \times E \times 사용연한(50년) \qquad 식 (10.6.2)$$

$$= 720,000\text{m}^2 \times 0.233\text{kg/m}^2/\text{yr} \times 1.232원/\text{kg} \times 50년$$

$$= 10,594,044원(할인율 : 5.5\%)$$

그리고 생태제방 식생 완충지대가 생태공원으로써 생태계 및 인간에게 제공하는 생태계 서비스를 계산하면 다음과 같다.

CHAPTER 10

② 생태공원 가치(생태계 서비스)

=A×S×사용연한(50년)   식 (10.6.3)

=720,000m^2×288.29원/m^2/yr×50년

=10,378,440,000원(할인율 : 5.5%)

(수식 기호는 표 10.6.1 참조)

(6) 생태제방을 이용한 기후변화 적응 순 편익 계산 결과

일반 직립식 제방 설치 시와 생태제방 설치지의 건설 및 유지보수 비용 차이와 얻을 수 있는 각종 편익을 계산하여 종합하면 다음과 같다.

기후변화 적응 순 편익

=절감 비용+온실가스 저감 편익+생태공원 가치   식 (10.6.4)

=17,025,750,000원+10,594,044원+10,378,440,000원

=27,414,784,044원

순천만 연안습지 지역의 해수면 상승에 대응하기 위해서 일반 직립식 제방대신 기후변화 적응형 생태제방을 설치할 경우 사용연한인 50년간 약 270억 원 정도의 편익이 발생할 것으로 예상된다.

참고문헌

:: 논문

1. 이문환(2016), 기후변화에 따른 물가용성의 불확실성 평가기법 개발 및 적용, 박사학위논문, 세종대학교.

2. 김도완, 이상염, 문성호(2016), 수분민감성 관련 소석회 및 박리방지제 첨가 투수성 가열 아스팔트 혼합물의 최적 함량 평가, 한국도로학회논문집, Vol. 18, No. 6, pp.123-130.

3. 김도완, 문성호(2015), 비파괴 충격파 시험을 통한 소석회 첨가 투수성 가열 아스팔트 혼합물의 수분민감성 평가, 한국도로학회논문집, Vol. 17, No. 4, pp.77-87.

4. P. Purnell, W. Brameshuber(2006), TC 201-TRC, RILEM.

5. 정현준(2010), 콘크리트 구조물의 확률론적 탄산화 예측 모델 개발 및 내구성 해석, 대한토목학회 논문집, Vol. 30, No.4A, pp.343-352.

6. S. Talukdar, N. Banthia, J.R. Grace(2012), Carbonation in concrete infrastructure in the context of global climate change-Part 1: Experimental results and model development, Cement & Concrete Composites, Vol. 34, pp.924-930.

7. S. Ha-won, K. Seung-Jun, B. Keun-Joo, P. Chan-Kyu(2006), Predicting carbonation in early-aged cracked concrete, Cement and Concrete Research, Vol. 36, No.5, pp.979-989.

8. Hyoung Suk Suh(2017), "Estimation of water retention characteristics of geomaterials by pore network simulation", Master thesis.

9. Dawa Seo, Tae Sup Yun. Kwang Yeom Kim, and Kwang Soo Youm(2017), "Time-Dependent Drainage Capacity and Runoff of Pervious Block Subjected to Repeated Rainfall Simulation", Journal of Materials in Civil Engineering, Vol. 29, No. 5, 04016273.

10. Hyoung Suk Suh(2017), "Estimation of water retention characteristics of geomaterials by pore network simulation", Master thesis.

11. De Groot et al.(2012), Global estimates of the value of ecosystems and their services in monetary units, Ecosystem Services, Vol. 1, pp.50-61.

12. Bernal B(2012), Carbon sequestration in natural and created wetlands(Master dissertation). The Ohio State University.

13. Hinkel J et al.(2014), Coastal flood damage and adaptation costs under 21st century sea-level rise. PNAS 111(9):3292-3297.

14. Viet-Hung Truong, Seung-Eock Kim(2017), An efficient method of system reliability analysis of steel cable-stayed bridges, Advances in Engineering Software, Vol. 114, pp.295-311.

:: 발행물 및 보고서

1. IPCC(2013), Climate change 2013: the physical science basis: Working Group I contribution to the Fifth assessment report of the Intergovernmental Panel on Climate Change [Stocker, T.F., D. Qin, G.-K. Plattner, M. Tignor, S.K. Allen, J. Boschung, A. Nauels, Y. Xia, V. Bex and P.M. Midgley (eds.)], Cambridge University Press.

2. 기상청(2012), 한반도 기후변화 전망보고서, 기상청.

3. 인천국제공항공사, 세종대학교(2017). 인천국제공항 기후변화 대비 공항배수 및 포장시설 대응방안 수립용역, 인천국제공항공사.

4. 윤용남(2014), 수문학, 청문각.

5. 김형섭, 김충수, 배덕효, 전경수(2005), 도시하천 시험유역 운영과 계측기술, 대한토목학회지, Vol. 53, No. 9, pp.28-37.

6. 기상청(2011), 지역기후변화보고서:서울, 기상청.

7. 한국시설안전공단(2015), RC 구조물의 내구수명 정립 및 수명예측 기법 마련 연구, 한국시설안전공단.

8. 동일기술공사, 평화엔지니어링(2008), 겸재교 건설 및 연결 도로 확장공사 실시설계 용역, 중랑구.

9. 홍수지도 기본조사 보고서(2001, 건설교통부).

10. 침수흔적종합보고서(2014, 한국국토정보공사).

11. 서울정책아카이브(Seoul Solution), "서울시 치수관리 정책", https://www.seoulsolution.kr/ko/content/%EC%84%9C%EC%9A%B8%EC%8B%9C-%EC%B9%98%EC%88%98%EA%B4%80%EB%A6%AC-%EC%A0%95%EC%B1%85

:: 웹사이트

1. The Coordinated Regional Climate Downscaling Experiment(CORDEX). http://www.cordex.org/

2. RCP Database, https://tntcat.iiasa.ac.at/RcpDb/

3. 국가통계포털, http://kosis.kr/statHtml/statHtml.do?orgId=141&tblId=DT_14102_B001&conn_path=I3

4. ISDR(재해감소를 위한 국제전략기구) https://www.unisdr.org/

5. 기상청 http://www.kma.go.kr/

:: 설계기준 및 관련 법률

1. 구조물기초설계기준해설 2015, 국토교통부 제정, 한국지반공학회 지음.

2. 국토교통부(2017), 아스팔트 콘크리트 포장 시공 지침.

3. 한국건설기술연구원(2016), 건설공사 표준품셈, 국토교통부.

4. 한국시설안전공단(2010), 안전점검 및 정밀안전진단 세부지침, 국토해양부.

5. 국가건설기준, KDS 14 20 40 : 2016 콘크리트구조 내구성 설계기준, 국토교통부.

6. 보도공사 설계시공 매뉴얼(서울특별시 도시안전실 보도환경개선과).

7. 지속가능한 친환경(투수성) 보도포장 기준(안).

8. 보도 설치 및 관리 지침(국토교통부).

9. 투수 블록 포장 설계, 시공 및 유지관리 기준(서울특별시 도시안전실 보도환경개선과).

10. 건설기준코드(KDS 34 60 10).

11. KS F 4419 (보차도용 콘크리트 인터로킹 블록).

12. KS F 2502 (굵은 골재 및 잔골재의 체가름 시험 방법).

13. KS F 2394 (투수성 포장체의 현장 투수 시험 방법).

14. 환경부(2010), 연안정비사업 설계 가이드북.

15. 해양수산부 (2016) 연안시설 설계기준.

16. 해양수산부 (2016) 항만 및 어항 설계 기준.

17. 국토 교통부 (2016) 조경 설계기준.

18. 건설공사 교량설계기준, 2016.

19. 도로교 설계기준, 2016.

20. 강구조 설계기준(하중저항계수설계법), 2016.

21. 안전점검 및 정밀안전진단 세부지침, 2010.

22. 건축물의 구조기준 등에 관한 규칙(2018), 국토교통부령 제555호.

23. 시설물의 안전 및 유지관리에 관한 특별법(2018), 법률 제15733호.

24. 도로교 설계기준(한계상태설계법), 국토해양부(2015).

25. 콘크리트 표준시방서, 국토교통부(2016).

26. 콘크리트 구조설계기준, 국토교통부(2012).

27. 콘크리트 구조기준, 한국콘크리트학회(2012).

28. KS F 2584 콘크리트의 촉진 탄산화 시험방법, 국가기술표준원(2016).

29. KS F 2456 급속 동결융해에 대한 콘크리트의 저항 시험방법, 국가기술표준원(2016).

30. KDS 교량설계 일반사항(한계상태설계법), 국가건설기준센터(2016).

31. KDS 14 20 40 콘크리트구조 내구성 설계기준, 국가건설기준센터(2016).

32. KDS 24 14 21 콘크리트교 설계기준(한계상태설계법), 국가건설기준센터(2016).

기후변화를 고려한 사회기반시설의 설계매뉴얼

초 판 인 쇄 2019년 9월 24일
초 판 발 행 2019년 10월 1일

저 자 정상섭 외
편 집 장 김형관
발 행 인 전지연
발 행 처 KSCE PRESS

등 록 번 호 제2017-000040호
등 록 일 2017년 3월 10일
주 소 (05661) 서울 송파구 중대로25길 3-16, 대한토목학회
전 화 번 호 02-407-4115
팩 스 번 호 02-407-3703
홈 페 이 지 www.kscepress.com
인쇄 및 보급처 도서출판 씨아이알(Tel. 02-2275-8603)

I S B N 979-11-960900-3-6 93530
정 가 28,000원

이 도서의 국립중앙도서관 출판시도서목록(CIP)은 서지정보유통지원시스템 홈페이지(http://seoji.nl.go.kr)와 국가자료공동목록시스템(http://www.nl.go.kr/kolisnet)에서 이용하실 수 있습니다.
(CIP제어번호 : CIP2019037589)